U0340777

全国高等职业教育规划教材

供配电技术实训

主　编　马誌溪

副主编　陈茂林

参　编　赵衍青　廖基宏　粘孝先

主　审　陈才俊　戴绍基

机械工业出版社

"供配电技术"套书由《供配电技术基础》及《供配电技术实训》两书及两张配套光盘构成。本书主要内容包括：供配电工程的实际操作，供配电系统的构成设备及成套，供配电系统的主接线及布局，系统及彼此连接的实施，系统测量、控制及保护的实现，系统的运行与运用，以及综合实训——课程设计共 7 个实务课题，讲述了工业及民用供配电工作必备的实际知识。

配套的"实践光盘"内容包括：供配电器件、设备图片——12 类器件和设备，供配电工程现场教学视频——12 个视频、20 组照片，供配电技术资料——3 大类相关标准、规范目录、15 种常用数据资料及供配电工程课程设计指导实例——某工业工程供配电设计 4 部分。它提供了通常极难获得的供配电技术理论联系实际的资料，尤其对尚不具备实践条件的教学具有较大帮助。

本书适用于"电气自动化"、"电力系统自动化"、"供用电技术"、"机电一体化"及"建筑电气"等专业的高职高专及普通高校本科教学。适当取舍后也可作为成人教育、相关专业人员专业培训及自学提高的教材。

图书在版编目（CIP）数据

供配电技术实训/马諟溪主编．—北京：机械工业出版社，2014.6
全国高等职业教育规划教材
ISBN 978-7-111-46237-8

Ⅰ.① 供…　Ⅱ.① 马…　Ⅲ.① 供电系统—高等职业教育—教材
② 配电系统—高等职业教育—教材　Ⅳ.① TM72

中国版本图书馆 CIP 数据核字（2014）第 056748 号

机械工业出版社（北京市百万庄大街 22 号　邮政编码 100037）
责任编辑：刘闻雨　责任校对：刘志文
版式设计：赵颖喆　责任印制：李　洋
北京宝昌彩色印刷有限公司印刷
2014 年 6 月第 1 版第 1 次印刷
184mm×260mm · 14.25 印张 · 1 插页 · 343 千字
0001—3000 册
标准书号：ISBN 978-7-111-46237-8
　　　　　ISBN 978-7-89405-377-0（光盘）
定价：36.00 元（含 1DVD）

前　言

"供配电技术"套书由《供配电技术基础》《供配电技术实训》及两张配套光盘——"教学光盘"及"实践光盘"构成。

本套书的编写思路有3项特点。

一是覆盖"工厂供配电"及"建筑供配电"。因为无论是基础理论和实践知识，还是学生毕业后工作所用，此两方向内容大量交叉，故作此合并。

二是立足当前、面向市场。高度重视观念的时代性，方案及设备的现实性。

三是针对高职高专及普通高校本科生的从业需求，实现从"内特性"向"外特性"，从"为什么"、"依据什么"的推导、计算，向"如何用"、"如何用好"、"如何处理"的综合运用的重心转移。

本套书的编写形式有4点创新。

一是"教学光盘"中各章（共8章）的"电子教案"与基础教材中的内容一一对应。"部分练习题解答"则提供了各章练习题中难度较高的题目的计算、分析、涉图部分的解答。

二是"实践光盘"的"影、像、资料"与实践教材的"文、表、图"相辅相成。光盘中"影、像、资料"以及虚拟现场教学、实验室参观、资料馆查阅等现代手段，实现了真正意义的多媒体综合教学。

三是"模块化结构"。模块化结构加上"教材加选用标注的目录"，使本套书适用于"设计、制造、施工、管理、营销"各从业岗位对人才多元化、多角度、多层次的不同需求。

四是"闽台合作"。中国台湾建国科技大学4位博士参与编写，将本书的资料收集范围扩展到台湾地区，既吸取了此领域台湾地区学者的教学及技术观念，也将实践的眼界拓展到海峡彼岸、甚至更远。

本书由泉州信息职业技术学院教授马諿溪主编，并承蒙一直辛勤于电气工程专业设计一线的原机械工业部第四设计研究院教授级高工陈才俊认真审查，高职教育及教学研究、业内著述颇丰的河南工业职业技术学院电气工程系戴绍基教授又再次把关，对全书各章节再度审阅，并提出大量宝贵意见。本书编写还得到泉州信息职业技术学院的林东院长及院、系各级全力支持，该院赵衍青老师参与了编写。叶俊滨、康伟平、苏鑫鑫、张科柏、陈家深、陈水荣等同学承担了文字录入、图纸加工、影像处理、光盘合成等工作，整个光盘监制为林明生。中国台湾建国科技大学领导高度重视本书的闽台合作编写，该校陈茂林博士任本书副主编，廖基宏博士（台湾电机技师）及粘孝先博士参编。他们为编写本书提供了中国台湾地区变电所及供配电装置照片，收集了中国台湾地区供配电两个重要法规及4本教材。

本书纳入"福建省高等职业教育教材建设计划"，在编写中得到了福建省教育厅的大力支持。本书也为"海峡两岸职业教育交流合作中心 2011 年度闽台高校合编教材"立项，并获得专项资助，在此表示衷心感谢！

此书针对的是"供配电技术"这一涵盖范围广、发展更新迅猛、高新技术渗透力度大的专业技术领域的技术人才的综合技术能力的培养，编者虽尽个人之努力，并集各方倾力相助，但终因水平及见识有限，编写时间仓促，误、漏、不详之处，请读者给予批评指正！

在此特向指导者、支持者、参与者、参考书籍的编作者、各单位领导、老总、教学同仁、各位友人及同志们表示最诚挚的谢意！

编　者

目　录

标 "#" 的为选学内容

实务课题1 供配电工程的实际操作

1.1 绘图与识图

图样是传达工程信息的技术文件，具有严格的格式、要求及约定，这就是制图规范——工程界画图、识图、用图共同遵循的技术交流的"工程语言的语法"。本书仅介绍与电气工程设计相关的部分。

1.1.1 绘图规则

1. 图样及其幅面

图样通常由边框线、图框线、标题栏、会签栏等组成，如图1-1所示。

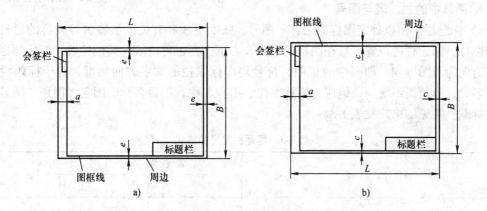

图1-1 图样格式

a）留装订边 b）不留装订边

注：装订边为保护图样将其边缘折叠，以缝纫机钉线的图样边缘。

图样的幅面是指由边框线所围成的图面，共分5类：A0～A4，尺寸见表1-1。A0、A1、A2号图样一般不得加长，A3、A4号图样可根据需要加长，加长幅面尺寸见表1-2。

表1-1 基本幅面尺寸

幅 面 代 号	A0	A1	A2	A3	A4
宽×长（$B×L$）/（mm×mm）	841×1189	594×841	420×594	297×420	210×297
不留装订边边宽（C）/mm	10	10	10	5	5
留装订边边宽（e）/mm	20	20	20	10	10
装订侧边宽（a）/mm	25				

表1-2 加长幅面尺寸

序 号	代 号	尺寸/(mm×mm)
1	A3×3 （1.5A2）	420×891
2	A3×4 （2.0A2）	420×1189
3	A4×3 （1.5A3）	297×630
4	A4×4 （2.0A3）	297×841
5	A4×5 （2.5A2）	297×1051

2. 图幅的分区

图样的幅面分区的数目视图的复杂程度而定，但每边必须为偶数，按图样相互垂直的两边各自均等分区，分区的长度为25～75mm。分区代号竖向用大写拉丁字母从上到下标注，横向用阿拉伯数字从左往右编号，分区代号由字母和数字表示，字母在前，数字在后。图1-2所示图样中线圈K1的位置代号为B5，按钮SB3位置代号为C3。

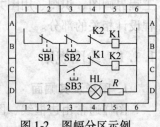

图1-2 图幅分区示例

3. 图样中的栏、表与图号

1）标题栏。用以确定图样的名称、图号、张次更改和有关人员签署等内容的栏目，又称作图标。标题栏的位置一般在图样的下方或右下方，也可以放在其他位置。但标题栏中的文字方向为看图方向，即图中的说明、符号均以标题栏的文字方向为准。对于标题栏的格式，各设计单位尚不统一，但应有设计单位、工程名称、项目名称、图名、图别、图号等内容。标题栏常见的格式见表1-3。

表1-3 标题栏常见的格式

设 计 院 名			工 程 名 称		设 计 号	
					图 号	
审 定			设 计		项目	
审 核			制 图			
总责任人			校 对		图 名	
专业负责人			复 核			

2）会签栏。供相关专业设计人员会审图样时签名用，不要求会签的图样可不设此栏。

3）材料表。设计说明往往附有设备材料表，其序号自下而上排列，目的是便于添加。

4）图号。位于标题栏，用以区分每类图样的编号。编号中要按相应规定表达出工程（多另以工程号表示）、专业（电专业还多分为强电、弱电及智能）、设计阶段（"方案设计"、"初步设计"、"施工图设计"、"修改设计"）、甚至每类图样的张次（多另以张次号表示）。

4. 图样中的线与字

1）图线。图线宽分为6种：0.25mm、0.3mm、0.5mm、0.7mm、1.0mm、1.4mm（呈$\sqrt{2}$递增）。一套图应事先确定线宽2～3种及平行线距（不小于粗线宽的2倍，且不小于

0.7mm）。电气工程制图中常用的有 9 种，见表 1-4。

表 1-4　电气工程制图中常用的图线

序号	图线名称	图线形式	机械、建筑工程图中	电气工程图中	图线宽度
1	粗实线		可见轮廓线	电气线路（主电路、干线、母线）	$b = 0.5 \sim 2$mm
2	细实线		尺寸线，尺寸界线，剖面线	一般线路、控制线	约 $b/3$
3	虚线	-------	不可见轮廓线	屏蔽线、机械连线、电气暗敷线、事故照明线	约 $b/3$
4	点画线		轴心线，对称中心线	控制线、信号线、围框线（边界线）	约 $b/3$
5	双点画线		假想的投影轮廓线	辅助围框线、36V 以下线路	约 $b/3$
6	加粗实线		无	汇流排（母线）	约 $2 \sim 3b$
7	较细实线		无	建筑物轮廓线（土建条件）、用细实线时的尺寸线、尺寸界线、软电缆、软电线	约 $b/4$
8	波浪线	～	断裂处的边界线、视图与剖视的分界线		约 $b/3$
9	双折线	─／─	断裂处的边界线		约 $b/3$

注：建筑电气平面布置图中常用实线表示沿屋顶暗敷线，用虚线表示沿地面暗敷线。

图线上加限定符号或文字符号可表示用途、性质及电压等级，形成新的图线符号，见表 1-5。

表 1-5　增加符号或文字的图线

增加符号的图线	含义	增加文字的图线	含义
─×──×──×─	避雷线	──10.0kV──	10.0kV 线路
─／·──×·─	接地线	──0.38kV──	0.38kV 线路

2）字体。图样上汉字、字母及数字均是图的重要组成部分，书写必须端正、清楚，排列整齐，间距均匀。汉字除签名外，推荐用长仿宋简化汉字直体、斜体（右倾与水平线成75°）中的一种。字母、数字用直体。其字体大小视幅面大小而定，字高有 20mm、14mm、10mm、7mm、5mm、3.5mm、2.5mm 共 7 种，字宽为字高的 2/3，汉字字粗为字高的 1/5，数字及字母的字粗为字高的 1/10。字体最小高度见表 1-6。

表 1-6　图样中的字体最小高度

基本图样幅面	A0	A1	A2	A3	A4
字体最小高度/mm	5	3.5	2.5	2.5	2.5

图线和字体在用 CAD 作图时，还必须符合计算机制图的有关规定。

5. 图的比例、尺寸及标注

1）比例。图样所绘图形与实物大小的比值即比例。缩小比例的比例号前面的数字通常为 1，后面的数字为实物尺寸与图形尺寸的比例倍数。平面图中多取 1:10、1:20、1:50、

1:100、1:200、1:500 共 6 种缩小比例（建筑物总大于图样）。供配电工程图中的设备布置图、平面图、构件详图需按比例，且多用 1:100，其余图不按比例画。

2）尺寸。图样中标注的尺寸数据是工程施工和构件加工的重要依据，由尺寸线、尺寸界线、尺寸起止点（实心箭头或 45°斜短画线构成）及尺寸数字 4 要素组成。尺寸标注示例如图 1-3 所示。

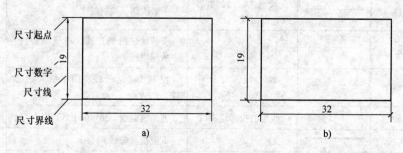

图 1-3　尺寸标注示例
a）用箭头线表起止　b）用斜短画线表起止

CAD 作图时，也须参照"计算机制图标准"执行。

3）通用符号。各相关专业平面图用标志性通用符号如下。

① 方位标志：位于北半球的我国，多取"上北下南、左西右东"方式，平面图中采用"方位标志"表示北向，以定方位，如图 1-4a 所示。

② 风向频率标志：根据设备安装点所在地区多年四季风向的各向风次数的统计百分均值，按比例进行绘制。图中实线表示全年，虚线表示夏季，又称为风玫瑰图，如图 1-4b 所示。

③ 等高线：以总平面图上绝对标高相同的点连成的曲线的预定等高距的曲线族，表征地貌的缓陡及坡度特性，如图 1-4c 所示。

④ 标高：

a. 相对标高——设备、线路相对于室外基准地坪的安装高度，如图 1-4d 所示；

b. 敷设标高——设备、线路相对于本安装层室内基准地坪的安装高度，如图 1-4e 所示。

如层高 3m 的二层楼面板插座敷设标高为 0.3m，而相对室外地坪的相对标高则为 3.3m。

⑤ 定位轴线：承重墙、柱、梁等承重构件位置，以点画线画出的辅助确定图上符号位置的辅助线。定位轴线水平方向以阿拉伯数字自左至右编号，垂直方向以拉丁字母（I、O、Z 除外）编号，外面多加小圆框。同时轴线作为尺寸线也便于标注尺寸，如图 1-4f 所示。

附加轴线则是在主轴线间添加的轴线，以带分数的圆框表示。分母为前主轴线编号，分子为附加轴线编号。如 2/B，意为 B、C 轴线间第二条附加轴线。

4）标注符号。注释、详图、索引及数据标注示例如图 1-5 所示。

① 注释：当图示不够清楚、需补充解释时使用，注释可采用文字、图形、表格等能清楚说明对象的各种形式。用 CAD 作图时，详见有关章节的计算机作图规则的介绍。注释有如下两种方式。

a. 直接放在说明对象附近。

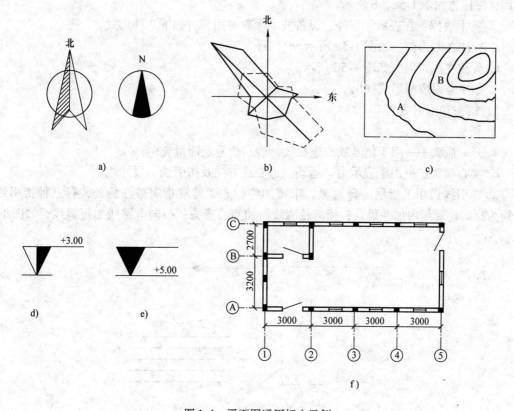

图 1-4　平面图通用标志示例

a）方位标记　b）风向频率标记　c）等高线　d）室内标高　e）室外标高　f）定位轴线

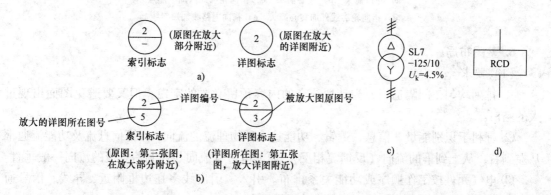

图 1-5　注释、详图、索引及数据标注示例

a）2#详图在本图中　b）第三张图的 2#详图在第五张图

c）技术数据（SL7 等）标注在图形侧　d）技术数据（"RCD"）标注在图形内

　　b. 加标记，注释放在图面适当位置。当图中有多个注释时，按编号顺序置于边框附近。多张图样的注释，可集中放在第一张图内。

　　② 详图索引：详细表示装置中部分结构、做法、安装措施的单独局部放大图称为详图。它与被放大图的索引方式是：被放大部分标索引标志，置于被部分放大的原图上，详图部位

使用详图标志如图 1-5a、b 所示。

③ 技术数据：在表示元器件、设备技术参数时用，有如下 3 种形式。

a. 标注在图形侧，如图 1-5c 所示。

b. 标注在图形内，如图 1-5d 所示。

c. 加序号以表格形式列出。

5）箭头和指引线。

① 箭头：

a. 开口箭头——用于信号线或连接线，表示信号及能量流向；

b. 实心箭头——用于表示力、运动、可变性方向及指引线、尺寸线。

② 指引线：用于指示注释对象，末端加注标志，首端指向被注释处，有三种指引线，分别为指向轮廓线内加一黑点；指向轮廓线外加实心箭头；指向电路线加短斜线，如图 1-6 所示。

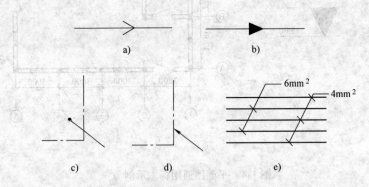

图 1-6　箭头和指引线

a）开口箭头　b）实心箭头　c）指向轮廓线内加一黑点

d）指向轮廓线外加实心箭头　e）指向电路线加短斜线

6. 整图布局

（1）要求

① 排列均匀，间隔适当，为计划补充的内容预留必要的空白，但又要避免图面出现过大的空白。

② 有利于识别能量、信息、逻辑、功能这 4 种物理流的流向，保证信息流及功能流通常从左到右，从上到下的流向（反馈流相反），而非电过程流向与控制信息流的流向一般垂直。

③ 电气元件按工作顺序或功能关系排布。引入、引出线多在边框附近，导线、信号通路、连接线应少交叉、折弯，且在交叉时不得折弯。

④ 紧凑、均衡，留足插写文字、标注和注释的位置。

（2）方法

① 功能布局法：在功能布局的简图（如系统图、电路图）中，元件符号位置的布局只考虑元件彼此间的功能关系，而不考虑实际位置。功能相关的符号分组、位置靠近，电路图按顺序布局，控制系统图主控系统在被控系统左侧或上边。

② 位置布局法：在位置布局的简图（如平面图、安装接线图）中，元件符号位置按元件实际位置布局。符号分组，图中位置对应元件的实际位置。

7. 元件的表示

1）集中表示。整个元件集中在一起，各部件用虚线表示机械连接的整体表示方法。该方法直观、整体性好，适用于简单图形。图1-7的QF与QF-1、QF-2用的就是集中表示。

2）分开表示。把电气各部分按作用、功能分开布置，用参照代号表示它们之间关系的展开表示的方法。该方法清晰、易读、适用于复杂图形。图1-7的KV与KV-1、KS与KS-1用的就是分开表示。

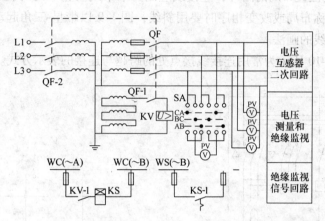

图1-7 元件分开与集中表示示例（母线绝缘监视系统原理图）

8. 线路表示

1）表示方法。图1-8为一照明配电箱供两路：一路有单相两孔及单相三孔插座各一个；另一路以一个双联开关分别控制两盏双管荧光灯及一个调速开关控制吊扇，图a~c为线路表示的3种方法的示例。

① 多线表示：如图1-8a所示，元件连线按导线实际布线每根都画出，尽管清楚，但显得繁复，尤其是线多的时候。

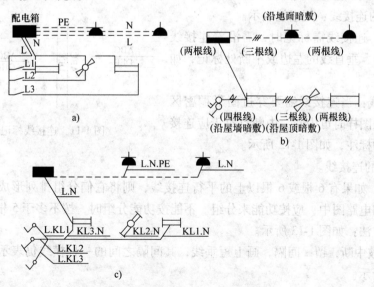

图1-8 线路表示方法的示例

a）多线表示 b）单线表示 c）组合表示

② 单线表示：如图 1-8b 所示，走向一致的元件间连线共用一条线表示，当走向变化时再分开画，常标出导线根数。这种表示方法简单，有时难理解。

③ 组合表示：如图 1-8c 所示，多线与单线表示的组合，当出现中途汇入、汇出时用斜线表示去向。这种表示方法简单、明晰、常用。

2）一般连接线。

① 规定：除按位置布局的图外，连接线应画为水平或垂直取向的直线，且尽量避免弯曲和交叉。元件对称布局或改变相序时要用斜线，图 1-9 以带星-三角起动器的电动机电路为例，给出了连接线的画法。

② 接点：图 1-10 所示为常用连接线接点处的跨越与连接的表示方式。

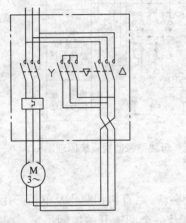

图 1-9　连接线画法的示例

跨越　　　连接

图 1-10　交叉线跨越与连接的表示法

③ 重要的电路：为突出或区分某些重要的电路（如电源电路），可采用粗实线（必要时允许采用两种以上的图线宽度）强化。

④ 预留的连接线：用虚线表示。

⑤ 标记：连接线需标记时，需沿着连接线水平线的上边、垂直线的左边或中断处标记，如图 1-11 所示。

⑥ 中断线：当连接线需要穿过图形稠密区或连到另一张图样时可中断，中断点对于应连接点要作对应的标注，如图 1-12 所示。

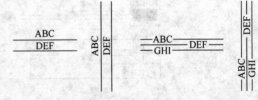

图 1-11　连接线标记示例

3）平行的连接线。

① 线束。如果有 6 根或 6 根以上的平行连接线，则将它们分组排列形成线束。在概略图、功能图和电路图中，应按功能来分组。不能按功能分组时，按不多于 5 根线分为一组。

② 表达方法：如图 1-13 所示。

• 线束被中断，留一间隔，画上短垂线，其间隔之间的一根横线仍表示线束，如图 1-13a 所示。

• 单根连接线汇入线束时，倾斜相接，如图 1-13b 所示。

• 线束与线束相交不必倾斜，如图 1-13c 所示。

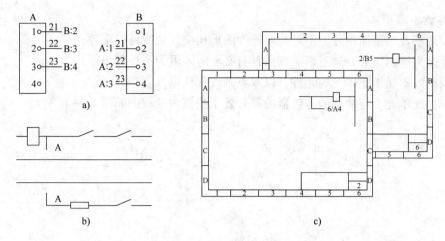

图 1-12　线路中断示例

a)　对应标注　b)线路穿越稠密区　c)跨越整张图的中断

- 当连接线的顺序相同，但次序不明显时，须注明第一根连接线，如图 1-13d 所示，线束折弯时，用一个圆点标注（表示线序折弯后颠倒）。如端点顺序不同，应在每一端标出每根连接线，如图 1-13b 所示。
- 线束中连接线的数量以相应数量的短斜线（如图 1-13e 所示）或一根短斜线加连接线的数字（如图 1-13f 所示）表示。

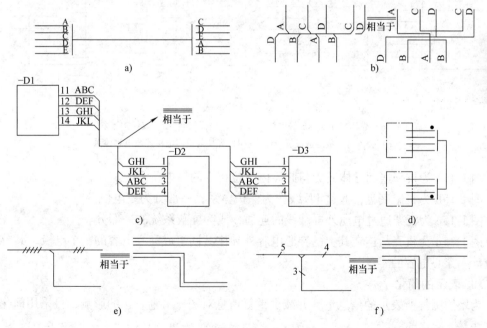

图 1-13　线束的表示方法示例

9. 围框及壳架的表示

（1）围框

1）多数情况下使用单点画线表示围框。

2）注意事项：

① 除端子及端子插座外，不可与元器件图形相交，而线可以重叠；

② 框多为规则矩形，当不影响读图且有必要时才可为不规则矩形；

③ 围框内不属于此单元的元件，以双点画线框住以区别；

④ 应把此单元不可缺少的连接器的符号置于围框内，示例如图 1-14 所示。

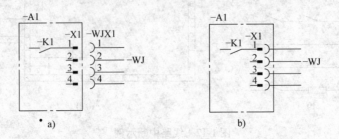

图 1-14　围框中连接器的表示示例

a）插头"－X1"在单元 A1 中　b）插头及插座组"－X1"均在单元 A1 中

（插座"－WJX1"是电缆"－WJ"的组成部分在 A1 外）

（2）壳架

导电的机壳、机架与导线连线成等电位系统、屏蔽系统的表示示例如图 1-15 所示。

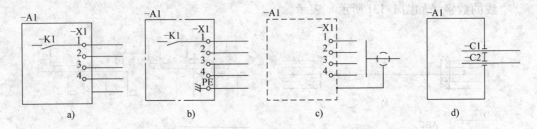

图 1-15　壳架连法的表示示例

a）壳体与导线连成等电位体系　b）底板与 PE 线连成保护体系

c）壳体与屏蔽层连成屏蔽体系　d）壳架与电容电极连成电容体系

图 1-15a 为机壳连到导体成为与此导体电位相等的等电位系统。

图 1-15b 为机架底盘，通过 PE 线作为保护体系，一部分为零电位。

图 1-15c 为壳架通过电缆外屏蔽线的连通，成为屏蔽系统的一部分。

图 1-15d 为机壳与连在其上的穿心电容外导体共同组成穿心电容的一个电极，其分布电容应计入穿心电容的容量。

10. 表示的简化

为增加图样所表示的信息量，并减少重复信息对图样清晰表达的影响，可采用简化的表示方法。

1）端子。端子的简化表示示例如图 1-16 所示。

① 一个元件的多个端子可用一个端子的形式来表示，如图 1-16a 所示。

② 一个元件均有代号的多个端子，端子代号用逗号隔开，如图 1-16b 所示。

③ 端子编号连续不会混淆时，只需按顺序标明第一个和最后一个端子代号，并用"…"

符号隔开，如图 1-16c 所示。

④ 两个或多个元件相互连接时，端子代号的顺序应遵从：一个元件从上到下的顺序相应于其他元件的从左到右的顺序，如图 1-16d 所示。

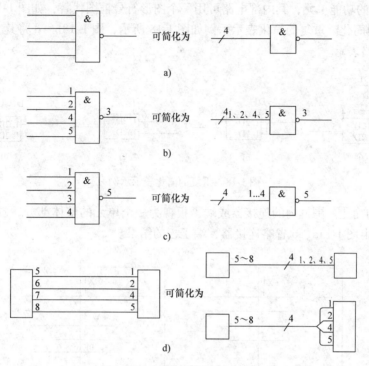

图 1-16　端子的简化表示示例

2）符号组。数个相同符号构成的符号组简化不仅省时，更能保证图样清晰，如图 1-17 所示。

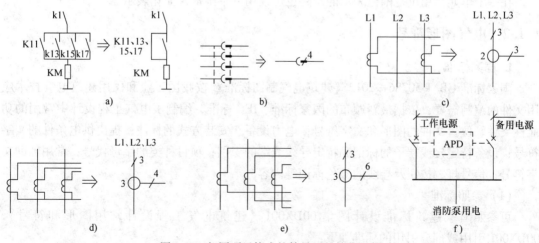

图 1-17　相同项目构成的符号组的简化示例

a）K11，13，15，17 四支并联控制的中间继电器 KM　b）四极插头/座组

c）两支电流互感器装 L1、L3 线上共引出三根线　d）三支电流互感器装 L1～L3 线上，共引出四根线

e）三支电流互感器装 L1～L3 线上，共引出六根线　f）备用电源自投入装置用 APD 框图表示

① 并联支路、并列元件可合并在一起，如图 1-17a 所示。

② 相同的独立支路，可详细画出一路后，用文字或数字标注代替其余，如图 1-17b 所示。

③ 外部电路、公共电路可合并，但一定要标注正确，如图 1-17c ~ e 所示。

④ 层次高的功能单元，其内部电路可用一个图形符号框图代替，如图 1-17f 所示。

3）重复的简化。重复的简化表示示例如图 1-18 所示，图 1-18b ~ d 将其上部与图 1-18a 重复的部分省略表示。

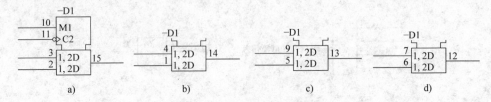

图 1-18　重复的简化表示示例

4）围框的简化。围框内的连接器或端子板视为一个单元的整体部分，省略其符号。图 1-19a、b 分别由图 1-15a、b 省略连接器、端子板的结果。

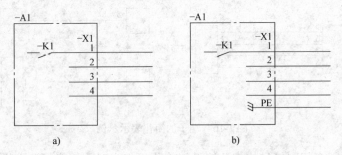

图 1-19　省略了连接器和端子板的围框表达示意图

在一个单元内用重复围框表示的电路也可仅用一个围框来简化表示。

1.1.2　电气图形符号

1. 国家标准

国家标准 GB/T 50786—2012《建筑电气制图标准》按我国工业和民用建筑电气技术应用文件的编制需要，依据最新颁布的国家标准、IEC 标准，编制了电气工程设计中常用的功能性文件、位置文件的图形和文字符号；电力设备、安装方式的标注；提出供电条件的文字符号；设备特定接线端子的标记和特定导线线端的识别；项目种类的字母代号；常用辅助文字符号；信号灯、按钮及导线的颜色标记等内容。

（1）参照标准

可参照国家建筑标准设计图集 00DX001《建筑电气工程设计常用图形和符号》，00DX001 引用或部分引用的标准如下：

① GB/T 4728—2005 ~ 2008《电气简图用图形符号》；

② GB/T 6988—2006 ~ 2008《电气技术用文件的编制》；

③ GB/T 5465—2007 ~ 2009《电气设备用图形符号》；

④ GB/T 7159《电气技术中的文字符号制定通则》（此标准已作废，可参照 GB/T 50786—2012《建筑电气制图标准》"4.2 文字符号"的相关内容）。

⑤ GB/T 2900—1983～2012（等价于 IEC 60050）《电工术语》；

⑥ GB/T 4327—2008《消防技术文件用消防设备图形符号》；

⑦ GB/T 2625—1981《过程检测和控制流程图用图形符号和文字代号》；

⑧ GB 50311—2007《综合布线系统工程设计规范》；

⑨ YD 5082—1999《建筑与建筑群综合布线系统工程设计施工图集》；

⑩ YD/T 5015—1995～2007《电信工程制图与图形符号》；

⑪ GA/T 74—2000《安全防范系统通用图形符号》；

⑫ GA/T 229—1999《火灾报警设备图形符号》。

（2）GB/T 4728—2005～2008 的组成

作为《电气图形符号》核心标准的《电气简图用图形符号》，采用 IEC 标准，共包括 13 部分，各部分等同采用 IEC 60617d atabase《电气简图用图形符号》数据库标准（英文版）的相应部分。

① 一般要求—本部分代替 GB/T 4728.1—1985，发生了根本的变化：旧版介绍图形符号的绘制方法、编号、使用要求。而本部分全部内容按数据库标准介绍，包括数据查询、库结构说明、如何使用库中数据、新数据如何申请入库等。

② 符号要素、限定符号和其他符号—本部分代替了 GB/T 4728.3—1998（包括：轮廓和外壳；电流和电压种类；可变性；力、运动和流动的方向；机械控制；接地和接机壳；理想元件等），增加了 6 个新符号 S01402、S01404、S01408、S01409、S01410 和 S01424；所有符号均按专业进一步分类，均按 IEC 60617 数据库中给出的符号标识号由小到大排列。

③ 导体和连接件—本部分代替了 GB/T 4728.3—1998（例如电线、柔软、屏蔽或绞合导线，同轴电缆；端子、导线连接；插头和插座；电缆密封终端头等），增加了 S01414、S01415 两个新符号；所有符号均按专业进一步分类，均按 IEC 60617 数据库中给出的符号标识号由小到大排列，列出 IEC 60617 数据库中包含的各项信息，较旧版增加了多项内容。

④ 基本无源元件—本部分代替了 GB/T 4728.4—1999（例如电阻器、电容器、电感器；铁氧体磁心，磁存储矩阵；压电晶体、驻极体、延迟线等），所有符号均按专业进一步分类，均按 IEC 60617 数据库中给出的符号标识号由小到大排列；列出 IEC 60617 数据库中包含的各项信息，较旧版增加了多项内容。

⑤ 半导体管和电子管—本部分代替了 GB/T 4728.5—2000（例如二极管、晶体管、晶闸管、电子管；辐射探测器件等），所有符号均按专业进一步分类，均按 IEC 60617 数据库中给出的符号标识号由小到大排列，列出 IEC 60617 数据库中包含的各项信息，较旧版增加了多项内容。

⑥ 电能的发生与转换—本部分代替了 GB/T 4728.6—2000（例如绕组；发电机、电动机；变压器；变流器等），增加了 10 个新符号 S01837、S01838、S01839、S01840、S01841、S01842、S01843、S01846、S01833、S01834，废除了 5 个符号 S00815（06-03-01）、S00816（06-03-02）、S00817（06-03-03）、S00822（06-03-07）、S00892（06-14-01），根据 IEC 60617 数据库标准各符号列出的信息较旧版增加了多项内容。

⑦ 开关、控制和保护器件—本部分代替了 GB/T 4728.7—2000（例如触点、开关、热

敏开关、接近开关、接触开关；开关装置和控制装置；起动器；有或无继电器；测量继电器；熔断器、间隙、避雷器等），增加了 3 个新符号 S01413、S01454、S01462，废除了 26 个符号 S00224（07-01-07）、S00225（07-01-08）、S00228（07-02-02）、S00249（07-06-01）、S00250（07-06-02）、S00251（07-06-03）、S00252（07-06-04）、S00267（07-11-01）、S00268（07-11-02）、S00269（07-11-03）、S00273（07-11-07）、S00274（07-11-08）、S00275（07-11-09）、S00276（07-11-10）、S00277（07-11-11）、S00278（07-11-12）、S00279（07-11-13）、S00280（07-12-01）、S00281（07-12-02）、S00282（07-12-03）、S00283（07-13-01）、S00306（07-15-02）、S00308（07-15-04）、S00309（07-15-05）、S00310（07-15-06）、S00322（07-15-18），根据 IEC 60617 数据库标准各符号列出的信息较旧版增加了多项内容。

⑧ 测量仪表、灯和信号器件——本部分代替了 GB/T 4728.8—2000（例如指示、积算和记录仪表；热电偶；遥测装置；电钟；位置和压力传感器；灯、扬声器和铃等），废除了 11 个符号 S00953（08-06-02）、S00955（08-06-04）、S00957（08-06-06）、S00958（08-07-01）、S00962（08-09-02）、S00963（08-09-03）、S00964（08-09-04）、S00969（08-10-05）、S00970（08-10-05）、S00971（08-10-08）、S00974（08-10-12），根据 IEC 60617 数据库标准各符号列出的信息较旧版增加了多项内容。

⑨ 电信：交换和外围设备——本部分代替了 GB/T 4728.9—1999（例如交换系统、选择器；电话机；电报和数据处理设备；传真机、换能器、记录和播放等），废除了 21 个符号 S00992（09-01-12）、S00993（09-01-13）、S01003（09-03-09）、S01020（09-05-04）、S01021（09-05-05）、S01022（09-03-06）、S01024（09-05-08）、S01026（09-05-10）、S01027（09-05-11）、S01031（09-06-03）、S01032（09-06-04）、S01034（09-06-06）、S01035（09-06-07）、S01036（09-06-08）、S01037（09-06-09）、S01038（09-07-01）、S01040（09-07-03）、S01041（09-07-04）、S01054（09-09-02）、S01057（09-09-05）、S01058（09-09-06），根据 IEC 60617 数据库标准各符号列出的信息较旧版增加了多项内容。

⑩ 电信：传输——本部分代替了 GB/T 4728.10—1999（例如通信电路；天线、无线电台；单端口、双端口或多端口波导管器件、微波激射器、激光器；信号发生器、变换器、阀器件、调制器、解调器、鉴别器、集线器、多路调制器、脉冲编码调制；频谱图、光纤传输线路和器件等），废除了 48 个符号 S01080（10-01-01）、S01081（10-01-02）、S01082（10-01-03）、S01083（10-01-04）、S01084（10-01-05）、S01085（10-01-06）、S01086（10-01-07）、S01087（10-02-01）、S01088（10-02-02）、S01089（10-02-03）、S01090（10-02-04）、S01091（10-02-05）、S01092（10-02-06）、S01093（10-02-07）、S01113（10-05-03）、S01117（10-05-07）、S01118（10-05-08）、S01129（10-06-05）、S01130（10-06-06）、S01131（10-06-07）、S01132（10-06-08）、S01134（10-06-10）、S01135（10-06-11）、S01145（10-07-08）、S01150（10-07-13）、S01151（10-07-14）、S01152（10-07-15）、S01167（10-08-12）、S01168（10-08-13）、S01230（12-13-06）、S01231（12-14-01）、S01241（12-15-03）、S01242（12-15-04）、S01243（12-15-05）、S01272（10-18-01）、S01273（10-18-02）、S01274（10-18-03）、S01275（10-18-04）、S01276（10-18-05）、S01277（10-18-06）、S01289（10-20-08）、S01290（10-20-09）、S01322（10-23-05）、

S01324（10-23-07）、S01325（10-23-08）、S01329（10-24-04）、S01330（10-24-05）、S01331（10-24-06），根据 IEC 60617 数据库标准各符号列出的信息较旧版增加了多项内容。

⑪ 建筑安装平面布置图—本部分代替了 GB/T 4728.11—2000（例如发电站和变电所；网络；音响和电视的电缆配电系统；开关、插座引出线、电灯引出线；安装符号等），增加了 25 个新符号 S01391、S01392、S01393、S01396、S01397、S01398、S01399、S01400、S01406、S01407、S01419、S01420、S01421、S01422、S01448、S01449、S01450、S01451、S01452、S01453、S01458、S01459、S01460、S01461、S01807，废除了 11 个符号 S00387（11-01-03）、S00388（11-01-04）、S00417（11-03-11）、S00418（11-03-12）、S00424（11-04-06）、S00425（11-04-07）、S00434（11-07-01）、S0036（11-07-03）、S00437（11-08-01）、S00490（11-15-10）、S00494（11-16-02），根据 IEC 60617 数据库标准各符号列出的信息较旧版增加了多项内容。

⑫ 二进制逻辑元件—本部分代替了 GB/T 4728.12—1996（例如限定符号；关联符号；组合和时序单元；如缓冲器、驱动器和编码器；运算器单元；延时单元；双稳、单稳及非稳单元；移位寄存器、计数器和存储器等），增加了 26 个新符号 S01476、S01480、S01482、S01484、S01483、S01485、S01486、S01487、S01488、S01489、S01490、S01518、S01544、S01545、S01548、S01549、S01612、S01613、S01658、S01704、S01705、S01715、S01722、S01746、S01747、S01808，根据 IEC 60617 数据库标准各符号列出的信息较旧版增加了多项内容。

⑬ 模拟元件—本部分代替了 GB/T 4728.12—1996（例如模拟和数字信号识别的限定符号；放大器的限定符号；函数器；坐标转换器；电子开关等），增加了新符号 S01457，根据 IEC 60617 数据库标准各符号列出的信息较旧版增加了多项内容。

（3）分类

电气工程设计常用图形符号共分为以下 3 个部分。

① 功能性文件用图形符号。

② 位置文件用图形文件。

③ 弱电功能性及位置文件用图形符号。

2. 应用

1）选用。同一设备、元件，标准可能给出超过一种符号，为便读、易记，优先用一般符号。当图形符号不够用时，优先采用国标、IEC、ISO、CEE、ITU 标准或我国行业标准。当无相关内容时，可按 GB/T 4728—2005～2008 组合原则派生；为防混淆可采用特定符号、一般符号加标注、一般符号加标注多字母代号或一般符号加标注型号规格区分。同一套图中仅使用同一种形式。

2）大小。可根据图样的布置进行缩小和放大，但符号比例不变。同张图的符号大小、线条粗细应一致。计算机绘图时应在模数 $M = 2.5$mm 的图网格中绘制。手工绘制时矩形长边和圆的直径应为 $2M(5$mm$)$ 的倍数。较小图形可选 $1.5M$ 或 $0.5M$。

3）状态。符号按无电压、无外力作用原始状态绘制，其原始状态含义如下。

① 继电器、接触器、非激励态（常开/动合触头——断；常闭/动断触头——合）。

② 断路器隔离开关处在"断"状态。

③ 带零位手动开关处在"零位"，不带零位的则处在"规定位置"。

④ 机械操作开关（如行程开关）处在"非工作状态"。

⑤ 事故报警、备用开关处在"设备正常时状态"（无事故报警、备用未投入）。

⑥ 多重组合开闭，各部分必须一致。

⑦ 若为非电、非人工设备，则在其附近标明运行方式，如图1-20所示。

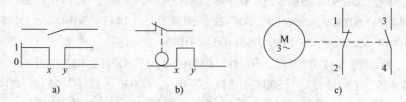

图1-20　图形附近运行方式表示示例

a）坐标状态表示：触头对在 $x-y$ 区间闭合，其余位置断开（正逻辑）

b）几何位置表示：触头对在 $x-y$ 区间（凸轮抬高滑轮）断开，其余位置闭合

c）文字标注表示：1-2触头对：起动时断、平时闭合　3-4触头对：$n \geqslant 1400\text{r}/\min$ 合，平时断

4）方位。在不改变含义的前提下，可根据图面布置、镜像放置或90°倍数旋转，但文字和指示方向不得倒置，如图1-21所示。

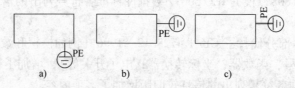

图1-21　以保护线标志为示例的图形方位示例

a）原图　b）正确　c）错误

5）引线。在变动不影响含义时可改画其他位置，否则不能。

6）组成。字母或特定标记为限定符号的，应视为其有机组成，漏缺会影响完整含义。这类字母的标记类型如下。

① 设备、元件英文名称单词首字母：如 M——电动机。

② 物理量符号：如 ϕ——相位表。

③ 物理量单位：如 s——延时时段"秒"数。

④ 化学元素符号：如 Hg——汞灯。

⑤ 阿拉伯数字：如 3——三相、3个并联元件或物理量的值。

⑥ #——如加在数字符号后表示编号。

7）派生。为保证符号通用性，不允许对标准中的符号任意修改、派生，仅允许标准中未给出的符号由已规定的符号按功能适当组合派生，且需在图中标注，以免引起误解。

1.1.3　电气文字符号

1. 概念

（1）作用

① 在设备、装置、元件旁标明其名称、功能、状态和特征。

② 作为限定符号与一般符号组合使用。

③ 作为参照代号提供其种类及功能字母代码。

（2）组成

1）基本符号。详见随书附带的 DVD 光盘的"3. 供配电技术资料"中的"常用数据资料"中的"14. 供配电工程设计常用文字符号及代码"的"②项目种类的字母代码"，常分为两类：单字母符号和多字母符号。

单字母符号：按拉丁字母将电气设备、装置及各种元件分类，每类用一个字母表示（I、O、J 容易与 1、0 混淆，不用），划分为 21 大类。

① 组件及部件。

② 非电信号到电信号或电信号到非电信号变换器。

③ 电容器。

④ 存储器件。

⑤ 其他元器件。

⑥ 保护器件。

⑦ 发电机、电源。

⑧ 信号器件。

⑨ 继电器。

⑩ 电感器、电抗器。

⑪ 电动机。

⑫ 测量及试验设备。

⑬ 电力电路的开关器件。

⑭ 电阻。

⑮ 控制、记忆、信号电路的开关器件选择器。

⑯ 变压器。

⑰ 调制器、变换器。

⑱ 电子管、晶体管。

⑲ 传输通道、波导、天线。

⑳ 端子、插头、插座。

㉑ 电气操作的机械器件。

多字母符号：由表示种类的单字母符号与表示功能的字母符号组成，种类符号在前，功能符号在后。

仅在单字母符号不能满足要求，需将大类划分更详细，具体表达时，才用多字母符号。

2）辅助符号。表示设备、装置和元件及线路的功能、状态和特征，放在基本符号后，组成新文字符号。在设备上也可单独使用。

3）供电条件的文字符号。表示供电条件的各电气参数。

（3）补充

当元器件、设备、装置的项目种类代码和辅助文字符号不够用时，可按相关标准进行补充。辅助符号不够用时，优先采用规定的单、双字母符号及辅助文字符号作为补充。如补充标准中未列文字符号时，则不能违反文字符号的编制原则。文字符号应按有关电气设备的英文术语缩写而成。设备名称、功能、状态或特征为一个英文单词时，选首字母为文字符号，也可用前两位字母。当其为 2 或 3 个英文单词时，一般由每个单词首字母构成文字符号。通常基本文字符号不超过 2 个字母，辅助文字符号不超过 3 个字母（I、O 不可用）。

（4）组合

其形式为基本符号 + 辅助符号 + 数字符号。例如 KT2 表示第二个时间继电器。

2. 标注、标记

① 电力设备的标注。

② 安装方式的标注。

③ 设备特定接线端子的标记和特定导线线端的识别。

④ 信号灯、按钮及导线的颜色标记。

⑤ 绝缘导线的标记，见表 1-7。

表1-7　绝缘导线的标记

标 记 名 称		意　义	
		导　　线	线束（电缆）
主 标 记		只标记导线或线束的特征，而不考虑其电气功能的一种标记。必要时，可加补充标记，包括：功能标记——如注明用于测量；相位标记——如注明交流某相；极性标记——如注明正、负极等	
从属标记	从属本端标记	位于导线的终端，标出与其所连接的端子的相同标记	位于线束的终端，标出与其所连接的项目的标记
	从属远端标记	位于导线的终端，标出与其另一端所连接的端子的相同标记	位于线束的终端，标出与其另一端所连接的项目的相同标记
	从属两端标记	位于导线的两端，每端都标出与本端—远端所连接的端子的相同标记	位于线束的两端，每端都标出与本端—远端所连接的项目的相同标记
独立标记		与导线或线束两端所连接的端子或与项目无关的标记	

1.1.4　电气参照代号

1. 概述

（1）定义

根据 GB/T 5094.1—2002，用以标识在设计、工艺、建造、运营、维修和拆除过程中的实体项目（系统、设备、装置及器件）的标识符号，即"参照代号"，旧标准称其为"检索代号"，更早的标准称为"项目代号"。它将不同种类的文件中的项目以信息和构成系统的产品关联起来。可将参照代号或其部分标注在相应项目实际部分的上方或近旁，以适应制造、安装和维修的需要。按从下向上的结构树层次分为：单层参照代号、多层参照代号、参照代号集、参照代号群。成套的参照代号作为一个整体唯一地标识所关注的项目，而其中的任何一个代号都不能唯一地标识该项目。

（2）作用

① 唯一地标识所研究系统内关注的项目。

② 便于了解系统、装置、设备的总体功能和结构层次，充分识别文件内的项目。

③ 便于查找、区分、联系各种图形符号所示的元件、器件、装置和设备。

④ 标注在相关电气技术文件的图形符号旁，将图形符号和实物、实体建立明确的对应关系。

（3）电气技术文件的参照代号

电气技术文件的各种电气图中的电气设备、元件、部件、功能单元、系统等，不论其大小，均用各自对应的图形符号表示，称为项目。参照代号则提供项目的层次关系、实际位置、用以识别图、表图、表格中和设备上的项目种类。电气技术文件的参照代号用到的多为单层参照代号，下面以此为对象分析。

2. 构成

单层参照代号由两部分构成。

（1）前缀

前缀符号分为如下 3 种。

① 功能面前缀——以项目的用途为基础，而不顾及位置或实现功能的项目结构，代码前缀为"＝"。

② 位置面前缀——以项目的位置布局和所在环境为基础，而不顾及项目结构和功能方面，代码前缀为"＋"。

③ 产品面前缀——以项目的结构、实施、加工、中间产品或成品的方式为基础，而不考虑项目功能和位置，代码前缀为"－"。

（2）代码

代码有如下 3 种构成方式。

1）字母。当包含多个字母时，"后一字母"为"前一字母"代表种类的"子类代码"。

① 按物体用途或任务的代码——"用途和任务"是主要特征，国家标准"供配电工程设计常用文字符号及代码"中的"项目种类的字母代码"基本上是以"用途和任务"来划分种类的。

② 基础设施项目的代码——不同生产设备组成的工业综合体、由不同生产线和相关辅助设备组成的工厂，往往有相同的用途或任务。若按"用途和任务"分类则数量有限，这种工业成套装置中的基本设备归于"基础设施项目分类"，它的分类及代码在供配电工程中较少使用。

③ 物理量的代码——当需详细说明测量变量或初始参数时，可用表1-8。

2）数字。

3）字母加数字。以数字（包含前置"0"）区分字母代码项目的各组成项目，当此组合有重要意义时，文件中应予以说明。此组合宜短，便于识读。

3. 使用

（1）方法

参照代号层次多，排列长，不可能也不必将每个项目的参照代号全部完整标出。通常针对项目分层说明，适当组合，依据规范，按有利于阅图的方式就近选注。

表 1-8　测量变量或初始参数的字母代码（源于 ISO 14617-6 第 7.3.1 条）

字母代码	测量变量或初始参数	字母代码	测量变量或初始参数
A		N	使用者选择
B		O	使用者选择
C		P	压力、真空（＊功率）
D	密度（＊＊差）	Q	质量（＊无功功率、＊＊综合或合计）
E	电气变量	R	辐射（＊电阻、＊＊剩余）
F	流速（＊频率、＊＊比率）	S	速度、频率
G	量器、位置、长度	T	温度
H	手	U	多参数
I	（＊电流）	V	使用者选择（＊V 或 U－电压）
J	功率	W	重力、力
K	时间	X	不分类的
L	物位	Y	使用者选择
M	潮湿、湿度	Z	事件数、量（＊阻抗）

注：1. 如温度传感器的代号只表示为 B 类，不足以表示其预定用途时，可定为 BT 类。
　　2. 括号内字母符号前带"＊"为电变量专用，"＊＊"为修饰词，非源于 ISO 14617-6。

① 功能代码——常标注在概略图、框图、围框或图形近旁左上角。当层次较低的电气图必须标注时，可标注在标题栏上方或技术要求栏内。

② 位置代码——多用于接线图中，高层电缆接线图中与功能面代码组合标在围框旁，其他图如需要时，与功能面代码组合标注，则标注在标题栏上方。

③ 产品代码——大部分的电路图使用，常标注在项目图形或框边。

④ 端子代码——只用于接线图中，标注在端子符号近旁，或靠近端子所属项目图形符号。

⑤ 多代码的组合——标注时必须标注出前缀，多层次同一代号可复合、简化。对于单代码段前缀，除端子代码规定不注外，其余可注可不注。

（2）示例

电气项目参照代号以拉丁字母、阿拉伯数字、特定的前缀符号按一定规律构成代号段。4 个代号段组成完整的单层参照代号，如图 1-22 所示。

① 功能代码——系统或设备中较高层的表示

图 1-22　完整的电气项目单层参照代号示例

20

隶属关系的代码。格式为：

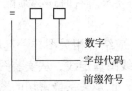

字母代码标准中未统一规定，可任选字符、数字，如"=S"或"=1"。图1-22中S1用来代表电力系统的1系统。

② 位置代码——表示项目在组件、设备、系统或建筑物中实际位置的代码。格式为：

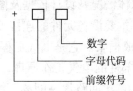

位置代码一般由自选定字符、数字来表示。图1-22中项目在B分部104柜位置，表示为"+B104"。

③ 产品代码——用以识别项目种类的代码，是整个项目代号的核心。格式为：

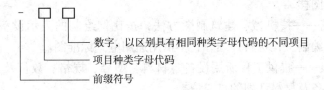

字母代码必须用规定的字母符号。数字用以区别具有相同种类字母代码的不同项目。图1-22中"−KV3"表示为第三个电压继电器。

④ 端子代码——用以标识同外电路进行电气连接的电器导电元件的代码。格式为：

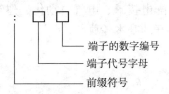

数字为编号，代号字母用大写，也可以仅用其中一种。图1-22中"2"表示2号端子。

因此图1-22所示示例的完整意义为：S1电力系统，B分部，104柜，第三个电压继电器的第二个端子。

1.1.5　识图规则

1. 基础

① 了解线路所采用的标准。

② 熟悉图形符号、文字符号、参照代号的表示方法。

③ 了解建筑制图基本知识及常用建筑图形符号的表达，结合其他相关专业图样及建设

方的要求综合阅读。

④ 不同的读图目的，有不同的要求。有时还必须配合阅读有关施工及验收规范、质量检验评定标准及电气通用标准图。

⑤ 电气工程图彼此关联紧密，应结合相关图样一起看：从平面图找位置，从概略图得构架，从电路图解原理，从安装接线图理走线，从安装图寻布局，等。其中特别注意将概略图与平面图这两种电气工程最关键，也是关系最密切的图对照起来看。

2. 顺序

根据需要灵活掌握，必要时还需反复阅读，把握各图交代的重点。

① 标题栏及图样目录——工程名称、项目内容及设计日期。

② 设计及施工说明——工程总体概况及设计依据及图样未能清楚表达的事项。

③ 概略图——系统基本组成、主要设备元件的连接关系及它们的规格、型号、参数等，系统基本概况及主要特征，系统构成框架。它是电气工程的关键图样。

④ 电路图和接线图——系统及部件的电气工作原理，指导设备安装及系统调试。一般依功能从上到下、从左到右、从一次到二次回路逐一阅读。注意区别一次与二次、交流与直流、不同的供电电源，常配合接线图和端子图阅读。电路图是电气工程中技术含量最高的图样。

⑤ 平面布置图——表示设备的安装位置、线路敷设部位及方法，以及导线型号、规格、数量及管径大小。这也是施工、工程概预算的主要依据。对照相关安装大样图阅读更佳。它是电气工程的主要图样。

⑥ 安装大样图——按机械、建筑制图方法，按比例绘制的表示设备安装的详细图样。它用以指导施工和编制工程材料计划。它多借用通用电气标准图。

⑦ 设备材料表——提供工程所用设备、材料、型号、规格、数量及其他具体内容。它是编制相关主要设备及材料计划的重要依据。

1.2 设计

电气工程的设计实际上由变配电技术、电气自动化、建筑电气、建筑智能化4个专业方向构成，本课题综述设计工作展开的基本轮廓。

1.2.1 设计的阶段

1. 方案设计

方案设计是在项目决策前，对建设项目多个实施方案的技术、经济以及其他方面的可行性的对比、选择所作的研究论证，又称为"可行性研究"。它是建设项目投资决策的依据，是基本建设前期工作的重要内容，对于规模较小、投资不大的电气工程设计项目，上述过程也可从简、从略。

（1）方案设计的开展

1）工程项目的建设申请得到批准后，即进入可行性论证研究阶段。首先选定设计的规范依据及明了设计文件编制的深度要求。

2）选定工程位置，并研讨建设规模、组织定员、环境保护、工程进度、必要的节能措施、经济效益分析及负荷率计算等。

3）收集气象地质资料、用电负荷情况（容量、特点和分布）、地理环境条件（邻近有无机场和军事设施、是否存在污染源、需跨越的铁道、航道和通信线）等与建设有关的重要资料。

4）及时和涉及的有关部门或个人（如电管部门、跨越对象、修建时占用土地、可能损坏青苗的主人等）协商解决具体问题，并取得这些主管部门等的同意文件。

5）设计人员还应提出设想的主接线方案、各级电压出线路数和走向、平面布置等内容，并进行比较和选择；联合其他专业，将上述问题和解决办法等内容拟出"可行性研究报告"。还需协助有关部门编制"设计任务书"。

（2）电气专业的工作

1）根据使用要求和工艺、建筑专业的配合要求，汇总、整理、收集、调研有关资料，提出设备容量及总容量的各种数据。确定供电方式、负荷等级及供电措施设想，必要时此内容要做多方案的对比。

2）绘出供电点负荷容量的分布、干线敷设方位等的必要简图（总图按子项、单项以配电箱作供电终点）。

3）工艺复杂、建筑规模庞大、有自控及建筑智能化时，须绘制必要的控制方案及重点智能化内容（如消控、安保、宽带）系统简图（或方框简图）。

4）大型公共建筑还需与建筑专业配合布置出灯位平面图，甚至标出灯具形式。

5）估算主要电气设备费用，多方案时应对比经济指标及概算。

（3）设计文件

该阶段设计文件以设计说明书为核心，电专业仅在"施工技术方案"部分提供内容及设计文件附件。方案设计文字编制深度应满足下一步编制初步设计文件的需要。本专业仅在工程选址、供配电及智能化的工程需求与外部条件间的差距及解决可能、能耗、工期、技术经济等方面配合整个项目作好方案决策对比。

2. 初步设计（又称为扩初设计）

初步设计是项目决策后根据设计任务书的要求和有关设计基础资料所做出的具体实施方案的初稿。当项目无方案设计阶段时，此初步设计即为扩大了的初步设计（包含方案设计），因此简称为"扩初设计"。故此初步设计是基本建设前期工作的重要组成部分，是工程建设设计程序中的重要阶段，经批准的初步设计（含概算书）是工程施工图设计的依据。一般初步设计占整个电气工作量的30%～40%（施工图设计占50%～60%）。如果说施工图是躯体，则初步设计是灵魂。

（1）设计的依据

1）初步设计文件。

① 相关法律法规和国家现行标准。

② 工程建设单位或其主管部门有关管理规定。

③ 设计任务书。

④ 现场勘察报告、相关建筑图样及资料。

2）方案论证中提出的整改意见和设计单位做出的并经建设单位确认的整改措施。

（2）初步设计的步骤

根据上级下达的设计任务书所给的条件，各个专业开始进行初步设计。中型工厂变配电系统工程的初步设计步骤示例如图 1-23 所示。

图 1-23 中点画线上部为电气专业初步设计的内容，点画线下部为相关专业的后续工作。当有可行性研究报告时，应尽可能参照报告中的基础资料数据，从各个用电设备的负荷计算开始；当无可行性研究报告时，需自行收集基础资料。图中各个环节皆需经过充分的计算、分析、论证和方案选择，最后提出经筛选的较优方案，并编写"设计说明书"。说明书中要详细列出计算、比较和论证的数据、短路电流计算用系统接线图及等效阻抗示意图、选用或设计的继电保护和自动装置的二次接线图、操作电源、设备选择、照明设计、防雷保护与接地装置、电气布置及电缆设施、通信装置、主要设备材料及外委加工订货计划、土地征用范围、基建及设备投资概算等内容。此外还要提出经过签署手续的必需图样。初步设计只供审批之用，不作为详细施工图。但也要按照设计深度标准的有关规定做出具有一定深度的规范化图样，准确无误地表达设计意图。说明书还要求内容全面、计算准确、文字工整、逻辑严谨、词句精练。

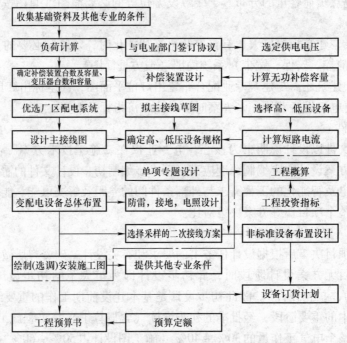

图 1-23　中型工厂变配电系统工程的初步设计步骤示例

3. 施工图设计

施工图设计是技术设计和施工图绘制的总称。本阶段首先是技术设计，把经审批的初步设计原则性方案作细致全面的技术分析和计算，取得确切的技术数据后，再绘制施工安装图样。

（1）设计的开展

初步设计经审查批准后，便可根据审查结论和设备材料的供货情况，开始进行施工图设计。施工图设计时通用部分尽量采用国家标准图集中的对应图样，设计省时省力、保证质量的同时也加快了设计进度。非标准部分则需设计者重新设计制图，并说明设计意图和施工方法。

设计中还要注意协作专业的互相配合，重视图样会签，防止返工、碰车现象。对于规模较小的工程，可将上述 3 个阶段合并成 1~2 次设计完成。图样目录中先列出新绘制的图样，后列出选用的标准图或重复利用图。

（2）电专业的工作

此阶段图样设计绘制工作量最大，具体数量随工程内容而定。

（3）设计文件

本阶段基本上是以设计图样统一反映设计思想。"设计说明"分专业，有时还分子项编写，常在设计图中专门列出一张，且通常为首页。"设计说明"往往包括对施工、安装的具体要求。尽管本阶段图样量最大、最集中，但还得处理好标准图引用、已有图复用问题。因为此阶段的图样将直接提供购买、安装、施工及调试，故严防"漏、误、含糊、重叠及彼此矛盾"。施工图设计文件应达到的深度要求如下。

1）指导施工和安装。

2）修正工程概算或编制工程预算。

3）安排设备、材料的具体订货。

4）非标设备的制作、加工。

1.2.2　设计的文件

1. 设计说明书

（1）方案设计阶段的内容

1）电源。征得主管部门同意的电源设施及外部条件、供电负荷等级、供电措施。

2）容量、负荷。列表说明全厂装机容量、用电负荷、负荷等级和供电参数。根据使用要求、工艺设计，汇总整理有关资料，提出设备容量及总容量各种数据。

3）总变配电所。建所规模、负荷大小、布局和位置。

4）供电系统。选择全厂到配电箱为止的供电系统及干线敷设方式。大型公共建筑还需要与建筑配合布置灯位，并提供灯具形式。

5）主要设备及材料选型。按子项列出主要设备及材料表，说明其选用名称、型号、规格、单位、数量及供货进度。

6）技经。需要时对不同方案提出必要的经济概算指标对比。

7）待解决问题。需提请在设计审批时解决或确定的主要问题。

8）其他。防雷等级及措施、环境保护、节能。

（2）初步设计阶段

1）设计依据。摘录设计总说明所列的批准文件和依据性资料中与本专业设计有关的内容、其他专业提供的本工程设计的条件等。

2）设计范围。根据设计任务书要求和有关设计资料，说明本工程拟设置的电气系统，本专业设计的内容和分工（当有其他单位共同设计时）。如为扩建或改建系统，还需说明原系统与新建系统的相互关系、所提内容和分工。

3）设计技术方案。不同类型的工程设计技术方案也不同。

① 变配电工程：

a. 负荷等级——叙述负荷性质、工作班制及建筑物所属类别，根据不同建筑物及用电设备的要求，确定用电负荷的等级。

b. 供电电源及电压——说明电源引来处（方向、距离）、单电源或双电源、专用线或非专用线、电缆或架空、电源电压等级、供电可靠程度、供电系统短路数据和远期发展情况，说明备用或应急电源容量的确定和型号的选择原则。

c. 供电系统——叙述高、低压供电系统接线形式、正常电源与备用电源间的关系、母线联络开关的运行和切换方式、低压供电系统对重要负荷供电的措施、变压器低压侧间的联络方式及容量。当设有柴油发电机时，应说明起动方式及与市电之间的关系。

d. 变配电站所——叙述总用电负荷分配情况、重要负荷的考虑及其容量，给出总电力供应主要指标；说明变配电站的数量、位置、容量（包括设备安装容量、计算有功、无功、视在容量，变压器容量）及型式（户内、户外或混合），设备技术条件和选型要求。

e. 继电保护与计量——继电保护装置种类及其选择原则，电能计量装置采用高压或低压、专用柜或非专用柜，监测仪表的配置情况。

f. 控制与信号——说明主要设备运行信号及操作电源装置情况，设备控制方式等。

g. 功率因数补偿方式——说明功率因数是否达到《供用电规则》的要求，应补偿的容量和采取补偿的方式及补偿的结果。

h. 全厂供电线路和户外照明——高、低压进出线路的型号及敷设方式，户外照明的种类（如路灯、庭园灯、草坪灯、水下照明等）、光源选择及其控制地点和方法。

i. 防雷与接地——叙述设备过电压和防雷保护的措施、接地的基本原则、接地电阻值的要求，对跨步电压所采取的措施等。

② 供配电工程：

a. 电源、配电系统——说明电源引来处（方向、距离）、配电系统电压等级、种类、系统形式、供电负荷容量和性质，对重要负荷如消防设备、电子计算机、通信系统及其他重要用电设备的供电措施。

b. 环境特征和配电设备的选择——分述各主要建筑的环境特点（如正常、多尘、潮湿、高温或有爆炸危险等），根据用电设备和环境特点，说明选择控制设备的原则。

c. 导线、电缆选择及敷设方式——说明选用导线、电缆或母干线的材质和型号、敷设方式（是竖井、电缆明敷还是暗敷）等。

d. 设备安装——开关、插座、配电箱等配电设备的安装方式，电动机起动及控制方式的选择。

e. 接地系统——说明配电系统及用电设备的接地形式、防止触电危险所采取的安全措施、固定或移动式用电设备接地故障保护方式、总等电位联结或局部等电位联结的情况。

③ 照明工程：

a. 照明电源——电压、容量、照度标准及配电系统形式。

b. 室内照明——装饰、应急及特种照明的光源及灯具的选择、装设，及其控制方式。

c. 室外照明——种类（如路灯、庭院灯、草坪灯、地灯、泛光照明、水下照明、障碍灯等）、电压等级、光源选择及控制方式等。

d. 照明线路——截面及敷设方式选择。

e. 照明配电设备——选型、定规格及安装方式。

f. 接地——照明设备的接地体系。

④ 建筑与构筑物防雷保护工程：

a. 确定防雷等级——根据自然条件、当地雷电日数和建筑物的重要程度确定防雷等级（或类别）。

b. 确定防雷类别——防直接雷击、防电磁感应、防侧击雷、防雷电波侵入和等电位的措施。

c. 确定防雷体系——当利用建（构）筑物混凝土内钢筋构成防雷体系时，应说明采取的具体措施和要求。

d. 防雷接地电阻阻值的确定——如对接地装置作特殊处理时，应说明措施、方法和达到的阻值要求。当利用共用接地装置时，应明确阻值要求。

⑤ 接地及等电位联结工程：

a. 接地要求——工程各系统要求接地的种类及接地电阻的要求。

b. 等电位要求——总等电位、局部等电位的设置要求。

c. 接地装置要求——当接地装置需作特殊处理时，应说明采取的措施、方法等。

d. 接地、等电位作法——等电位接地及特殊接地的具体措施。

⑥ 自动控制与自动调节工程：

a. 系统组成——按工艺要求说明热工检测及自动调节系统的组成。

b. 控制原则——叙述采用的手动、自动、远动控制、联锁系统及信号装置的种类和原则，设计对检测和调节系统采取的措施，对集中控制和分散控制的设置。

c. 仪表和控制设备的选型——选型原则、装设位置、精度要求和环境条件，仪表控制盘（台）选型、安装及接地。

d. 线路——截面及敷设方式选择。

2. 设计计算书

设计计算书主要供内部使用及存档，但各系统计算结果还应标示在设计说明或相应图样、表格中，应包括下列内容。

① 各类用电设备的负荷及变压器选型的计算。

② 系统短路电流及继电保护的计算。

③ 电力、照明配电系统保护配合计算。

④ 防雷类别及避雷保护范围计算。

⑤ 大、中型公用建筑主要场所照度计算。

⑥ 主要供电及配电干线电压损失、发热计算。

⑦ 电缆选型及主要设备选型计算。

⑧ 接地电阻计算。

上述计算中的某些内容，如因初步设计阶段条件不具备不能进行，或审批后初步设计有较大的修改时，则应在施工图阶段作补充或修正计算。

3. 设计图样

（1）方案设计阶段

设计图样通常在此阶段提供的是"可行性论证报告"中的附件，其内容包括如下。

① 电气总平面图——仅有单体设计时可无此项，厂区总平面图中要标示出总变、配电所的位置。

② 供电系统总概略图——表达系统总构架。

③ 供电主要设备表——供概算使用。

（2）初步设计阶段

设计图样一般应包括概略图、平面图（变、配电所、监控中心为布置图）、主要设备材料清单及必要说明，不同类型工程所画图样内容及要求不同。

1）供电总平面规划工程。主要是总平面布置图，应包括的内容如下。

① 标出建筑物名称、电力及照明容量，画出高、低压线路走向、回路编号、导线及电缆型号规格、架空线路的杆位、路灯、庭园灯和重复接地等。

② 变、配电站所位置、编号和变压器容量。

③ 比例、指北针。

有些工程还需作出平面布置图及主要设备材料清单。

2）变配电工程。

① 高、低压供电概略图——注明开关柜及各设备编号、型号、回路编号，及一次回路设备型号、设备容量、计算电流、补偿容量、导体型号规格及敷设方法、用户名称，以及二次回路方案编号。

② 平面布置图——画出高、低压开关柜、变压器、母干线，柴油发电机、控制盘、直流电源及信号屏等设备平面布置和主要尺寸（图纸应有比例，并标示房间层高、地沟位置、相对标高），必要时还需画出主要的剖面图。

③ 主要设备材料清单——应包括设备器材的名称、规格、数量，供编制工程概算书用。

3）供配电工程。

① 概略图——多包括配电及照明干线的竖向干线概略图，需注明变、配电站的配出回路及回路编号、配电箱编号、型号、设备容量、干线型号规格及用户名称。

② 平面布置图——一般为主要干线平面布置图，多只绘制内部作业草图，而不对外出图。

4）照明工程。

① 概略图——复杂工程和大型公用建筑应绘制至分配电箱的概略图。

② 平面布置图——一般工程不对外出图，只绘制内部作业草图。使用功能要求高的复杂工程则绘制出表达工作照明和应急照明灯位、灯具规格、配电箱（或控制箱）位置的主要平面图，可不连线。

5）自动控制与自动调节工程。

① 自动控制与自动调节的框图或原理图——注明控制环节的组成，精度要求，电源选择等。

② 控制室设备平面布置图。

6）防雷及等电位联结工程：一般不绘图，特殊工程只绘制出顶视平面图。图中画出接闪器、引下线和接地装置平面布置，并注明材料规格。

（3）施工图设计阶段

如前所述，此阶段设计说明已分专业，并作为设计图样的一部分。而计算书也反映到图样中设备、元器件的选型、规格。所以此阶段设计图样量大，几乎是唯一的向外提交的设计文件。它包括如下 3 部分。

1）图样目录。先列出新绘制图样，后列出选用的标准图或重复利用图。

2）首页——设计说明。当本专业有总说明时，在各子项图样中可只加以附注说明。当子项工程先后出图时，分别在各子项首页或第一张图面上写出设计说明，列出主要设备材料表及图例。首页应包括"设计说明"、"施工要求"及"主要设备材料表"。"图例"往往嵌入"主要设备材料表"内，"主要设备材料表"又往往单列。"设计说明"应包括以下内容。

① 施工时应注意的主要事项。

② 各项目主要系统情况概述，联系、控制、测量、信号和逻辑关系等的说明。

③ 各项目的施工、建筑物内布线、设备安装等有关要求。

④ 各项设备的安装高度及与各专业配合条件必要的说明（也可标注在有关图样上）。

⑤ 平面布置图、概略图、控制原理图中所采用的有关特殊图形、图例符号（也可标注在有关图样上）。图样中不能表达清楚的内容在此可作统一说明。

⑥ 非标准设备等订货特殊说明。

3）图样主体。

① 变配电工程。

a. 高、低压变配电概略图——又称为一次线路图，原称作系统图，为单线法绘制。图中应标明母线的型号、规格，变压器、发电机的型号、规格，在进、出线右侧近旁标明开关、断路器、互感器、继电器、电工仪表（包括计量仪表）的型号、规格、参数及整定值。图下方表格从上至下依次标注：开关柜编号、开关柜型号、回路编号、设备容量、计算电流、导线型号及规格、敷设方法、用户名称及二次接线图方案编号（当选用分格式开关柜时，可增加小室高度或模数等相应栏目）。

b. 变、配电所平剖面图——按比例画出变压器、开关柜、控制屏、直流电源及信号屏、电容器补偿柜、穿墙套管、支架、地沟、接地装置等平、剖面布置及安装尺寸；表示进、出线敷设、安装方法，标注进、出线回路编号、敷设安装方法，图样应有比例；标出进、出线编号、敷设方式及线路型号规格；当变电站选用标准图时，应注明编号和页次。

c. 架空线路图——应标注线路规格及走向、回路编号、杆型表、杆位编号、档数、档距、杆高、拉线、重复接地、避雷器等（附标准图集选择表）；电缆线路应标注线路走向、回路编号、电缆型号及规格、敷设方式（附标准图集选择表）、人（手）孔位置。

d. 继电保护、信号原理图和屏面布置图——绘出继电保护、信号二次原理图，采取标准图或通用图时应注明索引号和页次。屏面布置图按比例绘制元件，并注明相互间尺寸，画出屏内外端子板，但不绘制背面接线。复杂工程应绘出外部接线图。绘出操作电源系统图，控制室平面图等。

e. 变、配电站所照明和接地平面图——绘出照明和接地装置的平面布置，标明设备材料规格、接地装置埋设及阻值要求等。索引标准图或安装图的编号、页次。

② 供配电工程。

a. 供配电概略图——用竖向单线绘制，以建（构）筑物为单位，自电源点开始至终端配电箱为止，按设备所处相应楼层绘制。图中应包括变、配电站所变压器台数、容量、各处终端配电箱编号，自电源点引出回路编号、接地干线规格；应标出电源进线总设备容量、计算电流、配电箱编号、型号及容量，注明开关、熔断器、导线型号规格、保护管径和敷设方法，对重要负荷应标明用电设备名称等。

b. 供配电平面图——画出建筑物门窗、轴线、主要尺寸，注明房间名称、工艺设备编号及容量。图中应表示配电箱、控制箱、开关设备的平面布置，注明编号及型号规格，两种电源以上的配电箱应冠以不同符号；注明干线、支线，引上及引下回路编号、导线型号规格、保护管径、敷设方法，画出线路起止位置（包括控制电路）；线路在竖井内敷设时应绘出进出方向和排列图；简单工程不出供配电概略图时，应在平面图上注明电源电路的设备容量、计算电流，标出低压断路器整定电流或熔丝电流。图中需说明：电源电压，引入方式；导线选型和敷设方式；设备安装方式及高度；保护接地措施。

　　c. 安装图——包括设备安装图、大样图、非标准件制作图、设备材料表。

　　③ 电气照明工程。

　　a. 照明系统概略图——原称作照明系统图、照明箱系统图。图中应标注配电箱编号、型号、进线回路编号，各开关（或熔断器）型号、规格、整定值，及配出回路编号、导线型号规格、用户名称（对于单相负荷应标明相别）。对有控制要求的回路还应提供控制原理图，需计量时也应画出电能表。上述配电箱（或控制箱）系统内容在平面图上标注完整的，可不单独出配电箱（或控制箱）系统图。

　　b. 照明平面图——应画出建筑门窗、墙体、轴线、主要尺寸，标注房间名称、关键场所照度标准和照明功率密度，绘出配电箱、灯具、开关、插座、线路走向等平面布置，标明配电箱、干线、分支线及引入线的回路编号、相别、型号、规格、敷设方式，还要标明设备标高、容量和计算电流。凡需二次装修部位，其照明平面图随二次装修设计，但配电或照明平面图上应相应标注出预留照明配电箱及预留容量。复杂工程的照明应绘制局部平、剖面图，多层建筑可用其中标准层一层平面表示各层，此图样应有比例。图中表达不清楚的可随图作相应说明，其需说明内容与供电总平面图、变配电平剖面图及电力平面图相同。

　　c. 照明控制图——特殊照明控制方式才需绘出控制原理图。

　　d. 照明安装图——照明器及线路安装图尽量选用标准图，一般不出图。

　　④ 自动控制与自动调节工程：普通工程仅列出工艺要求及选定型产品。需专项设计的自控系统则需绘制：检测及自动调节原理系统图、自动调节框图、仪表盘及台面布置图、端子排接线图、仪表盘配电系统图、仪表管路系统图、锅炉房仪表平面图。主要设备材料表及设计说明。具体如下。

　　a. 概略图、框图、原理图——注明线路电器元件符号、接线端子编号、环节名称，列出设备材料表。

　　b. 控制、供电、仪表盘面布置图——盘面按比例画出元件、开关、信号灯、仪表等轮廓线，标注符号及中心尺寸，画出屏内外接线端子板，列出设备材料表。

　　c. 外部接线图和管线表——平面图不能表达清楚时才出此图，图中应标明盘外部之间的连接线，注明编号、去向、线路型号、规格、敷设方法等。

　　d. 控制室平面图——包括控制室电气设备及管线敷设平、剖面图。

　　e. 安装图——包括构件安装图及构件大样图。

　　⑤ 建筑与构筑物防雷保护工程。

　　a. 建筑物顶层平面顶视图——应有主要轴线号、尺寸、标高，标注避雷针、避雷带、接地线和接地极、断接卡等的平面位置，标明材料规格、相对尺寸及所涉及的标准图编号、页次。图样应标注比例，形状复杂的大型建筑宜加绘立面图。

b. 接地平面图——图中应绘制接地线、接地极、测试点、断接卡等的平面位置，标明材料型号、规格、相对尺寸等和涉及的标准图编号、页次。图样应标注比例，并与防雷顶层平面对应。当利用自然接地装置时，可不出此图样。

c. 防雷体系——当利用建筑物（或构建物）钢筋混凝土内的钢筋作为防雷接闪器、引下线、接地装置时，应标出连接点、接地电阻测试点、预埋件及敷设形式，特别要注明索引的标准图编号、页次。

d. 随图说明——可包括：防雷类别和采取的防雷措施（包括防侧击雷、防雷击电磁脉冲、防雷电波侵入），接地装置形式，接地极材料要求、敷设要求、接地电阻值要求。当利用桩基、基础内钢筋作接地极时，应表明采取的措施。

e. 工作或安全接地——除防雷接地外的其他电气系统的工作或安全接地（如电源接地型式，直流接地、局部等电位、总等电位接地）的要求。如果采用共用接地装置，则应在接地平面图中叙述清楚，交代不清楚的应绘制相应的图（如局部等电位平面图等）。

4. 设计文件的比重

设计文件包括设计（文字）说明书、设计计算书及设计图样 3 部分，在 3 个不同的设计阶段它们所占有的比重不同。表 1-9 中按其比重，以星号的多少表示。

表 1-9　设计技术文件在各阶段之比重

设 计 文 件	方 案 设 计	初 步 设 计	施 工 图 设 计
设计说明书	＊ ＊	＊ ＊ ＊	＊
设计计算书	＊	＊ ＊	＊
设计图样	＊	＊ ＊	＊ ＊ ＊ ＊

在设计 3 个阶段中，最后落实到施工的是施工图设计阶段。施工图设计阶段中设计图样是最重要的设计技术文件，因此在整个设计全过程中，工程设计技术图样是关键所在，是设计人员设计思想意图构思和施工要求的综合体现。

1.2.3　电气工程设计图的分类

电气工程设计图以"图形符号"、"带注释的图框"及"简化外形"的方式，将电气专业内各系统、设备及部件，以单线或多线方式连接起来，表示其相互联系。按 GB/T 6988—2006、2008 分为如下 15 种图表。

1）概略图——表示系统基本组成及其相互关系和特征，如动力系统概略图、照明系统概略图。其中一种以方框简化表示的，又称为框图。

2）功能图——不涉及实现方式，表示功能的理想电路，供进一步深化、细致、绘制其他简图作依据。

3）逻辑图——不涉及实现方式，仅用二进制逻辑单元图形符号表示。它在绘制前必先作出采用正、负逻辑方式的约定，是数字系统产品重要的设计文件。

4）功能表图——以图形和文字配合表达控制系统的过程、功能和特性的对应关系，但是不考虑具体执行过程的表格式。实际上它是功能图的表格化，有利于电气专业与非电专业间的技术交流。

5）电路图——详细表示电路、设备或成套装置基本组成和连接关系，而不考虑其实际位置，图形符号按工作顺序排列。此图便于理解原理、分析特性及参数计算，是电气设备技术文件的核心。

6）等效电路图——将实际元件等效变换形成理论的或理想的简单元件，从而突出表达其功能联系，主要供电路状态分析、特性计算。

7）端子功能图——以功能图、表图或文字3种方式表示功能单元全部外接端子的内部功能，是代替较低层次电路图的较高层次的特殊简化。

8）程序图——以元素和模块的布置清楚地表达程序单元和程序模块间的关系，便于对程序运行分析、理解。计算机程序图即是这类图的代表。

9）设备元件表——把成套设备、设备和装置中各组成部分与其名称、型号、规格及数量对列而成的表格。

10）接线图表——表示成套装置、设置或装置的连接关系，供接线、测试和检查的简图或表格。接线表可补充代替接线图。电缆配置图表是专门针对电缆而言的，包含于"接线图表"内。

11）单元接线图/表——仅表示成套设备或设备的一个结构单元内连接关系的图或表，是上述接线图表的分部表示。

12）互连接线图/表——仅表示成套设备或设备的不同单元间连接关系的图或表，又称为线缆接线图。仅表示向外连接的物性，而不表示内连接。

13）端子接线图/表——表示结构单元的端子与其外部（必要时还反映内部）接线连接关系的图或表，它突出表示内部、内与外的连接关系。

14）数据单——对特定项目列出的详细信息资料，供调试、检修、维修用的表单。

15）位置图/简图——以简化的几何图形表示成套设备、设备装置中各项目的位置，主要供安装就位使用。应标注的尺寸在任何情况下不可少标、漏标。位置图应按比例绘制，简图有尺寸标注时可放松比例绘制要求。印制板图是一种特殊的位置图。

以上15种图表中，1~8重在表示功能关系，10~13重在表示位置关系，14、15重在表示连接关系，9是统计列表，它们间的对比见表1-10。

表1-10　电气技术文件种类表

种　类		说　明
功能性简图	概略图	表示系统、分系统、装置、部件、设备、软件中各项目之间的主要关系和连接的相对简单的简图。原称为系统图，通常采用单线表示。其中，框图为主要采用方框符号的概略图，俗称为"方框图"。网络图则在地图上表示诸如发电厂、变电所和电力线、电信设备和传输线之类的电网的概略图
	功能图	用理论的或理想的电路，而不涉及实现方法来详细表示系统、分系统、装置、部件、设备、软件等功能的简图。其中，等效电路图是用于分析和计算电路特性或状态的表示等效电路的功能图；逻辑功能图主要是用二进制逻辑元件符号的功能图，原称为纯逻辑简图，现不用原称谓
	电路图	表示系统、分系统、装置、部件、设备软件等实际电路的简图，采用按功能排列的图形符号来表示各元件和连接关系，仅表示功能而无需考虑项目的实体尺寸、形状或位置。电路图可为了解电路所起的作用、编制接线文件、测试和寻找故障、安装和维修等提供必要的信息

种 类		说 明
功能性简图	端子功能图	表示功能单元的各端子接口连接和内部功能的一种简图，它可以利用简化的（假如合适的话）电路图、功能图、功能表图、顺序表图或文字来表示其内部的功能
	程序图（表）（清单）	详细表示程序单元、模块及其互连关系的简图、简表、清单，其布局应能清晰地识别其相互关系
功能性表图	功能表图	用步或/和转换描述控制系统的功能、特性和状态的表图
	顺序表图［表］	表示系统各个单元工作次序或状态的图（表），各单元的工作或状态按一个方向排列，并在图上成直角绘出过程步骤或时间，如描述手动控制开关功能的表图
	时序图	按比例绘出时间轴的顺序表图
位置文件	总平面图	表示建筑工程服务网络、道路工程、相对于测定点的位置、地表资料、进入方式和工区总体布局的平面图
	安装图［平面图］	表示各项目安装位置的图（含接地平面图）
	安装简图	表示各项目之间的安装图
	装配图	通常按比例表示一组装配部件的空间位置和形状的图
	布置图	经简化或补充以给出某种特定目的所需信息的装配图。有时以表示水平断面或剖面的平、剖面图表示
	电缆路由图	在平面、总平面图基础上，标示出电缆沟、槽、导管、线槽、固定体等，和/或实际电缆或电缆束位置
接线文件	接线图［表］	表示或列出一个装置或设备的连接关系的简图、简表
	单元接线图［表］	表示或列出一个结构单元内连接关系的接线图、接线表
	互连接线图［表］	表示或列出不同结构单元之间连接关系的接线图、接线表
	端子接线图［表］	表示或列出一个结构单元的端子和该端子上的外部连接（必要时包括内部接线）的接线图、接线表
	电缆图［表］［清单］	提供有关电缆，如导线的识别标记、两端位置以及特性、路径和功能（如有必要）等信息的简图、简表、清单
项目表	明细表	表示构成一个组件（或分组件）的项目（零件、元件、软件、设备等）和参考文件（如有必要）的表格。IEC 62027：2011《对象表的制作（包括零件清单)》附录 A 对尚在使用的通用名称，例如设备表、项目表、组件明细表、材料清单、设备明细表、安装明细表、订货明细表、成套设备明细表、软件组装明细表、产品明细表、供货范围、目录、结构明细表、组件明细表、分组件明细表等建议使用"零件表"这一标准的文件种类名称，而以物体名称或成套设备名称作为文件标题
	备用元件表	表示用于防护和维修的项目（零件、元件、软件、散装材料等）的表格

种 类		说 明
说明文件	安装说明文件	给出有关一个系统、装置、设备或文件的安装条件以及供货、交付、卸货、安装和测试说明或信息的文件
	试运转说明文件	给出有关一个系统、装置、设备或文件试运行和起动时的初始调节、模拟方式、推荐的设定值，以及为了实现开发和正常发挥功能所需采取的措施的说明或信息的文件
	使用说明文件	给出有关一个系统、装置、设备或文件的使用说明或信息的文件
	维修说明文件	给出有关一个系统、装置、设备或文件的维修程序的说明或信息的文件，例如维修或保养手册
	可靠性或可维修性文件说明文件	给出有关一个系统、装置、设备或文件的可靠性和可维修性方面的信息的文件
其他文件		可能需要的其他文件，例如手册、指南、样本、图样和文件清单

1.2.4　相关专业的协作

所有工程设计都有一个共同的特点就是综合性，任何一项工程设计都是相关专业共同协作完成的。不论哪一个专业，如果没有"团队"精神、"合作"态度、"单枪匹马"是无法完成工程中本专业的设计工作。

1. 相关的专业

1）工业建筑类电气设计中相关的专业：工艺、设备、土建、总图、给水排水、自动控制，涉及供热的还有热力，涉及采暖、通风、制冷、换气的还有暖通、空调专业。其中以工艺专业为主导专业，供电及自控都要配合工艺专业的统一协调。

2）民用建筑类电气设计相关的专业：建筑、结构、给水排水（含消防）、规划、建筑设备，涉及供热、制冷的还有冷热源、采暖、通风专业。其中以建筑专业为主导，电气、智能化专业都要配合其统一的构思。

3）主与次。在某些特定的条件下，在某些子项中，电专业必须当仁不让地承担主导作用。另一方面在工程的控制水平、现代化程度、技术水准、智能化指标等方面必须以电气为主导。

2. 相关专业间的配合

相关专业间的工作是一个配合关系，包括如下4个方面。

1）互提条件。彼此提出对对方专业的要求，此要求成为本专业给对方设计的设计条件，称为"互提条件"。

2）分工协作。分工是按专业而进行的分工，分工后必须互相协作。工业工程的"电气"与"自控"，在不少设计单位分为两个专业。在实际工程实施中通常"电气"及"自控"都集中在总控室或中央控制室，电气的屏箱上一般都有自控的设施，自控的操作台（柜）上要反映电气的参数，甚至要电气来实现。更不要说控制室的布局，屏、台的布置了。

3）防止冲突。特别是位置的冲突。工业电气中电缆线、桥架等的架设，稍不留神，就会与热力管道毗邻，甚至设备管道的保暖层占据电缆桥架的架设位置。民用建筑中位于地下层的有配电室和变压器室，在它们上面的房间布局还要避免水的滴漏，卫生间之类在其正上方是万万不可的。变配电室门的大小除了换热、通风的要求外，还得考虑屏、箱、柜的搬进搬出，以及防止小动物进出及意外事故时的安全。

4）注意漏项。往往在设计工作头绪多了以后，彼此都会认为对方在考虑，结果都未考虑，而产生"漏项"。比如电气动作的某自控检测触点组，自控专业是否设置；给水排水的消防加压泵，电气是否供给双电源；建筑的某个高耸突出物，电气是否给予防雷保护处理，都是要注意的地方。

1.2.5 设计的开展

电气工程设计作为工程设计的一个专业分支，设计的开展是一个包含设计（画图）的一个综合系统工作，以时间为序分7步。

1. 任务的承接

设计任务的承接又称为设计立项，是整个设计过程的开始。一方面在市场经济的今天，这表明了效益的车轮开始运转；另一方面在法制社会的当代，这也表明相应的责任和义务也要开始承担。所以这是一项既慎重、周密，又关键、严肃的事务。它主要解决5W1H共6个方面的问题。

1）与委托单位洽谈。通常情况下设计的委托方就是建设单位。对于电气工程设计，也有工程设计方总承包下来再与电专业合作的做法，尤其以建筑电气居多，特别是装修工程中的建筑电气、智能化工程。

洽谈中要充分明设计任务的具体内容、要求、进度和双方责、权、利。这相当于解决5W1H中的Why（必要性）、What（目的性）、Where（界限性）、When（时间性）4个方面的问题。双方分别做出是否委托设计与是否承接设计的决定。

2）接受设计委任书。此委任书是由具有批准项目建议书权限的主管部门及相应独立法人做出。当承接大的设计项目时，在当前设计市场竞争的条件下，还须清醒意识到这一点：在设计执行及款项交付有争议时，委任书（或称为委托书）是具有法律效力的文件，设计内容必须在设计委托书上写清楚。有时建设单位经办人对电气专业不太熟悉，特别容易表达不确切。有时工程为多子项、多单位合作，又易造成漏项、彼此脱节。

另一个容易忽视的问题：按相应规章、规范需要设置，且建设方无异议的不必一一写明，而按规程、规范需要设置，但建设方因种种原因，不予委托设计时，必须写明。同时还得写明缘由，并由其主管部门批复正式文件方可。

3）任命设计项目负责人。设计单位普遍实行项目责任制，为此项目负责人便是这一设计任务执行和实施的独立负责人，直接决定整个项目的进展、质量和效益，至关重要。

4）组织设计班子及专业负责人。根据任务的内容配齐相应的专业人员，根据任务各子项的轻重，慎选关键专业的专业负责人。确定各专业负责人、参与此项设计工作各专业人员，就组成了设计班子。3）、4）两项解决了Who（责任人）的问题。

5）签订设计合同。项目负责人主持以专业负责人为首的全体专业人员，即整个设计班子，共同会议协商分工、协调配合的时间和内容、开展的步骤，即落实设计进展，以解决How（实施措施）的问题。

2. 设计前期

1）收资。收集以下 8 项"基本依据"：

① "项目批复文件"。

② "供电要求"及标示出"供电范围"的总平面图。

③ 当地供电的可能性。

④ 当地公共服务设施情况。

⑤ 向当地气象部门索取近 20 年当地最新的"气象资料"。

⑥ 当地的"地区概况"。

⑦ 本建筑物的"性质、功能及相应的常规要求"。

⑧ 涉及控制设计则需增加相关内容。

（详情可见参考文献［6］）。

2）调研。一方面是细化委托方对工程建设的具体要求及了解过去的条件、当地同类的水准。另一方面是向提供外围配套服务的部门协商，甚至办理相关合同手续。

3）选址。工程地址即厂址或楼址待定的需选址。尤其是某些行业的厂址选定极为复杂、综合、涉及面多，关系重大。

4）立项。以会议形式经各专业共同研讨后，书面布置各专业任务于分专业的"专业设计任务书"中。

3. 设计中期

（1）互提条件

专业间的协调配合是在相互支持的基础上，从互提条件的书面方式开始的。"专业间互提条件"是相互配合协调完成设计的基础，此过程既要保证全面、无遗漏，还得注意及时不延误。互提条件的内容包括以下两个方面。

1）他专业→电气。所提条件要充分、明确，足够开展电气专业的设计工作，必要时要约定提交的时间和内容（包括文字、图样、磁盘），同时需签字存档。工业建筑以土建、设备、工艺为提条件重点专业，民用建筑以建筑、结构为主，有时涉及给水、暖通专业。其中建筑的条件图或 CAD 文档可经处理后作为电气设计的基础条件框架。

2）电专业→他专业。电专业必须及时、认真、准确地向有关专业提出条件。首先是向项目负责人提出负荷方面及弱电的总需求，其次是向土建专业明确孔、洞、槽、沟及预埋等需配合的内容，以及对建筑布局、开间、层高、荷重方面的专业要求，还需要向技术经济及管理专业提供大型设备材料主要清单以便订货。工业工程、智能工程将检测、控制内容与相关专业协调、统一。

（2）设计的三环节管理

1）事先指导。

① 指导的作用。

a. 充分发挥各级的指导作用，防患于未然，预防为主，主动进行质量控制。

b. 设计各阶段开始之初、构思之际，对控制设计成品最为有力。

c. 贯彻执行国家有关方针、政策、法规，执行国家各部委规程、规范、标准及地方、单位的规定要求。

② 指导的内容：控制 5W1H。

Why——必要性：

a. 上级机关审批文件。

b. 设计依据。

c. 方针、政策和各项规定。

What——目的性：

a. 设计内容及深度。

b. 应达到的技术水平，经济、社会及环境效益。

c. 主导专业具体要求。

d. 攻关、创优、科研、节能等相关课题。

e. 建设、施工、安装单位的要求。

Where——界限性：

a. 设计界限及分工。

b. 联系及配合的要求。

c. 会签要求。

When——时限性：

a. 开工工期，设计总工时。

b. 中间审查时间。

c. 互提资料时间。

d. 完工时间。

Who——责任人：

a. 确定设计的项目负责人。

b. 确定设计的专业负责人。

c. 确定设计的主要设计人员、校审人员及工地代表。

How——实施措施：

a. 最佳技术方案。

b. 专业间统一的技术规定。

c. 出图张数。

d. 设备、材料、行业方面的情报。

e. 常见毛病、多发毛病及有关质量等信息。

③ 指导的重点。

a. 方案设计阶段——建设规模、产品方案、生产方式的预测，投资费用及经济效益的预算，厂址选择及设计方案的筛选。

b. 初步设计阶段——针对项目特点的具体设计思想，各专业方案的配合和衔接，项目整体的先进性和实用性，以及三废治理和节能降耗的技术措施。

c. 施工图设计阶段——总体设计方案的指导在于初级审批文件的贯彻落实，专业设计方案的指导在于实施方案的技术标准统一，常见和多发毛病的纠正。

2）中间检查。

① 作用：

a. 承上启下，检查"事先指导"的落实，规范下一步工作的开展。

b. 对设计过程新出现的问题进行补充指导。

c. 根据项目层次的不同，执行具体的检查方案。

d. 电专业的中间检查一般安排在向其他专业提供或返回条件时，以专业负责人与相关人员讨论的方式进行。

② 内容：

a. "事先指导"的执行情况。

b. 方案的可行性、经济性及先进性。

c. 规程、规范及相关安全、环保、节能等规定的符合情况。

d. 综合配合，布置选型，以及是否存在遗留问题。

③ 作法：不定期，及时组织讨论"工程主要方案"、"关键技术"及"疑难问题"。

3）成品校审。按校审、会签制度进行，是"三环节"中最为重要的终结环节。

校审：依项目大小分级，逐级校审。

① 大、中型项目。三级校审：组——校核、审核；室（项目）——审查；院——审定、批准。

② 小型项目。二级校审：组——校核、审核；室——审查、审定。

③ 所有项目发送建设单位前，须经院技术主管部门规格化审查，并由院负责，以院名义和署名向外发送。

④ 各级资格。校核：由专业负责人或组长指定人担任；审核：由组长、专业室主任指定人担任；审查：由专业主任工程师、项目工程师担任，负责本专业技术原则和整个项目的协调统一；审定：由总工、副总（大项目）、室主任、主任工程师（小项目）进行；批准：由院长（大项目），室主任（小项目）进行。设计人不得兼校审，各级校审不得兼审。

⑤ 校审签署范围。对于大、中型项目设计文件由电专业校审签署范围见表 1-11。

表 1-11　大、中型项目设计文件由电专业校审签署范围

设计内容	签署范围	设　计	校　核	审　核	审　查	审　定	批　准
初设阶段	全厂高压供电系统图	△	△	△	△	△	
	总变（配）电所设备布置图	△	△	△	△	△	
	各车间变（配）电所供电系统图	△	△	△	△		
施工图设计阶段	全厂高压供电系统图	△	△	△	△	△	
	总变（配）电所设备布置图	△	△	△	△		
	各车间变（配）电所供电系统图	△	△	△	△		
	自控信号联锁原理图	△	△	△	△	△	
	大型复杂控制布置图	△	△	△	△		

⑥ 校审的程序。设计文件分级校审的程序如图 1-24 所示。

设计：自校、签名、附上原始资料及调查报告、设计文件及计算书。

校核：校核图形符号、投影尺寸、文字、数据、计量单位、计算方法以及规范。

审核：对"设计原则意见"及"项目设计技术统一规定"符合性、完整性和专业技术相互协调性以及主任工程师未审的范围的技术经济合理性负责。

审查：审查是否符合"设计原则意见"及"事先指导意见"，复核"审核意见"及"修改情况"处理校核、审核中出现的分歧意见。重点审查各专业的协调统一，组织会签。

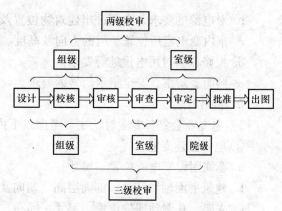

图1-24 设计文件分级校审的程序

审定：终审是否符合"项目建议书"、"设计任务书"、"初设审批意见"、"事先指导意见"、"项目中审查意见"。审定人根据各级校审意见和质量评定等级，进行最终质量评定。

⑦ 校审的职责。按各级职责完成后，填写"校审记录卡"。

（3）专业间的会签

会签是保证专业间的协调统一，不可或缺的重要环节。

1）各专业会签电专业图时，主要考虑以下内容。

① 工艺专业→电。

a. 设备运行、检修对供电的要求。

b. 照明、插座、开关的设置。

c. 信号设置满足工艺操作的情况。

d. 设备位置、编号、容量及要求。

e. 线路与设备管道的协调。

f. 防雷要求。

② 土建专业→电。

a. 电力设施安装对土建的影响。

b. 土建对供电的要求。

c. 防雷接地等特殊要求。

③ 总图专业→电。

a. 供电设施、线路、室外照明与综合管网的关系。

b. 跨越交通干道的电线满足交通要求的情况。

④ 给水排水专业→电。

a. 信号联锁要求。

b. 供电、照明、防雷要求。

⑤ 暖通专业→电。

a. 设备运行对供电、照明、信号的要求。

b. 设施间的安全距离。

⑥ 动力专业→电。

a. 室内动力管道与线路空间的协调。

b. 对电源的要求、电缆进出建筑物位置及标高。

c. 室内变电室所位置、门的方向及高度、电缆沟的走向。

d. 检修和临时用电设施等要求。

e. 照明、防雷、安全指示信号的要求。

f. 外网协助。

2）电专业会签各专业时，主要考虑以下内容。

① 电→土建专业。

a. 车间附设变电所位置、尺寸。

b. 建筑平面轴线尺寸、剖面层高、朝向及门的开启方向。

c. 支架、孔洞预埋件位置、尺寸、标高。

d. 埋地线、管的地坪高、缆沟走向、屋面防雷设施对建筑物沉降缝的要求。

e. 变配电所控制室对自然通风、采光、隔热、地坪的要求。

f. 大型电气设备安装。

g. 室内变电所电缆沟防潮。

② 电→总图专业。

a. 全厂建（构）筑物的位置、名称、朝向及坐标。

b. 埋地缆线、供电线路与室外综合管网有无矛盾。

③ 电→暖通专业。

a. 通风设备及管道位置、标高与照明灯具、电气设备和线路是否相冲突。

b. 室内变电所、控制室对通风、标高的要求。

④ 电→给水排水专业。

a. 给水排水管进车间平面位置、标高与电气设备线路是否相冲突。

b. 室内变电所、控制室对给水排水管及其标高的要求。

⑤ 电→动力专业。

a. 动力管道进车间位置、标高与电气设备线路是否相冲突。

b. 乙炔、煤气等易燃、易爆气体的用气点与电气设备的安全距离。

会签由项目负责人组织，主导专业负责人提出，各专业负责人签署在相应图样会签栏，表示认可同意。

4. 设计后期

（1）技术交底

施工图设计完成后，开始施工前，各相关人员已认真阅读施工图后，由设计人员向施工、制造及安装、加工队伍及监理单位的行政及技术负责人进行设计、施工及安装的技术交底。往往此时建设方也把消防、环保、规划及上级主管部门邀请来共同审计图样，故有时也将此称为"会审"。

1）内容。

① 介绍设计指导思想，充分说明设计的主要意图。

② 设备选型、布置、安装的技术要求。

③ 结构标准件的选用及说明。

④ 制造材料性能要求及质量要求。

⑤ 施工、制造、安装的相应关键质量点。

⑥ 步骤、方法的建议，强调施工中应注意的事项。

⑦ 局部构造，薄弱环节的细部构造。

⑧ 新工艺、新材料、新技术的相应要求。

⑨ 补充修改设计文件中的遗漏和错误，并解答施工单位提出的技术疑问。

⑩ 作出会审记录，并归档。

2) 作法。设计人员就施工及监理单位对施工图的一些问题作出解答，设计需修改、变动的应及时写成纪要，由设计人员出具变更通知，甚至画出变更图样。根据进度及需要可分阶段多次进行。

这一工作通常由建设单位主持，按下列步骤进行。

① 设计方各专业人员介绍。

② 各参与单位质疑，提问及讨论。

③ 设计方分专业解答，研讨所提问题。

④ 对未能解决而遗留的问题归入会审纪要，安排逐项解决。会审纪要需归入技术档案。

(2) 工地代表制

1) 设计方工地代表。这是设计单位根据工程项目的施工、安装、试生产及与设计衔接的需要，派驻现场代表设计单位全权处理设计问题，在工程施工、安装、试生产期间进行技术服务工作的代表。工地代表应派专业知识面广，具有设计及现场经验，参加过本工程某专业设计的技术人员担当。

2) 工作要点。

① 施工过程中负责解释设计内容、意图和要求，解答疑、难点，参加联合调度会及有关解决施工、安装问题的会议。

② 择要记录现场各种技术会议内容、技术决定、质量状况、设计修改始末，以及重要建（构）筑物的隐蔽工程施工情况，以备归档。

③ 因设计方原因修改设计时，须填发修改通知单，正式通知建设单位。其文字、附图必须清晰，竣工后需要归档。

④ 现场发现施工、安装不符合原设计或相关规范要求时，应及时提出意见，要求纠正，重要问题需书面记录。

⑤ 建设、施工方涉及变更原设计要求的决定，如有不同意见，应向对方说明理由，要求更正。如意见不被接受，可保留意见，向项目工程师报告并做好记录。

⑥ 施工、安装方因为条件限制等要求修改设计时，如影响质量、费用、其他专业施工进度时，不应接受修改要求。如确有必要修改，则应请示项目工程师按设计程序处理。

⑦ 参加主要建筑、重要设备和管线安装的质检时，发现问题应通知有关方处理，并做好记录及汇报。

⑧ 注意隐蔽工程的施工情况，参加施工前后的检查及记录工作。如修改，则现场作修改图，并归档。

⑨ 当因为供应原因而改变重要结构、设备时，要与有关方单位协商，必要时请示项目工程师，并由各方代表签署更改通知、归档。

⑩ 对于难于处理的重大疑难问题，应立即请示项目负责人派员解决。

⑪ 负有设计质量信息反馈职责。按本单位程序，如实、及时地向技术管理部门反馈。

⑫ 应定期向技术管理部门、项目工程师汇报现场工作。

（3）设计修改

凡是修改设计均应以书面形式发出"修改通知"。修改人可以是原设计人，也可以不是，但原设计人要签字，之后专业负责人及项目负责人均要签字。"修改通知"中必须写明修改原因，修改内容要简单、明确，必要时要配合出修改图，此时还应指明替代作废的原图图号。

5. 设计收尾

（1）竣工验收

1）准备工作。"竣工验收"在整个工程施工结束后进行，验收前施工方及建设方应作下列工作，设计方应予以配合。

① 整理施工、安装中的重大技术问题及隐蔽工程修改资料。

② 核对工程相对"计划任务"（含补充文件）的变更内容，并说明其原因。实事求是地合理解决有争议的问题。

③ 核查建设方试生产指标及产品情况与原设计是否有差异，并阐明原因。

④ "三废"排放是否达标。

⑤ 工程决算情况。

⑥ 凡设计有改变且不宜在原图上修改、补充者，应重新绘制改变后的竣工图。若因设计原因造成，则由设计方绘制。若是其他原因造成的，则由施工方绘制。

2）隐蔽工程验收。这个工作往往以施工、安装单位召集设计人员、建设单位及有关部门共同进行。

① 检查施工及安装是否达到设计（含设计修改）的全部要求。电气设备、材料选型是否满足设计要求。

② 查阅各种施工记录及工地现场，判别施工安装是否分别达到各专业、国家或相关部门的现行验收标准。

③ 查阅隐蔽工程的施工、安装记录及竣工图样，查看隐蔽部分、更改部分是否达到相关规定。

④ 检查电气安全措施、指标是否达到要求。必要时甚至要复测（如对地绝缘电阻、接地电阻）、送"检"（将个别有重大安全隐患的元器件或设备送质检部门）以及"挖"（掘开土层，看隐蔽工程）、"剖"（剖开设备、拆检关键元器件）。

⑤ 特殊工程还需检查调试记录、试运行（试车）报告，以及有关技术指标，以了解各系统运行是否正常。

⑥ 检查结果逐项写入验收报告，提出需完善、改进和修改的意见。在主管部门主持下，工程设计人员应在验收报告上签字表示同意验收（如有重大不符合设计及验收规范的问题，设计人员不同意验收，则拒绝签字）。

⑦ 全面鉴定设计、施工质量，恰如其分地作出工程质量评价。讨论后由建设方主笔，设计方协助编写"竣工验收报告"。其中要对工程未了、设计遗留事项提出解决方法。

（2）技术文件归档

工程文档管理是一门新兴、严肃而且极为重要的工作。这里仅从设计角度对工程建设方面的技术性文档管理作介绍。"工程技术文件归档"（工程界简称为"归档"）可以从自设计任务开始逐件、即时、分批进行。设计文件在设计完成、经技术管理部门质量工程师检查、办理入库归档手续后，才算完成设计。归档范围包括：

① 有关来往的公文函件、设计依据性文件、任务书、批文、合同、会议纪要、谈判记录、设计委托、审查意见等。

② 设计基础资料：方案研究、咨询报价、收资选址勘测报告、气象、水文、交通、热电、给水排水、规划、环境评价报告、新设备及引进产品的产品样本手册、说明书等。

③ 初步设计图样、概算、有关的设计证书、方案对比及技术总结。

④ 施工图、预算及有关设计计算书。

⑤ 施工交底、现场代表、质量检查、技术总结等施工技术资料。

⑥ 竣工验收、试生产、投产后回访的报告。

⑦ 优秀工程、创优评选、获奖资料。

⑧ 合作设计时其他合作方的项目资料。

（3）试生产制

1）组织。大、中型项目的试生产由技术管理部门指派项目负责人组织有关专业设计负责人，组成试生产小组参加。小型、零星项目需要时，应临时派员参加。

2）准备。试生产前，协同建设、施工方进行工程质量全面检查，参加制订"空运转"和"投料试生产"计划，协助拟订操作规程，确定工序的技术参数，确定测试、投料程序，明确试生产前必须解决的问题。

3）试生产。一般工业工程试生产为连续 3 个 24h 即 72h，并作"试生产测试记录及总结报告"，存入技术档案。

4）资料。协同建设、施工及制造、安装单位解决"空运转"及"试生产"中的问题，记录相应资料。

（4）其他收尾工作

1）回访。回访是设计单位从实践中检查设计及服务质量，取得外部质量信息、提高设计水平的重要手段之一。回访时，要深入实际，广泛地向建设方、施工、制造及安装方，尤其是具体人员征询意见，收集整理成"回访报告"并归档。

2）信息反馈的整理。凡收集的"设计质量信息"须经过鉴别，剔除无价值、重复的内容，整理归档，供新项目承接时查找、使用。

3）设计总结。设计总结主要包括：

① 工程及设计概况。

② 各专业设计特点。

③ 投产建成后的实际效果。

④ 设计工作的优缺点和体会。

4）质量评定。根据以下 5 个方面对设计质量作出综合评定，给出等级。

① 符合规范和技术规定，技术先进，注意节能、环保。

② 供配电安全、可靠，动力、照明配电设备布置合理，计算书齐全、正确，满足使用要求。

③ 线路布局经济合理，便于施工、管理和维修。

④ 设备选型合理，选材恰当，各种仪表装置齐备。

⑤ 图样符号正确、设计达到深度、图面清晰，表达正确，校审认真，坚持会签，减少错、漏、碰、缺。

6. 全面质量管理

这里所讨论的设计工作的全面质量管理仅针对"设计"，而不涉及其后继实施的施工、制造、安装等方面。

（1）基本含义

全面质量管理就是全体设计人员及相关部门同心协力把专业技术、系统管理、数理统计和思想教育结合起来，建立起设计工作全过程的质量体系，从而有效地利用脑力、物力、财力、信息等资源，提供出符合现实要求和建设期望的设计服务，简称设计工作的 TQC。

（2）基本组成

1）一个过程：系统管理。

2）四个阶段。"PDCA"四个阶段构成循环，大循环套小循环螺旋上升。全面质量管理的 PDCA 循环图如图 1-25 所示。

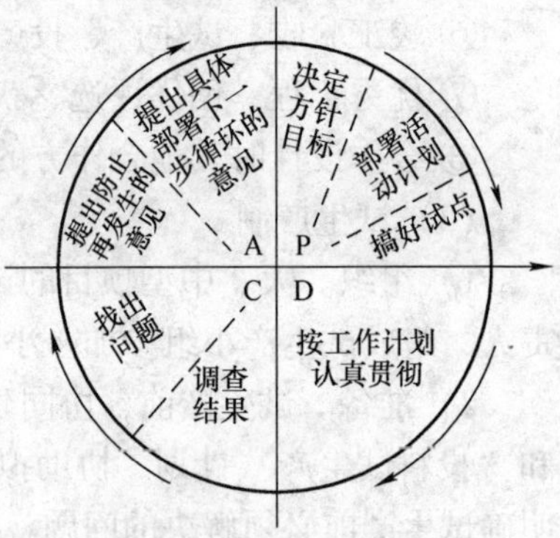

P——计划、预测；D——实施、执行；C——核对、比较、检查；A——处理、总结。

图 1-25 全面质量管理的
PDCA 循环图

3）八个步骤：

① 分析现状：找出问题，确定方针和目标。

② 分析影响因素：包括 4M1E，即

Man——人（执行者）；Machine——机（设备）；

Material——料（材料）；Method——法（方法）；Environment——环（境）。

③ 分析主要影响因素：确定主要矛盾。

④ 提出措施：包括行动计划和预期效果，计划中包括 5W1H，即

Why——为什么；What——达何目的；Where——在何处执行；Who——谁执行；When——何时执行；How——执行具体作法。

⑤执行：实施。

⑥ 检查：实际与计划对比。

⑦ 标准化：将成功的经验加以标准化，以防止"旧病重犯"。

⑧ 遗留问题：输入下一步计划。

4）七种工具。七种数理统计方法主要包括：

① 分层法。

② 排列图法。

③ 因果分析图法（俗称鱼刺图法）。

④ 直方图法。

⑤ 控制图法。

⑥ 相关分析图法。

⑦ 检查表法。

（3）质量检查点的设置

初步设计阶段全质管理质量检查点的设置如图 1-26 所示，图中＊号为全质管理质量检查点。

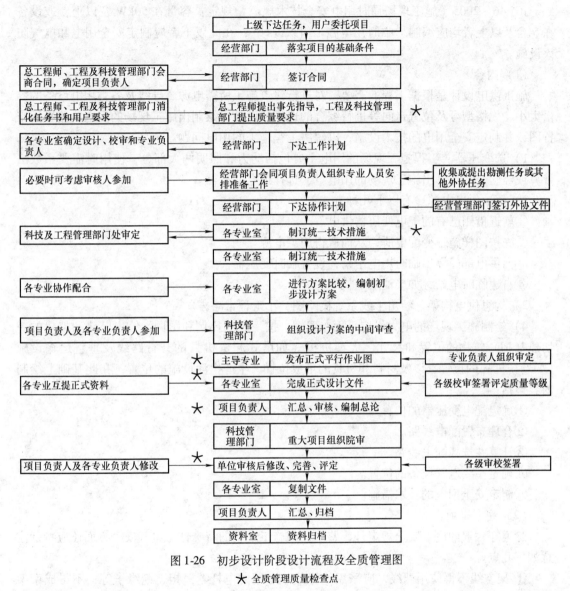

图 1-26　初步设计阶段设计流程及全质管理图

★ 全质管理质量检查点

1.3　施工

1.3.1　施工用电

1. 施工供电设计

工程施工现场多为露天、环境恶劣，用电设备常移动，负荷随进度变化较大，多属临时设施，因此工程施工现场的供配电不仅要符合规范要求，还要考虑其临时性的特点，统筹兼顾，合理安排。

建筑施工现场的电力供应是保证高速度、高质量施工作业的重要前提。施工中还必须根据施工现场用电的特点，综合考虑节约用电、节省费用以及保证安全、保证工程质量。

JGJ 46—2005《施工现场临时用电安全技术规范》规定：容量在50kW及以上，或设备在5台及以上者均应编制"临时用电施工组织设计"，在此以下者应制定安全用电和电气防火设施。

（1）内容

施工供电设计是根据工程的需要，对进行建筑施工所需电源、导线及各类用电设备的容量大小、规格型号及位置走向等进行综合的选择和设计，绘制出施工现场的配电线路平面布置图，并制定安全用电的技术设施，以解决工程施工的用电问题。

1）选变压器。工程施工现场的用电主要包括动力和照明两大部分，使用时需要系数法计算或经验公式估算出施工现场的用电量，选择配电变压器。

2）解决供电电源。有以下几种方式：

①就近借用已有的配电变压器供电。

②先按图样施工变配电所，从而取得施工电源。

③向供电部门提出临时用电申请，设置临时变压器。

④自建临时电站，如柴油发电机等。

3）构思供电构架，绘出干线系统概略图，小工程常略去。

4）绘制施工现场的电力供应平面布置图。按一定的比例和图例，绘出已建和拟建的一切建（构）筑物的位置和尺寸、大型机械（如塔式起重机）的开行路线及垂直运输设施（如卷扬机）的位置，以及材料和机具的堆放位置、生产生活设施的位置，在此基础上绘制内容包括：

①确定配电变压器的位置。

②合理布置配电线路。

③计算并选择配电线路。

④确定主要电气设备的位置。

⑤制定安全用电的技术措施。

（2）注意事项

除遵守一般的电气安全规定外，鉴于建筑施工现场的特殊性，电气安全方面还应特别注意如下几点。

① 架空线不得使用裸线，应采用绝缘线、专用的电杆、横担、绝缘子等，不得成束架空敷设，严禁利用树木等代作电杆使用。

② 架空线路的挡距不得大于35m，线间距不得小于30mm，架空线路与施工建筑物的水平距离不得小于1m，与地面的垂直距离不得小于6m，跨越建筑物时与其顶部的垂直距离不得小于2.5m。

③ 按行业标准JGJ 46—2005《施工现场临时用电安全技术规范》规定：配电箱设备应满足"三级、两剩保"（总、分及终端开关配电箱三级，首、末两级加剩保（剩余电流动作保护器））的原则，配电箱应选用铁板或优质绝缘材料制作，配电箱、开关箱必须防雨、防尘，重要的配电箱应加锁，使用中的配电箱内严禁堆放杂物等。

④ 为防止施工人员触电，应与工程开工之前就有的施工现场内的外电高、低压架空线

路保持安全距离并满足防护要求。施工现场如果受在建工程位置限制，而无法保证规定的安全距离时，则必须采取防护措施（设置遮拦、栅栏和悬挂警告标志牌等）。

⑤ 按行业标准 JGJ 59—2011 规定，施工现场配电必须采用 TN-S 系统。

⑥ 施工现场一般环境较差，有些属于多尘和潮湿场所，故电气设备的安全问题尤为重要，应特别参照《防雷、接地与电气安全技术》，作好保护接地和装设剩余电流保护断路器。

2. 实例 1-1

为某建筑工程的施工组织计划作出供电设计，具体情况如下。

① 基建单位提供的施工平面图（略）。

② 环境温度为 25℃。

③ 工地附近北侧有 10kV 高压架空线经过。

④ 施工用电设备见表 1-12。

表 1-12 施工用电设备

序 号	用电设备	功率/kW	台 数	备 注
1	混凝土搅拌机	10	1	
2	卷扬机	7.5	1	
3	滤灰机	2.8	1	电动机额定电压 380V
4	振捣器	2.8	4	平均效率80%
5	塔式起重机，包括：起重电动机 行走电动机 回转电动机	22 7.5 3.5	1 2 1	塔式起重机暂载率 $\varepsilon = 25\%$
6	打夯机	1	3	
7	照明	12		单相用电，三相均匀分布

（1）选变压器

单台设备 K_d 取 1.0。设备组及各设备 $\tan\phi$ 查表。各设备组计算过程如下：

1）混凝土搅拌机　　　$P_{c1} = K_{d1} \times P_{a1} = 1 \times 10\text{kW} = 10\text{kW}$

　　　　　　　　$\theta_{c1} = \tan\phi_1 \times P_{c1} = 1.17 \times 10\text{kvar} = 11.7\text{kvar}$

2）卷扬机　　　　　　$P_{c2} = K_{d2} \times P_{a2} = 1 \times 7.5\text{kW} = 7.5\text{kW}$

　　　　　　　　$\theta_{c2} = \tan\phi_2 \times P_{c2} = 1.02 \times 7.5\text{kvar} = 7.65\text{kvar}$

3）滤灰机　　　　　　$P_{c3} = K_{d3} \times P_{a3} = 1 \times 2.8\text{kW} = 2.8\text{kW}$

　　　　　　　　$\theta_{c3} = \tan\phi_3 \times P_{c3} = 1.02 \times 2.8\text{kvar} = 2.86\text{kvar}$

4）振捣器组　　　$P_{c4} = K_{d4} \times P_{a4} = 0.7 \times (4 \times 2.8)\text{kW} = 7.84\text{kW}$

　　　　　　　　$\theta_{c4} = \tan\phi_4 \times P_{c4} = 1.02 \times 7.84\text{kvar} = 8\text{kvar}$

5）塔式起重机　$P_{c5} = K_{d5} \times P_{a5} = 0.7 \times (2 \times 7.5 + 22 + 3.5)\text{kW} = 28.35\text{kW}$

　　　　　　　　$\theta_{c5} = \tan\phi_5 \times P_{c5} = 1.02 \times 28.35\text{kvar} = 28.92\text{kvar}$

6）打夯机组　　　$P_{c6} = K_{d6} \times P_{a6} = 0.8 \times (3 \times 1.0)\text{kW} = 2.4\text{kW}$

　　　　　　　　$\theta_{c6} = \tan\phi_6 \times P_{c6} = 1.02 \times 2.4\text{kvar} = 2.5\text{kvar}$

7）场地照明：单相负荷均分三相，多用白炽灯，则

$$P_{c7} = K_{d7} \times P_{a7} = 1 \times 12\text{kW} = 12\text{kW}$$
$$\theta_{c7} = \tan\phi_7 \times P_{c7} = 0 \times 12\text{kvar} = 0\text{kvar}$$

8）总计算负荷

$$P_{\Sigma C} = K_{\Sigma} \sum P_C = 0.9 \times (10 + 7.5 + 2.8 + 7.84 + 28.35 + 2.4 + 12)\text{kW} = 63.8\text{kW}$$
$$\theta_{\Sigma C} = K_{\Sigma} \sum \theta_C = 0.9 \times (11.7 + 7.65 + 2.86 + 8 + 28.92 + 2.5 + 0)\text{kvar} = 55.5\text{kvar}$$

$$S_C = \frac{\sqrt{P_{\Sigma C}^2 + \theta_{\Sigma C}^2}}{\eta} = \frac{\sqrt{63.8^2 + 55.5^2}}{0.8}\text{kVA} = 105.7\text{kVA}$$

9）选用 S9-125/10 变压器一台。

（2）确定变压所

工地北侧有 10kV 架空线路，按建筑施工组织平面布置图和 10kV 线路的方位，并兼顾接近负荷中心、靠近电源侧、便于进出线、交通运输方便等因素，将施工临时变压器设在杆上，而杆上变电所设置在施工现场的西北角。

（3）干线系统图（略）

（4）平面布置图

按实际位置画出施工现场供电系统的平面布置图，如图 1-27 所示。

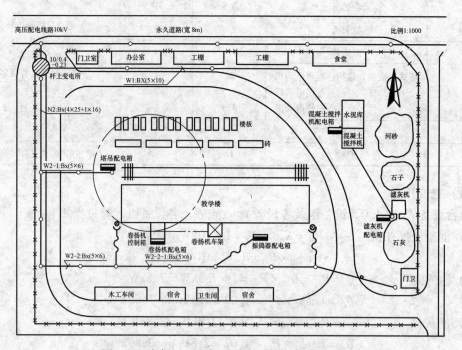

图 1-27　实例 1-1 的施工现场电力供应平面布置图

① 变压器的位置，高压电源线的进线方向。

② 低压配电线路的走向和电杆的位置（电杆为图中心的小圆圈）。

③ 在低压配电线路上标出线路编号、导线型号和规格。

④ 标明主要负荷点的位置（供电负荷点，灯以外为设备配电箱）。

（5）配电线路

施工现场的线路布置应考虑安全可靠、施工方便、节省投资、不妨碍交通等因素。多采用绝缘导线架空敷设，从安全角度出发选用 BX 橡皮绝缘铜芯导线。尽量架设在道路一侧，以配电箱为终端向各负荷点供电。配电线路分为两路干线，北路（W1）的负荷是混凝土搅拌机、滤灰机、路灯及室内照明。另一路干线（W2）由西至南，其负荷是塔式起重机、卷扬机、电动打夯机、振捣器、路灯、投光灯及室内照明。两路干线在低压配电室的总配电盘上分别控制。施工现场配电线路的导线截面积，一般先按发热条件选择，然后按允许电压损耗和机械强度条件进行校验。此工程所选配电线路导线截面积已标注在图上，选择计算如下：

1）W1（北路干线）。

① 按发热条件选

$$P_{\Sigma 1} = K_{\Sigma}(P_{C1} + P_{C2} + P_{C3}) = 0.9 \times (10 + 2.8 + 12/2)\,\text{kW} = 16.9\,\text{kW}$$

$$\theta_{\Sigma 1} = K_{\Sigma}(\theta_{C1} + \theta_{C2} + \theta_{C3}) = 0.9 \times (11.7 + 2.86 + 0)\,\text{kvar} = 13.1\,\text{kvar}$$

$$S_{\Sigma 1} = \frac{\sqrt{P_{\Sigma 1}^2 + \theta_{\Sigma 1}^2}}{\eta} = \frac{\sqrt{16.9^2 + 13.1^2}}{0.8}\,\text{kva} = 26.7\,\text{kVA}$$

$$I_{\Sigma 1} = \frac{S_{\Sigma 1}}{\sqrt{3}\,U_N} = \frac{26.7}{\sqrt{3} \times 0.38}\,\text{A} = 40.6\,\text{A}$$

经查资料，按发热条件应选用 $4\,\text{mm}^2$ BX 线。

$$A \geqslant \frac{P_{\Sigma 1} l}{C \Delta U} = \frac{16.9 \times 180}{76.5 \times 5}\,\text{mm}^2 \geqslant 7.9\,\text{mm}^2$$

② 按压损选：选 $10\,\text{mm}^2$。

③ 按机械强度选临时架空线，电杆挡距取 35m 左右，经查资料，此线架空敷设截面积 $\not< 10\,\text{mm}^2$，从以上情况最终取 BX-$10\,\text{mm}^2$ 线 5 根线架空。

2）W2（两路干线）。

①按发热条件选

$$P_{\Sigma 2} = K_{\Sigma}(P_{C2} + P_{C4} + P_{C5} + P_{C6} + P_{C7}/2) = 0.9 \times (7.5 + 7.84 + 28.35 + 2.4 + 12/2)\,\text{kW} = 46.9\,\text{kW}$$

$$\theta_{\Sigma 2} = K_{\Sigma}(\theta_{C2} + \theta_{C4} + \theta_{C5} + \theta_{C6} + \theta_{C7}/2) = 0.9 \times (7.65 + 8 + 28.92 + 2.5 + 0)\,\text{kvar} = 42.4\,\text{kvar}$$

$$S_{\Sigma 2} = \frac{\sqrt{P_{\Sigma 2}^2 + \theta_{\Sigma 2}^2}}{\eta} = \frac{\sqrt{46.9^2 + 42.4^2}}{0.8}\,\text{kVA} = 79.0\,\text{kVA}$$

$$I_{\Sigma 2} = \frac{S_{\Sigma 2}}{\sqrt{3}\,U_N} = \frac{79.0}{\sqrt{3} \times 0.38}\,\text{A} = 120\,\text{A}$$

经查资料，按发热条件应选用 $25\,\text{mm}^2$ 截面积。

② 按压损选

$$A \geqslant \frac{P_{\Sigma 2} l}{C \Delta U} \geqslant \frac{46.9 \times 40}{76.5 \times 5}\,\text{mm}^2 \geqslant 4.9\,\text{mm}^2$$

③ 机械强度同步校验。最终选用 BX-$25\,\text{mm}^2$ 线 4 根及 BX-$16\,\text{mm}^2$ 线 1 根（做保护线）。

3）W2-2。

$$P_{\Sigma 2-2} = K_{\Sigma}(P_{C2} + P_{C4} + P_{C6} + P_{C7}/2) = 0.9 \times (7.5 + 7.84 + 2.4 + 12/2)\,\text{kW} = 21.4\,\text{kW}$$

$$\theta_{\Sigma 2-2} = K_{\Sigma}(\theta_{C2} + \theta_{C4} + \theta_{C6} + \theta_{C7}/2) = 0.9 \times (7.65 + 8 + 2.5 + 0)\,\text{kvar} = 16.3\,\text{kvar}$$

$$S_{\Sigma 2-2} = \frac{\sqrt{P_{\Sigma 2-2}^2 + \theta_{\Sigma 2-2}^2}}{\eta} = \frac{\sqrt{21.4^2 + 16.3^2}}{0.8}\,\text{kVA} = 33.6\,\text{kVA}$$

$$I_{\Sigma 2-2} = \frac{S_{\Sigma 2-2}}{\sqrt{3} U_N} = \frac{33.6}{\sqrt{3} \times 0.38} A = 51 A$$

经查资料，按发热条件应选用截面积 6mm²。按压损及机械强度选择同上。

最终选定 BX-6mm² 线 5 根（强度要求支撑杆距 ≥ 25m）。

4）W2-1、W2-2-1 同 W2-2 方法，并选用 BX-6mm² 线 5 根（主要取决于支撑 ≥ 25m 的架空线强度要求）。

3. 供电设施

（1）概述

除了大型工地需配独立变压器以配电屏供电外，大多建筑工地临时用电均以配电箱为供电的核心。

1）功能。

配电：多以放射式或树干式方式分级配电，一般采用总配电箱、分配电箱及末级配电箱箱三级配电。

控制：总配电箱控制整个工地临时用电的通断，分配电箱控制本区域用电；末级配电箱按"一机一闸"原则分别通断各设备的供电，故又常称为开关箱。

保护：

① 总配电箱设总隔离开关和分路隔离开关，总熔断器和分路熔断器（或总断路器和分断路器）。

② 分配电箱设进线和各出线的隔离开关，总进线熔断器和各出线熔断器与之配合，或者设进线断路器和各出线断路器。

③ 开关箱内设置适合各种不同设备的开关电器，容量过大的设备要配以减压起动设备。

④ 总配电箱和开关箱各设漏电保护器（"三级、两漏保"原则中的两漏保），且动作电流和时间合理配合，具有分级分段保护功能。

2）分类。

① 按结构分为柜式、台式、箱式和板式，以箱式最普遍。

② 按功能分为动力、照明、混合及插座，动力与照明宜分开设置。如合置，则应分路。

③ 按产品制造分为定型、非定型及现场组装。工程中尽可能用定型，即标准产品，并注意各电气元件参数设置应符合具体使用条件和环境要求。

（2）设置

①除满足上述"三级、两剩保（RCD）"的原则外，总配电箱应靠近电源，分配电箱应在供电区域负荷中心，而开关箱应靠近设备，即遵循"二近、一中心"原则。

②配电箱周围应有足够两人同时工作的空间和通道。

③配电箱要设在防尘、防雨、干燥、通风及常温场所，防止有害气体、撞击、振动、烘烤及浸溅，否则需进行特殊防护处理。

（3）安装

①端正、牢固、高度利于操作（固定开关箱下底距地面 1.3 ~ 1.5m）。

②任何临时、现场安装的配电箱，禁止电气元件直接安在木板上。

③中性线通过端子板连接，与保护中性线端子板分开。

④进出线必须用绝缘导线，接头不能松动，不得有外露带电部分，且金属壳体必须接

保护中性线。

（4）使用注意事项

① 不得临时挂用其他用电设备，严禁以不符合原规格的熔体更换熔断器。

② 箱内不得放置任何杂物，应保持整洁。进出线不得承受外力。

③ 定期（应每月一次）检查、维修。平时上锁，箱应标明用途及回路。

④ 送/停电按顺序（送电：总箱→分箱→开关箱，停电反之）；现场停止作业 1h 以上，箱断电、上锁。

4. 用电设备

随着电动施工机械的应用日渐增多，新型电动机械不断出现，用电设备的安全使用问题越加突出。

（1）一般规定

① 施工现场条件复杂多变，发生事故的概率高，要求电动施工机械和手持电动工具的质量必须可靠，产品应符合国家及行业有关标准及安全要求，必须配有出厂合格证和使用说明书。

② 大型电动施工机械除做好"保护中性线"外，还要做"重复接地"，接地电阻应不大于 10Ω，其金属构架间应做可靠的连接。规范还要求电动施工机械应安装剩余电流保护器。

③ 建筑工程施工中常用的手持电动工具依据安全防护的要求分为 3 类：

Ⅰ 类手持电动工具——额定电压超过 50V，属于非安全电压，须做"接地保护"，同时还必须接 RCD。

Ⅱ 类手持电动工具（铭牌上标有"回"字）——额定电压超过 50V，但它采用了双重绝缘或加强绝缘的附加安全预防措施（双重绝缘是除了工作绝缘以外，还有一层独立的保护绝缘；加强绝缘是对工作绝缘性能的加强和改善，使它具有和双重绝缘相当的绝缘强度和机械强度，具有相等的安全保护性能），可以不做"接地保护"。

Ⅲ 类手持电动工具——采用安全电压，它需要有一个隔离度良好的双线圈变压器（变压器二次绕组额定电压不超过 50V），也不需要做"接地保护"，但要安装 RCD。

④ 手持电动工具的电源连线须按其容量选用性能符合国家要求、无接头的橡胶护套多股铜芯软电缆，以黄、绿、红、浅蓝色对应 L1、L2、L3、N 线，黄绿双色线用做专用保护中性线。

⑤ 对手持电动工具供电的开关箱，除应安装短路、过负荷、RCD 保护外，还应在箱内保护装置前端安装隔离开关，以利于维修时断电。

（2）起重机械

塔式起重机是最重要的垂直运输机械之一，应符合塔式起重机安全规程国家标准的要求。

① 轨道两端应各设一组接地，两条轨道应做环形电气连接；每根轨道接头均做电气连接；若轨道较长，则每隔 30m 增加一组接地极。

② 塔式起重机应做防雷处理。

③ 塔身高于 30m 时，在塔顶和大背端部应装防撞红色信号灯。

④ 当附近有强电磁场时，吊钩与机体间应采取隔离措施，防感应放电。

⑤ 铁轨和升降的各极限位置都应安装限位开关。

（3）电焊机械

钢材连接采用焊接、铆接和螺栓连接，安装工程中钢结构的制造与连接主要用电焊。建筑物装配式结构、桥梁结构、给水排水管线的连接、煤气和热力管线的连接均以电弧焊为主，对焊、缝焊、点焊等其他电焊方式应用较少。工地使用的电弧焊机应注意如下几点。

① 正确接线：电源接小端子上（一次绕组电流小）；焊把和焊件接大端子上（二次绕组电流大）。

② 焊件与大地有良好的接触，即电焊变压器的二次绕组接焊件的一端妥善接地。

③ 手柄和电缆线的绝缘应良好，要经常检查、维护。

④ 电焊变压器的空载电压不得超过 80V。

⑤ 持证上岗，操作时穿戴必要的防护用品。

⑥ 电焊现场应注意防止火星引燃易燃物。

⑦ 交流弧焊机的变压器一次侧电源线的长度不得大于 5m（进线处必须设防护罩），二次线宜采用 YHS 型橡胶护套多股铜芯软电缆，电缆的长度不得大于 30m。

（4）桩工、夯工机械

①桩工所用潜水式钻孔机电动机密封性应符合《电机低压电器外壳防护等级》国标中 IP68 的要求。潜水电动机负荷线应用 YHS 潜水电动机防水橡胶护套电缆，长不短于 1.5m，不承受外力。钻孔机所用 RCD 应按潮湿场所选用。

②夯工机械应装动作值不大于 15mA，动作时间不大于 0.1s 的 RCD。电源线应用耐候型橡胶护套铜芯软电缆，缆长不大于 50m，使用时有专人调长，防缠绕、扭结被夯土机跨越。到工作机距离不小于 5m，并列工作机距不小于 10m，扶手绝缘，使用者穿戴绝缘用品。

③平板振动器、地面抹光机、水磨石机、水泵等设备应按规范设 RCD，电源线应采用耐候型橡胶护套铜芯软电缆。

④水泵电源线应用 YHS 防水橡胶护套电缆，不承受外力。

（5）手持电动工具

电气安装用手持电动工具种类繁多，安全问题尤为重要。

① 露天、潮湿或在金属构架上施工操作时，必须使用Ⅱ类手持电动工具，并要求装设额定动作电流不大于 15mA，额定动作时间不大于 0.1s 的防溅 RCD。严禁使用Ⅰ类手持电动工具。

② 在金属容器、地沟、锅炉、管道等狭窄的地方操作时，应选用带隔离变压器的Ⅲ类手持电动工具，电压可选用 12V 安全电压。如选用Ⅱ类，则必须装设防溅的 RCD。隔离变压器或 RCD 应安装在狭窄场所的外面，且工作时应有人在一旁监护。RCD 的额定漏电动作电流不大于 15mA，漏电动作时间也不得大于 0.1s。

③ 电源线应选用耐候型橡胶护套铜芯软电缆：单相用三芯、三相用四芯。电缆不得有接头，线缆应在接线盒处牢固固定，施工时不要硬拉电缆线。使用前严格检查，不要勉强使用绝缘老化、破损、污染了的电缆。

④ 手持式电动工具外壳、手柄、电源线、插头、开关必须完好无损，使用前应检查。

1.3.2　施工范畴

电气工程施工是以供电、配电、控电及用电的设备和器具的安装，以及将它们联成系统的线路架设、敷设为主要内容的工作，所以往往也称为电气安装。

1. 施工的阶段

（1）准备阶段

它是保证建设工程顺利地连续施工、全面完成各项经济指标的重要前提，是有步骤、有阶段性的工作，不仅体现在施工前，而且贯穿于施工的全过程。

1）技术准备。

① 会审电气施工图：了解设计内容及意图、明确工程材料、设备及其安装方法，发现施工图中的问题，有哪些新技术、新的作法等，以便在进行设计技术交底时提出并解决。了解各专业之间与电气设备安装的交叉配合，在会审图样时尽快解决，为施工单位内部进行施工技术交底做好准备。

② 熟悉相关技术资料：施工及验收规范、技术规程、质量检验评定标准以及制造厂提供的随机文件，即设备安装使用说明书、产品合格证、试验记录数据表等。

③ 编制施工方案：在全面熟悉施工图样的基础上，依据图样并根据施工现场情况、技术力量及技术装备情况，综合做出合理的施工方案。

④ 编制工程预算：根据批准的施工图样，在既定的施工方法下，按现行工程预算编制的有关规定，按分部、分项的内容，把各工程项目的工程量计算出来，再套用相应的现行定额，累计其全部直接费用（材料、人工费）、施工管理费用、独立费用等，最后综合确定单位工程的工程造价和其他经济技术指标等。

2）技术交底。它就是设计人员向施工单位交代的设计意图。施工人员在技术交底时，应尽可能多地了解设计意图，明确工程所采用的设备和材料以及对工程要求的程度，并注意：

① 使用的施工图必须满足设计要求，并经过图样会审和设计修改后的正式施工图。

② 应依据国家现行施工规范强制性标准、现行国家验收规范、工艺标准，对使用的国家已批准的新材料、新工艺进行交底。

③ 执行的施工组织设计必须是经公司有关部门批准了的正式施工组织设计或施工方案。

④ 交底时应结合本工程的实际情况有针对性地进行，把有关规范、验收标准的具体要求落实到施工图中去，做到具体、细致。必要时还应标出具体数据，以控制施工质量。对主要部位的施工图进行书面和会议交底两者结合，并做出书面交底。施工人员应对所施工工程供电系统的进线方式，电气设备的安装位置、高度、容量，防雷设施的设置，配电线路的走向、敷设的方式、导线截面积，各层平面图与配电系统图的呼应，弱电系统的组成，综合布线的布局走向等有清楚的了解。而且还要对相关专业（土建、工艺、交通等）有所了解，做好交叉配合工作。

3）材料落实、加工订货。根据施工方案和施工预算，按图作出材料、机具计划，并提出加工及订货、安排钢材防腐等准备工作、材料和设备进厂时间，提出预埋件加工计划。各种管材、设备及附属制品零件等进入施工现场，使用前应按国家规定标准，技术质量、产品质量应符合设计要求，做入场检查，并根据施工方案确定的进度及劳动力的需求，有计划地组织材具进场。

4）场地准备。建筑工程项目经过报批手续后正式开工前，要对工地进行"三通一平"即路通、电通、水通及场地平整，这是保障施工安全、顺利进行的前提。其中电通，即落实电源及临时供电线路。施工临时供电多用架空线路供电，仅长期供电线路才用电缆。架空线施工方便、易检修、竣工后易拆除、成本低。电缆则不受地上机械、风雨影响、供电可靠性高、防雷性能好、线路的分布电容可改善线路的功率因数、不易受外部环境影响、事故少、不占地表有效面积，但投资高、线路分支难、电缆头施工复杂、故障检修难，此方式常用于要求较高的供电场合。电缆施工前应检查其型号、规格；外观有无硬伤；以绝缘电阻表测绝缘电阻；火烧法或油浸法查电缆是否受潮。采用 TN - S 系统时，应用五芯电缆，如用四芯电缆，则另敷一根专用保护中性线。如采用低压三相四线供电，则用三芯电缆，不可另加一根导线当保护中性线。

5）人员进场。根据电气安装工程量及土建工程进度安排劳动力计划，向电工班组下达任务书，进行安全和质量交底，进行工程样板交底，落实班组施工任务。同时还要落实施工机具、仪器仪表、消防设备。特别要检查手持电动工具的完好程度，若有问题则提前解决，以免影响施工。另外也要落实施工用水、施工作业棚及其他暂设；落实材料堆放场地。

（2）施工安装

1）与土建的配合。在不同的施工阶段有不同的要求。

① 基础阶段：属于隐蔽工程的范畴。

a. 电气施工人员应与土建施工人员密切配合，预埋好电气进户线的管路。当电气施工图中强、弱电的电缆进户位置、标高、穿墙留洞等内容未注明在土建施工图中时，电气施工人员应将以上内容随土建施工一起预留在建筑中。还应掌握好土建工程施工的规律，了解室内外地面标高（一般室外地面低 0.6m 左右，4 步台阶进楼，每层台阶约 13 cm）。挖基槽时配合做接地极和母线焊接。在基础墙砌筑时应及时配合做密封保护管（电缆密封保护管）、挡水板、进出管套螺纹、配套法兰盘板防水等。

b. 当利用基础主筋做接地装置时，将选定的柱内主筋在基础根部散开，与地板筋焊接，引上留出测接地电阻的母线。同时做好隐蔽检查记录、签字齐全、及时，并注明钢筋的截面积、编号、防腐等内容。防雷部分需单独做接地极时，应配合土建利用已开挖基础，在图样标高的位置做好接地极，并按规范焊牢固，做防腐，做隐检记录。

c. 在地下室预留好孔洞及电缆支架吊点埋件、电缆沟进线、预埋落地式配电箱基础螺栓或做配电柜基础型钢。

d. 地下人防灯位的移动要与设计者商量好。现在常用合板代替模板（15 cm + 15 cm = 30 cm厚的板），所以在板上打灯位很困难，一般走板缝。其他凡需要改变设计图时，均应及时洽商办理。

② 结构阶段：做好与主体工程的配合。敷设各种管线、预埋木砖、螺栓、套管、卡架等争取一次完成。暗设管时要注意堵封管口。注意以下几点。

a. 水平线——按平面位置确定好配电柜、箱位置。按管路走向确定敷设方位，沿最近路径施工，并按图样标出的配管截面积将管路敷设在墙体内。在现浇混凝土墙体内敷设时，一般应把管子绑扎在钢筋里侧，这样可以减小管与盒连接时的弯曲。当敷设的钢管与钢筋有冲突时，可将竖直钢筋沿墙面左右弯曲，横向钢筋上下弯曲。

b. 轴线——利用柱子主筋做防雷引下线时，应根据图样要求及时随主体工程敷设。每遇到钢筋接头时，都需要焊接而且保证其编号自下而上不变直至层面。要与钢筋工配合好，质量管理者还应做好隐检记录，及时签字。配电箱处的引上、引下管，敷设时应以配管多少，按主、次管路依次横向排列，位置应准确，随着钢筋绑扎，在钢筋网中间与配电箱箱体连接敷设一次到位。如箱体不能与土建同时施工时，应用比箱体高的简易木箱套预埋墙体内，配电箱引上管敷设至木箱套上部平齐，持拆下木箱套再安装配电箱箱体。

c. 预埋——土建结构图中已注明的预埋件，预留为孔、洞的应该由土建施工人员负责预留。电气施工人员要按设计要求查对核实，符合要求后将箱、盒安装好。其中包括为灯具安装、吊扇安装及箱柜安装所做的预埋吊钩和基础槽钢，均压环焊接及金属门窗接地线的敷设。

d. 抹灰——抹灰前要安装好配电箱，复查预埋砖等是否符合图样。并应检查预留箱、盒灰口，孔洞的准确性。喷浆前应检查配电箱、盒的灰口，卡架、套管等是否齐全。需开孔洞时应提前交代，设置石棉隔板。检查管路是否齐全，是否穿完管线，焊接好接头，把没有盖的箱、盒封堵好。

③ 装修阶段：施工项目主要包括以下几项。

a. 吊顶配管、轻隔墙配管。

b. 管内穿线、摇测绝缘、接焊包头、绝缘封闭。

c. 明配管的木砖、钩钉吊架。

d. 各种箱、盒的安装。

喷浆前所有电气安装管路须安装完毕，配电箱贴脸门等也要安装完毕。如果发现墙面不平或有缺欠，则应及时修补。

当喷浆和贴完墙纸后再安装灯具、明配管线施工、开关插座及配电箱时，要注意保持墙面清洁，配合贴墙纸。此后原则上须与土建洽商的内容待竣工后再洽商办理。不许再剔槽、拆卸电器，有特殊情况须经批准后方可进行。

2）与其他专业的配合：配合、协调，避免交叉、冲突，也防止返工、浪费。

① 暖卫、上下水工程：设计时易发生矛盾，如配电箱与消火栓箱位置、电气管线和煤气管线的安全距离与厕所插座与淋浴、厨房灯位及插座与煤气管道等需要配合解决。

② 通风工程：通风管道在吊顶内与嵌入式灯具安装的空间位置，火灾探头与通风口的位置、灯具排列位置与通风口的位置往往需要配合。

3）安全施工。

① 依据规范制定合理施工程序及安全措施，严格按操作规程进行施工，严禁违章、违规操作施工。

② 按要求架设、安装现场供电线路和设备，导线绝缘，电气设备金属外壳接地，户外箱防雨，人易触及设备的栅栏警示物要一一落实。

③ 高压处标志明显，设警告牌。处理高压设备必须使用绝缘防护用具。

④ 高空作业要有详细的安全措施，恶劣天气停止室外高空作业。

⑤ 一般不带电作业，且工作前应确认无电。必须带电作业时，需做好安全措施和严格操作顺序。

⑥ 坑井、隧道及孔洞工作照明需用安全电压，通风换气设备留专人看护。

⑦ 施工用火（气焊、喷灯、电炉等）要有妥善防护及防火措施。

⑧ 施工时集中精力，施工完清整现场，文明施工。

4）施工记录。施工记录应扼要记录以下内容。

① 日完成项目及工作量。

② 施工中遇到的问题及采取的措施。

③ 参与人员及负责人。

④ 施工变更及原因（变更需设计、建设及施工三方一致同意，必要时出具文件，甚至图样，并存档）。

（3）竣工验收

电气安装工程施工结束，应进行全面质量检验，合格后办理竣工验收手续。此时工程进入竣工验收阶段。

工程验收是检验评定工程质量的重要环节，在施工过程中，应根据施工进程，适时对隐蔽工程、阶段工程和竣工工程进行检查验收。工程验收的要求、方法和步骤有别于一般产品的质量检验。

工程竣工验收是对建筑安装企业技术活动成果的一次综合性检查验收。工程建设项目通过竣工验收后，才可投产使用，形成生产能力。一般工程正式验收前，应由施工单位进行自检预验收，检查工程质量及有关技术资料，发现问题及时处理，充分做好交工验收的准备工作，然后提出竣工验收报告，由建设单位、设计单位、施工单位、当地质检部门及有关工程技术人员共同进行检查验收。

1）条件。

① 预检发现的问题全部解决。

② 电气设备动作灵活可靠，工程达到能够使用的状况。

③ 工程的技术资料齐全。

2）内容。

① 电气设备和材料的合格证。

② 隐检记录，试验调试记录，接地电阻测试记录，施工记录（尤其是施工变动记录），洽商记录。

③ 施工组织设计，班组自检及预检记录，质量评比情况（尤其是返工、复检情况）。

④ 填竣工验收单，绘竣工图。

3）评定标准。

依据现行电气装置安装工程施工及验收规范，按分项、分部和单位工程的划分，对其保证项目、基本项目和允许偏差项目逐项进行评定。有时也需要参照现行的设计规范进行评定。

4）质量评定。

工程的划分：建设工程是一个完整配套的综合产品，由许多不同功能的建筑物组成，并形成具有独立生产能力和社会效益的物质实体。它的建成，由施工准备到竣工经过许多工序、若干工种的配合，工程质量取决于各个施工工序和工种的质量。所以为了便于控制、检查和评定，划分为如下等级。

① 建设项目——具有明确的总体设计意图和总体设计，包含"项目建议书"所包含的内容，由若干个单项工程组成的统一的工程。

② 单项工程——具有独立的施工图设计文件，可以独立施工，建成后可以独立发挥生产能力或效益的工程。

③ 单位工程——具备独立设计、独立施工条件，能形成独立使用功能，但不能独立发挥效益的工程。通常将结构独立的主体建筑、室外建筑环境和室外安装称为单位工程。

④ 子单位工程——对于建筑规模大的单位工程，可将其能形成独立使用功能的部分称为子单位工程。例如对于有伸缩的大型建筑，有时将每段建筑称为一个子单位工程。

⑤ 分部工程——对于单位（子单位）工程按施工部位、专业性质、设备种类或材料不同所划分的部分。建筑工程通常划分为地基与基础、主体结构、建筑装饰装修、建筑屋面、建筑给水排水及采暖、建筑电气、智能建筑、通风与空调、电梯9个分部工程。

⑥ 子分部工程——当分部工程较大或较复杂时，可按材料种类、施工特点、施工程序、专业系统及类别等划分为若干个子分部工程。如电气单项工程可分为外线、电缆、变配电、照明、动力、电话系统、防火系统、共用天线电视系统、电梯等子分部工程。

⑦ 分项工程——按主要工种、材料、施工工艺、设备类别划分。这是分得最细的简单施工过程，有特定的计量单位，通过简单的施工就可以完成。如外线工程中的"立电杆"、"导线架设"、"拉线安装"、"杆上变电设备安装"等。这些项目一般是概算定额的各子目，可以分别查出它们的单价（包含安装人工费、机械费和主材费）。

图 1-28 反映了建设项目的层次关系。

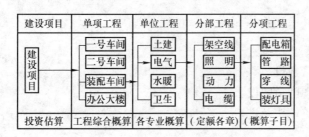

图 1-28　建设项目的层次关系

单位工程的评定系列如下。

① 三级划分——单位工程/分部工程/分项工程。

② 三级评定——保证项目/基本项目/允许偏差项目。

保证项目必须符合相应质量检验评定标准；基本项目抽检处（件），应符合相应质量检验评定标准的合格规定；允许偏差项目抽检点数中，实测值合格率应在相应质量检验评定标准允许偏差范围内。

③ 两个质量等级——"优良"和"合格"。

5）技术档案管理。建立完整细致的技术档案管理是文明施工的必要措施，尤其是贯彻建筑工程监理制度后，技术档案管理更加重要。技术档案的建立主要依靠施工现场的电气技术人员，建筑施工临时技术档案的主要内容如下。

① 施工组织设计的全部资料：其中临时用电设计是施工现场用电管理的依据，也是安全用电的基本保证资料。一般包含现场勘探的图样、现场平面布置图、变配电室的立面图、主要电气材料和设备的规格型号，尤其是改变施工组织设计的部分内容。

② 设计和施工技术交底资料：这是向现场负责的电气技术人员、安装电工、维修临时用电工程的用电人员进行交底的文字资料，应有安全用电技术措施，防止电气火灾措施等。尤其是有设计变更或施工变更的内容一定要保管妥当，并要有有关方面的负责人签字（工

程结算依据）。交底的资料需注明日期。

③ 临时用电工程检查验收表：交由建筑公司基层安全部门组织。参加者除了公司主管临时用电安全的领导或技术人员外施工现场主管或编制临时用电的技术人员、安装电工班组长等也要参加检查验收。检查内容应包括安装质量、电气防护措施、线路敷设、接地接零及漏电保护器等的检验记录、定期检查记录（一般每月自检一次，公司每季度检查一次）。

④ 合同资料：除电气安装工程单独承发包外，一般由总包法人负责签署合同，包含了建筑工程中的各个专业。详尽的合同资料是办理工程索赔和反索赔的重要依据。

2. 施工的内容

内容繁多的各类施工均应按相应施工安装规程、规范及标准图集执行，建筑电气工程通常包括如下内容。

（1）外线工程

1）架空线路。

① 高压架空。

② 低压架空。

③ 高压架空引入。

④ 低压架空引入。

2）电缆线路。

① 直埋敷设。

② 穿管，穿排管敷设。

③ 电缆沟及电缆隧道敷设。

④ 电缆接头，终端头及进户。

（2）内线工程

1）低压母线安装。

① 硬母线。

② 封闭式母线。

③ 插接式母线。

④ 竖井内安装。

2）低压电缆敷设。

① 明敷。

② 桥架上敷设。

③ 沿墙、柱又分为水平/垂直敷设。

④ 沿梁/楼板敷设。

⑤ 穿墙/楼板敷设。

⑥ 竖井内敷设。

⑦ 预分支电缆敷设。

3）导线敷设。

① 穿管（硬塑料管/半硬塑料管/钢管/金属软管）敷设。

② 线槽（金属/塑料）敷设。

③ 地面内暗装金属线槽敷设。

④ 竖井内敷设。

（3）设备安装工程

1）变配电设备安装。

① 变压器安装；

② 高压电器安装。

2）成套电器设备安装。

① 高压配电屏安装。

② 低压配电屏安装。

③ 二次设备接线。

④ 动力/照明配电箱安装。

3）电动机安装。

① 普通电动机安装。

② 专用电动设备安装。

③ 配套控制/起动设备安装。

④ 电梯及起重设备安装。

（4）照明安装工程

1）各种灯具安装。

2）特殊照明用灯安装。

① 舞厅照明。

② 舞台照明。

③ 喷水池照明。

④ 水下照明。

⑤ 交通障碍照明。

⑥ 景观照明等。

3）家用电器安装。

① 吊扇。

② 电铃。

③ 电钟。

4）照明配电及计量安装各类。

（5）防雷与接地工程

1）防雷装置安装。

① 避雷针/带/网的安装。

② 均压环/等电位措施安装。

③ 防雷引下线敷设。

④ 特殊防雷。

2）接地工程。

① 人工接地体安装。

② 建筑物基础接地系统安装。

③ 重复接地/工作接地/屏蔽接地安装。

3）等电位工程。

① 总等电位体施工。

② 局部等电位体施工。

③ 特殊场合等电位施工。

1.3.3 施工组织

施工组织设计是指导施工活动的重要技术经济文件，是指导施工准备和合理组织施工的全面性技术措施。它对合理地组织施工的人力和物力，加快施工进度，提高工程质量，控制投资，节约资金和降低工程成本意义重大。无论大、中、小型工程，在开工前必须编制施工组织设计（又称为施工组织计划）。

1. 分类

1）施工组织总设计。它以大、中型工程项目或结构复杂、技术要求高、施工难度大的大型设备为对象，依据已批准的基建计划，以总承包单位为主进行编制，是建设项目总的战略部署和计划，是工程施工的全局性和指导性总文件，也是施工企业编制年度计划的依据。

2）单位工程施工组织设计。它以单位工程或单项工程为对象，依据企业施工计划、施工组织总设计、施工图样，由直接组织施工的基层单位负责编制，是单项工程或单位工程施工的指导文件，是施工单位编制作业计划和制定季度、月、旬施工计划的主要依据。

3）分部、分项工程施工技术措施。某些特别重要、复杂和缺乏经验的分部、分项工程，规模和范围虽然不大，但具有特殊条件和要求，为保证工程质量和施工顺利进行，也要编制相应的施工方案或施工技术措施，以指导施工。其内容和形式与施工组织设计大致相同，只是规模和范围小些，但在深度上要求更具体、更细致。

2. 依据

1）施工图：是编制施工组织计划的主要依据。

2）工期和本企业年度计划：在限定的工期内合理排序，充分利用空间和时间控制施工进度，坚持按照建设程序办事，争取最大的综合经济效益。

3）人力物力：综合平衡、均衡施工、统一安排、合理布局、见缝插针、文明施工、以策安全，及时反馈质量问题并及时调整，确保工程质量标准，力求做到全优。

4）规范：国家和本地区规定、规范、规程。

5）定额：劳动定额、预算定额及施工预算。

6）技术水平：依据本施工单位的技术水平，尽量采用新材料、新工艺、新技术（三新）。

7）自动化水平：依据本施工单位的施工机具及自动化技术水平，尽可能充分利用机械化、电气自动化的先进技术以提高生产效率，同时也提高工程质量。

3. 步骤

以施工组织设计最普遍的单位工程为例，单位工程施工组织设计程序如图1-29所示。

4. 编制内容及作法

施工组织设计是指导施工的文件，电专业与其他各专业一样均按相同的形式、不同的内容来编制。

（1）工程概况

1）工程名称。

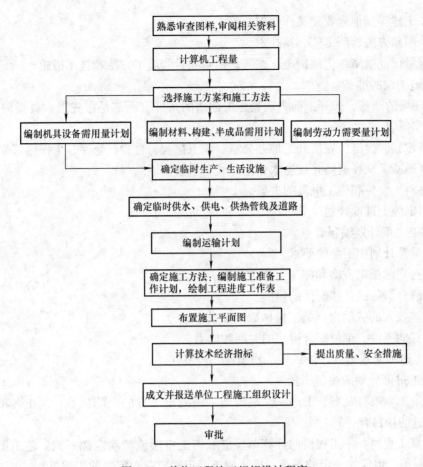

图 1-29 单位工程施工组织设计程序

2）工程地点。

3）建设单位和设计单位。

4）工程规模。

5）工程特点。

6）施工日期。

7）工程周围条件，包括建筑物、交通道路、场地、地质等。

8）当地气候条件。

9）施工条件及工程有关要求等。

（2）施工方法

主要工程和设备常用的施工方法有：顺序、平行及流水施工法。流水施工法又分等节奏、异节奏及无节奏。通常要在几个方法中，按以下的技术经济指标选择一个适合本工程、本单位条件的方法。

1）施工的机械化程度。

2）单位产品成本。

3）单位产品成本的劳动消耗量。

4）施工过程的持续时间。

5）和土建等其他专业交叉作业配合等。

6）采用新方法、新工艺、新技术。

7）质量保证措施，优质措施。尤其是重点项目的施工方法和技术措施。

（3）施工前的准备

施工现场的准备，即开工前为现场施工创造的条件。通常是派先遣人员提前进入现场，做好以下准备。

1）搭建临时设施，先搭好工地办公室、职工宿舍、食堂、仓库、工作棚等临时设施。

2）修通施工现场道路并接通水、电管线和平整场地。

3）材料、设备和施工机具的进场。

4）制定施工进度计划。

① 施工进度计划编制要点。

a. 满足总计划中工期的要求。

b. 以选定的施工方案和施工方法为依据。

c. 摸清材料、设备和配件的供应。

d. 能够投入的劳动力、施工机械数量及效率。

e. 与其他工种、单位配合协作的时间和能力。

f. 施工过程的连续性、协调性、均衡性、经济性。

② 施工进度计划的编制步骤。

a. 确定工程项目及划分工序——根据施工图列出工程的全部项目，列出各项目的施工顺序（相近的项目合并）。

b. 计算工程量——工程量的计算单位应和施工定额或劳动定额一致。施工图预算中的工程量可利用，但应加一定的系数，换算成施工定额或劳动定额的工程量。

c. 确定各工程项目（分部分项工程）的施工天数，即

$$施工天数 = \frac{工日数}{人数 \times 班次} \tag{1-1}$$

d. 施工进度计划设计——以工程进度流水排序表横道图及网络图（分双代号、单代号网络图）表示。劳动力不均衡系数一般控制在 1.5 以下，通过调整，使各工序之间的搭接更为合理。

5. 施工现场的平面布置

它是施工组织设计在空间的体现，是生产活动中的行动方案，通过施工平面图来表达，多以 1:1000 或 1:2000 的比例来绘制。单位或单项工程则以 1:200 或 1:500 的比例来绘制。如图 1-27 所示。

（1）施工平面图的内容

① 施工用地范围。

② 水电线路、变压器、消防设备位置、交通道路布局。

③ 现场暂设工程和临时设施的位置。

④ 材料设备存放位置、预制加工场地。

⑤ 施工机械设施的位置。

（2）平面布置图的设计依据

① 建筑总平面图。

② 原有和新建的地下管道位置。

③ 施工进度计划和主要工程施工方案。

④ 各种材料、设备供应计划和运输方式。

⑤ 各类临时设备的性质、形式和面积。

⑥ 单位工程的有关资料。

（3）设计施工平面图遵循的原则

① 尽量少占用场地和农田。

② 尽量减少材料的二次搬运费用。

③ 便利生产和生活。

④ 严格遵守劳动保护、技术安全及防火规则。

6. 物资需用量计划

对于各种材料、机械和人力，根据进度计划的要求，提出需用量计划表。

7. 保证工程质量和安全施工的措施

① 应根据工程特点和设计要求，以工程质量标准和施工规范的具体要求为准则，结合工程特点和有关操作规程，提出确保工程质量的技术措施。

② 根据工程特点、现场施工条件，以各项操作规程、消防规划为依据，提出安全措施，以确保人身安全、设备安全和施工机械安全。

8. 冬、雨期施工措施

1）冬期施工措施内容包括：保温、防寒、防滑、防火等。

2）雨期施工措施内容包括：防潮、防霉、防水和排水，保证道路畅通及保证雨期连续施工等。

施工技术措施是针对某些特别重要的分部、分项工程而编制的。对于那些虽然工程规模较大，但属经常性施工的工程，施工工艺大致相仿或相同，各项技术已为施工单位所熟练掌握时，可不编制施工组织设计，或简化施工组织设计，而只对其中的重要设备或关键部位编制出施工技术措施即可。它是对施工组织设计总体上的简化，具体过程应详尽和明确。

1.3.4 施工管理

1. 组织管理

除前述的"施工组织设计"基本内容外，还需注意的几个方面如下。

（1）落实

执行施工组织设计应层层落实，如图 1-30 所示。

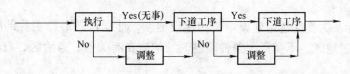

图 1-30　组织管理的层层落实

（2）调整

执行中若发现问题，应根据实际情况及时进行调整解决，如图 1-31 所示。

图 1-31 执行组织管理的调整解决

（3）检查

严格按规程、规章施工，加强检查，及时记录。

（4）变更

流程、方法、材料的变更，一定要认真履行手续，按制度处理。

2. 安全管理

见本章前述的"安全施工"相应内容。

3. 质量管理

见本章前述的相应内容，注意如下几个方面。

1）进、入场检验。把好材料及设备的进货及入场检验这一关。

2）做好"三检"。施工过程做好自检、互检、交接检的"三检制"。

3）隐患通知。重视质量隐患处理，严肃"质量隐患通知书"制度。

4）TQC（全面质量控制）。落实"人、机、料、法、环"全面质量管理的"TQC制度"。

5）完善"三按制"。完善"按图样、按工艺、按标准"施工的"三按"制度。

6）提倡实行样板制。

7）坚持质量回访制。

8）事故"三不放过制"。对质量事故处理实行"三不放过"制度：原因未查明不放过；责任未查明不放过；措施制度未出来不放过。

4. 建筑施工工作流程

建筑施工工作流程如图 1-32 所示。

#1.3.5　工程的招投标

工程招投标是工程建设项目某阶段业主对自愿参加指定目标承包者的审查、评比过程，是对指定目标实施者和采购的设备进行最终选择的过程。它是在社会主义市场经济条件下，用以实现建设承包的一种经营管理制度。

1. 概述

（1）类型

根据基本建设程序，业主可对一个工程项目建设的全过程或其部分采用招标方式选择承包商，招标类型如下。

1）项目招标。为择优选定建设单位和建设地点，计划任务书经主管部门批准后，当建设项目不涉及特定地区、不受资源条件限制时，均应在有关省、自治区、直辖市通过招、投标来确定。

2）设计招标。为优化设计方案，择优选定设计单位、设计方案或可行性研究方案的招标。初步设计常由中标的设计单位承担，一般不招标。施工图设计则由设计单位或总承包单位承担。

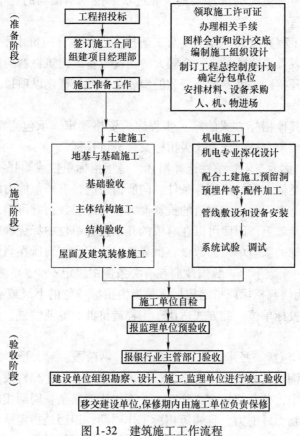

图 1-32　建筑施工工作流程

3）设备招标。择优选定建设项目中所需的通用、专用、非标、引进设备制造供应单位的招标。设备招标的前提是具有批准的设计任务书、初步设计、设计单位已选定、具有设计单位确认的设备清单、投资及建设进度安排落实。可由建设单位直接向设备制造供应单位招标或委托有关工程承包公司或设备成套机构招标。

4）施工招标。为通过竞争择优选定施工单位，对工程项目的全部工程、部分工程或专业工程的招标。施工招标的前提是初步设计及概算审批通过，项目已正式列入年度建设投资计划，建设用地的征购及拆迁已基本完成，并取得所在地规划部门批准的建设许可证，有施工图或有能满足标价计算要求的设计文件或工程量清单，主要建筑材料、设备资金来源已基本落实，招标申请报告已经上级或招标管理部门审批同意。

5）工程总承包招标。项目实施阶段全过程的招标。一般有两种方式：一是工程项目在可行性研究和项目评估后，设计任务书已经上级批准，即正式立项后，将工程总承包给一个单位；二是由业主提出使用要求和竣工期限，承包单位从对项目意见书、可行性研究工作开始，包括材料设备的采购、安装、工程施工等直至调试投产实行全过程的总承包。

（2）方式

1）公开招标。公开招标又称为无限竞争性公开招标，是指招标单位或委托招标单位通过海报、报刊、广播、电视等手段，在一定范围内（如全区、全市、全省、全国、全世界）公开发布招标信息公告，以招引具备相应条件而又愿意参加的承包商都有均等的机会前来投标。采取此方式，业主有更大的选择余地，通过众多投标单位间的竞争，从中选择最佳报价，有利于降低工程造价。

公开招标适用于工程数量大、技术复杂、新技术项目多、报价水平悬殊不易掌握的大、中型工程建设项目，以及采购数量多、金额大的物资设备或建筑材料的供应，或由于项目投资者的要求，必须公开招标。世界银行贷款的中外合资或外资建设项目，必须公开进行国际招标。

公开招标有别于其他招标方式的第一步程序为资格预审。承包商首先需购买资格预审件，参加资格预审，预审合格者均可购买招标文件进行投标。

2）邀请招标。又称为有限竞争性选择招标，是指招标单位或委托招标单位根据企业的技术水平、过去承担类似工程的经验等条件，向所信任的、有承包能力的承包商发送招标通知书或招标邀请函件。采用此方式邀请的投资商大多有经验、信誉可靠，招标投标双方建立在彼此了解、信任的基础上，因而可以在有限的几家投标单位中择优确定中标单位。

对于邀请参加投标的承包单位的数量，世界各国政府或工程所在当地政府一般都有明确的规定，3~5家或3~7家不等，我国政府在有关条例中规定不少于3家。

3）议标。又称为谈判招标或指定招标，是指由招标单位的上级或有关主管部门向招标单位建议或命令指定投标单位。此方式适用于工程造价低、专业性强、保密性较强以及工程所在地区偏僻的工程。

4）两阶段招标。包括"技术标"和"商务标"两阶段。对大型、复杂项目，先进行技术方案招标，评标后淘汰其中技术不合格者，技术标通过者，才允许投商务标。

在4种招标方式中，公开招标方式开支大，工作比较繁杂，周期相对较长；邀请招标比公开招标更省人力、物力、财力，且缩短招标工作周期，但因是指定承包商参加投标，可能会漏掉技术、报价有竞争力的竞标者；议标不需审标、决标等过程，招投标双方很快达成协议开展工作，程序简单，节约时间，但无法获得有竞争力的报价。

国内建筑市场上目前实际是公开招标、邀请招标、议标、两阶段招标等各种招标方式并存。

（3）原则

1）两个"坚持"。

① 坚持以量化数据为评审依据。

② 坚持采用相关技术专家集体评审的方法。

2）三个重点。

① 以招标"技术规范书"为依据，细化分析各投标商的"技术方案"。

② 以工程能力、工程经验、工程业绩、相关工程资质为基础。

③ 抓住评审的评分方法和标准，使评标工作由"定性"转为"定量"决策。

（4）组织和管理

① 各地的招标、投标工作均由当地招标投标管理机构进行监督和管理。该机构的主要任务是：贯彻实施国家和当地政府有关招标、投标的法规和规章；进行招标项目登记；审核招标、投标或咨询、监理等单位的资格；核准招标文件；处理招标、投标中的违法行为等。

② 对于国际招标项目，因涉及国家外汇管理、外资利用、国际贸易、对外技术经济合

作以及财政金融等方面的方针、政策、对外商务事项，一般由中国技术进口总公司代理。

2. 工作的程序

（1）前期工作

1）招标资格审查。首先招标单位或委托招标单位应向代表政府行使工程招标管理权力的部门提出招标申请报告，并接受该部门对其是否有招标资格的全面审查，招标单位必须在资格审查通过，招标申请报告审批同意后方可开始招标，对招标资格审查，主要包括的内容如下。

① 法人资格。

② 与所招标工程相适应的技术与经济管理能力。

③ 编制招标文件和标底文件的能力。

④ 进行投标单位资格审查和组织评标、定标的能力等。

2）招标文件的编制。由建筑设计院、专业顾问咨询公司等中介单位编制，重点应是"技术规范书"。编制者应对所招标工程的实际需求有足够的经验，并具备掌握该系统相关技术的能力。在有条件的情况下，编制好的"技术规范书"交由技术专家书面评议，提出修改建议后再定稿。这是业主选择承包商的唯一合格依据，同时又是进行商务谈判和制定合同附件"技术规范"的重要依据，故招标文件编制的科学性、严密性至关重要，决定工程的成败。

3）投标资格预审。在正式招投标前先进行投标商资格的预审，避免过多的投标商参加招投标而增大评审工作量。预审工作集中在工程资质、工程能力与经验、工程业绩、工程合作伙伴等方面以及投标商技术特点、强项和相对不足之处。通过预审，可选 4~5 家相对合格的投标商进入正式的招投标程序。

（2）实施步骤

招标工作的全过程，一般均按照工程所在地区政府主管部门规定的程序进行，虽然各地规定略有区别，但主要内容大致相同，包括以下几项内容。

1）定标。业主在招投标工作前，应做好招标文件编制和确定相关评审方案。主要工作包括：

① 根据工程实际功能需求和相关技术的先进性和发展趋势，编制"技术规范书"。

② 编制招标文件各子系统所需统计数据资料的表格（技术参数与设备配置数据量化表），使评审工作数据化。

③ 制定和确认评审（或评分）的方法，评审（评分）内容，各子系统综合性能的占分比例以及相关评审（评分）标准。

④ 发招标公告、招标邀请，或请有关上级主管部门推荐、指定投标单位。

⑤ 审查投标单位资格，向合格的投标单位分发招标文件及其必要的附件。

⑥ 组织投标单位赴现场勘查并主持招标文件答疑会。

⑦ 按约定的时间、地点、方式接受标书。

2）阅标。当业主收到投标商的投标文件后开展阅标工作，主要工作包括：

① 将各投标商"技术方案"交由阅标单位和聘请的阅标专家进行书面方式的技术评审。并填妥由业主交给的"技术参数与设备配置数据量化表"。

② 在业主技术人员和阅标专家阅标的基础上，分别就投标文件中的疑问，向投标商提

出书面"技术或商务的疑问卷"，限时书面返回答卷，并作为投标单位签约合同附件。业主再将返回的疑问答卷分发给各阅标单位和专家。

3）评审。在阅标工作基本结束的基础上，业主应组织评审专家组与投标商面对面地进行工程技术相关问题的答疑评审。

① 业主组织专家组评审，并安排技术答疑评审会。

② 根据事先准备好的评分方法，由专家组各成员在阅标和投标商面答的基础上进行最后评审，评审内容包括技术性能、性能价格比、优惠条件、工程能力与业绩、工程资质等方面，并进行排名。

③ 评审专家组根据评审排名，向业主提供评审专家组意见与建议书，明确推荐中选单位和候选单位。

④ 评审专家组向业主提供的评审文件应包括：技术性能评分表、综合能力排名表、评审专家组意见与建议书，以及全体评审专家的签名表。

4）业主评议与工程能力考核。业主得到评审专家组评审意见后，由业主技术人员整理和汇总，向业主领导提出书面总结，提出推荐意见供业主领导参考。本阶段应做的工作包括：由业主技术小组提供招投标技术总结，有针对性地对中选和候选投标商进行工程实力的考核。考核内容为：

① 提供类似招标工程规模和工程内容的合同文件。

② 提供类似工程规模的已竣工工程的验收文件。

③ 提供类似招标工程，并经设计院认定盖章的施工深化图样。

④ 提供投标商与合作伙伴全套的施工和专业资质。

⑤ 提供两个类似工程供考察的单位（一个为提供合同文件的单位，另一个为已完工并正常运行的单位）。

5）谈判。在经过上述业主议标和投标商工程能力的考核后，可进入商务与技术谈判。工作内容为：

① 由业主根据招标文件确定商务合同条款及合同的附件，包括"系统工程技术规范"和"系统工程验收规范"。

② 进行商务与技术谈判。

③ 最终选择总承包与分包商。

6）发标。在谈判基础上，由业主领导确认一家合格的工程总承包商，并与中标承包商共同确认一些关键系统的分包商，并在此基础上向中标的系统总承包商发出中标通知书，接着与中标单位确定并签订正式合同。按照合约规定，工程转入实施阶段。

3. 文件的编制

（1）招标文件

招标文件是由招标单位或委托招标单位编制并发布的纲领性、实施性文件，是提供投标者编制投标文件的基本依据，它的主要内容应包括投标者编制投标书时所需的全部资料和要求。对该文件中提出的各项要求，各投标单位及中标单位都必须遵守。招标文件是业主与投标商签订合同的基础，签订合同后即成为合同文件的主要组成部分，因而也是合同执行过程中双方均应遵守的文件，它对招标单位或委托招标单位自身，同样具有法律约束力。

招标文件必须编写得系统、完善、准确、明了，使投标人一目了然，保证招标文件的质量是招标工作的重要条件。"科学、合理、充分、严密"8个字是衡量招标文件质量优劣的标准尺度。"科学"是指设计、技术方案、技术规范在技术上先进、可行、可靠、国际认可；"合理"是指切合实际、对承包商的要求是公正并能接受的、对承包商权利与义务的规定符合国际惯例；"充分"是指提供的资料足够、承包商可不必因不定因素冒风险；"严密"是指整套文件没有自相矛盾、疏漏和含混不清的地方，以防承包商因误解造成报价混乱，或给某些承包人以可乘之机，招致索赔和纠纷。

招标文件的内容，按照国际惯例及国际咨询工程师协会编制的土木工程施工合同文件的规定，包括表1-13所列各卷次和为修改招标文件或在标前会议上澄清有关问题而正式由业主及其代理人书面颁发的有编号的补遗书，及其他有关招标文件的正式函件。

表1-13　招标文件主要内容

卷　次	编　次	内　　容	份　　数
第Ⅰ卷	第0篇	投标邀请书	1份
	第1篇	投标人须知	
	第2篇	合同条件第1部分-通用条件	
	第3篇	合同条件第2部分-专用条件	
第Ⅱ卷	第4篇	技术规范	1份
第Ⅲ卷	第5篇	投标书和投标保函格式	3份
	第6篇	工程量清单	
	第7篇	补充资料表（投标书附件）	
	第8篇	合同协议书格式	
	第9篇	履约担保格式，银行保函及动员费预付款银行保函格式	
第Ⅳ卷	第10篇	图样	1份

1）投标邀请书。使用台端印有雇主名称、地址的信笺，尽可能简短，主要内容包括：

① 招标编号和名称。

② 颁发的文件清单。

③ 收到招标文件的回执表格（由投标人签字、送回）。

④ 要求投标人对其在资格预审申请书提供的资料的任何重要变化，应书面通知雇主/工程的指标。

⑤ 提交投标书和开标的日期和地点。

2）投标人须知。为传递关于编制、提交和评估投标书时所需要的信息和应遵循的指标应有详细的情况叙述，应满足每个合同的具体要求。

3）合同条件。应基于得到广泛认可，如FIDIC（国际咨询工程师联合会）出版的《土木工程施工合同条件》和《电气与机械工程合同条件》，包括通用条件、专用条件与特殊条件。通用条件大致可分为基本条款、技术条款、经济条款、法律条款等几个方面。由于各国情况、资金来源不同，加上工程性质和规模以及地区差异甚大，故不同地区、特定项目需对通用的合同条件做修改，这就成为只适合某个特定合同的可变动条款的专用或特殊条件。专用条件就是通用条件的某些条款结合本合同情况的具体化。

4）技术规范。是招标文件中反映招标单位对工程项目的技术要求的重要组成部分，也是施工过程中承包商控制质量和工程师检查验收的主要依据。严格按照技术规范施工与验收才能保证最终获得一项合格的工程。它规定了合同的范围和技术要求。编写时，一般可引用国家有关各部门正式颁布的规定，国际工程也可引用某一通用的外国规范，但一定要结合本工程的具体环境和要求来选用，一般还需要咨询工程师再编制一部分具体适用于本工程的技术要求和规定列入规范。正式签订合同后，承包商将遵循合同中列入的技术规范。

5）投标书和投标保函。

① 投标书——一种印就固定格式的投标人承诺接受工程施工任务的函件，投标人填写本项目合同规定的业主名称、投标人名称、地址、投标总金额、施工期限及银行账号即可。工程总报价以阿拉伯数字和文字两种方式进行表达，并与工程量清单上的报价相一致。如要求投标人以本国货币及外币分别报价，则总报价应分开列，或在总报价内注明所需外币的百分率。

② 投标保函——为对招标人合理保护，可设立投标担保金。担保金不宜过高，一般占总标价的 2%~3%，或规定一个固定金额，投标担保在投标有效期满后 30 天仍有效。对投标保证的要求应视每个项目的具体情况而定，如果已经要求提交投标保证，而没有按要求附有此类保证的投标书将被拒绝。

6）工程量清单。它提供一定的工程信息，在招标阶段作为投标人编制有效的、精确的标价的依据；在签订合同后又作为计价的依据。

一般工程量清单列有工程实施的工作说明以及估算的工程量细目，投标人根据技术规范及图样，分别提出完成各细目的单价，按清单所列各项估算的工程量进行计价，算出各章各分项工程的分计价，并汇总出总投标价（投标书中的总报价），标价的评审与比较，施工中的计量估价付款，就是以清单所报的单价（或专门开列的单价清单）为依据。

7）补充资料表。投标书附件与标书一同交付的文件图表，一般还应包括现金流量表、外汇需求细目表、价格调整问题、计日工明细表、机构组织及主要人员表、主要的施工机械与设备项目表、分包人资料、临时用地情况、当地劳力计划表、当地材料、关税及工商税表等。

8）合同协议书。业主在投标文件中拟定好具体的格式，中标者与业主谈判达成一致协议后签署。要保证合同协议中包括构成协议一部分的文件的措词准确，严格记录业已达成的协议。双方必须保证签署人的签署方法符合所有有关适用的法律。

9）履约担保。收到中标通知书的规定期限内，中标人按合同条件规定向业主交汇一笔担保金。若中标人不能或不愿在规定的期限内交付履约担保，则业主有充分理由废弃其中标，并没收其投标担保金。

10）图样。它是招标文件和合同的重要组成部分，是合同中的"工程师"语言，是投标者在拟定施工方案、确定施工方法以及提出替代方案，计算投标报价必不可少的资料，具有法律效力。国际竞争性标书用的图样，一般按国际惯例的标准格式进行编制，这种格式及图例在国际承包市场都能理解，当使用其他图式时需附有图例、图式含义和表达方式的详细说明。

（2）标底文件

业主在编制招标文件的同时组织专门人员制定的招标工程项目的预期价格，或称为建设项目的计划价格，也是业主筹集资金的依据之一。标底价必须控制在有关上级部门批准的总概算（或修正概算）或投资包干的限额以内，如有突破，除严格审核外，应先上报经原批准单位同意，方可实施。

标底只允许有一个，可以是明标底，也可以是暗标底。明标底应在招标文件中公布，暗标底常用来比照投标标底的高低，以标底上下的一个区间作为判断投标是否合格的条件。有些国家在招标时规定：标价超过标底一定的百分比或低于标底的若干百分比，就不予考虑，更突出了标底作为尺度的作用。因此在招标评标过程中，标底应严格保密，尤其是在开标前须严加保密。

制定标底和设计进度与招标文件的编制有着密不可分的关系。标底是否正确首先取决于工程量表是否正确，因而在工程量表中要尽量减少漏项，同时将工程量尽可能计算准确，力争控制计算工程量的误差为实际工程量的 ±5% 以内，同时标底的计算还须以较先进的施工、管理方案为基础，以先进的技术规范为支撑。

由招标单位或委托招标单位编制的标底，原则上应在发布招标公告或招标邀请前，报请工程所在当地政府的招标管理部门审查。标底审查的具体工作一般由当地政府主管部门的预算合同或定额管理机构、或由当地建设银行等单位负责进行。未经上述有关机构审查通过的标底应视为无效。标底的审查目的主要是：

① 标底的编制是否符合法定的原则。

② 标底价的计算是否准确。

③ 标底价是否在上级批准的总概算（或修正概算）或在投资包干的限额之内。

（3）电气设备招标技术文件

建筑电气系统内的电气设备根据功能和性质分为：高压配电设备、低压配电设备、配电变压器、发电机组成套设备、封闭式母线、电力电缆等，其招标技术文件的编制有共性也有个性。在此仅以共性简单介绍其技术文件的编制。

1）总则。

投标厂商的工作内容：设计、运输、协助安装、测试直至设备投入正常运行。

质量保证：

① 投标厂商应具备相应的资质，如必须持有所投保产品系统的 ISO9000 系统认证证书；必须出示国家有关行业管理部门颁发的所投标产品生产资质证明及产品型号鉴定证书；企业法人营业执照等。

② 一切设备、材料、配件、布线和工艺适用于规定的操作条件及国家标准、规范。

③ 所投标产品加工、制造及配套的各种部件的直接生产、专供、外委，以及对外购部件的检验内容及标准，均符合相应标准、规范。

2）设计标准及依据。

① 应列出产品设计所依据的国际标准和国家标准及设备使用地区的有关规定。

② 设计院图样需通过供电局审批盖章。

3）主要设计技术指标要求。

① 环境条件：海拔、环境温度、最大日温差、相对湿度、水平加速度、垂直加速度、安装地点、安全系数等内容。

② 运行条件：额定运行电压、最高运行电压、额定频率、中性点运行方式等。

③ 电气设备总体要求。对所招标电气设备本身提出的全面技术要求，以高压成套设备

为例，主要包括：

    a. 开关柜应具有的联锁。

    b. 开关柜的进出线形式。

    c. 保护装置的设置及形式，对测量、显示仪表的要求。

    d. 进线电压互感器、计量用电压、电流互感器的安装形式。

    e. 对二次元件装置的规定及要求。

    f. 带电显示器的形式及安装位置，接地隔离开关的形式及安装位置。

    g. 对柜体表面加工制造的要求。

4）试验项目。

① 出厂试验。

② 型式试验。

③ 特殊试验。

5）出厂文件。中标方在交货时应提供以下文件：

① 产品的技术说明。

② 所投标产品的安装、使用说明书。

③ 所投标产品的接线图及端子排列图。

④ 所投标产品出厂及型式试验报告。

⑤ 主要材料进货单、入厂检验报告和进口材料的商验报告。

⑥ 产品合格证。

⑦ 按规定提供的备品备件清单。

⑧ 按供、需双方签字的合同提供的商品、备件清单。

6）设备清单：据所投标产品的特点，给出设备清单。

7）安全、测试、验收。

① 投标厂商从安全、测试、验收角度应负责的内容。

② 设备被认为验收合格的文件。

8）保修及售后服务。

① 保修期的确定及在保修期间的维修、设备互换要求。

② 保修期后的售后服务要求。

9）设备标志、包装及运输。

① 标志——主要是设备应具有铭牌及铭牌须标明的内容。

② 包装——主要是对包装外箱的材料、包装方式、强度及箱面所应标明的内容的要求。

4. 承包管理

（1）承包模式

目前主要有如下 3 种工程承包模式。

1）系统总承包与安装分包。工程承包商负责系统的深化设计、设备供应、系统调试、系统集成和工程管理工作，最终提供整个系统的移交和验收。其中管线设备安装由专业安装公司承担，此模式有助于整个工程（包括土建、其他机电设备安装）管道、线缆走向的总体合理布局，便于施工阶段的工程管理和横向协调，但增加了管线、设备安装与系统调试之间的界面，在工程交接过程中需业主和监理按合同要求和安装规范加以监管和协调。

2）总包管理与分包实施。总包负责系统深化设计和项目管理，最终完成系统集成，而各子系统设备供应、施工调试由业主直接与分包商签订合同。此模式可有效节约项目成本，但关系复杂，工作界面划分、工程交接对业主和监理的工程管理能力提出了更高要求，否则极易出现责任推诿和延误工期的局面。

3）全分包实施。业主将按建筑设计院或系统集成公司的系统设计，按所有分系统实施（有时"系统集成"也作为一个子系统实施），业主直接与各分包商签订工程承包合同，业主和监理负责对整个工程协调和管理。这种模式对业主和监理技术能力和工程管理经验提出更高要求，但可有效降低系统造价，适用于系统规模相对较小的项目。

（2）选择设备供应商与工程承包商

设备供应商是提供设备、产品的生产厂家，工程承包商仅承担工程管理和工程协调的工作，它既无产品又无建设智能建筑集成系统的技术，承担总包后，将各子系统分包给设备供应商去独立完成，目前通常作法如下。

① 按标图与技术规格书的系统总承包——总承包商按招标的技术规格、数量承担全系统设备的采购、施工安装、调试开通。总承包商负责管理协调各子系统分包商的工作，对业主来说系统是一项交钥匙工程，业主只按合同分期付款，竣工是按合同规定的系统的功能与性能进行验收。如总承包商具备系统工程能力，此方式完工的工程质量较好，是最理想的做法。需多支付 4% ~ 10% 的总包管理费。

② 分系统及子系统承包——实施时需要业主对各子系统承包商的工作进行协调与管理，有一定的工作量。加上涉及的专业广，这种方式对业主管理人员的技术素质要求较高。

③ 共同分配——近年因种种原因，有些项目无施工招标图与技术规格书时，先找系统总承包商或协调商，后再由总承包商操作子系统的逐项招标或由总承包商推荐子系统分包商的方式来实施。此方式缺乏技术性能和设备数量的控制，后期协调量大，但可缩短招标时间和简化手续。

④ 考虑目前提供的服务——除提供工程安装服务外，还应有能力进行系统一体化设计，提供设备、开发专用应用系统硬件和软件、培训用户，以及提供系统的维护和支持等各项服务。完整的服务体系至关重要。

⑤ 预计未来技术的支持能力——如果不能和技术领域的新发展共同前进，设备供应商和工程承包商将不复存在；另外工程需求不断变化，系统的规模不断扩充，因此需设备供应商和工程承包商不断将新技术、新设备、新思想补充，并提供长期的服务。

1.4 监理

建筑电气工程监理虽然目前按工程的大小虽只由一个或几个人专职或兼职从事这方面工作，但它已成为建筑工程监理队伍中不可或缺的组成部分。按专业内容分为强电、弱电两部分，目前仍以强电工程监理为主。

1.4.1 概述

（1）性质

建筑工程实施监理非常必要，其原因在于：

1）经济体制的改变。市场经济一改过去以建筑单位为主导的监督机制，克服其原有多种弊病、缺陷的同时也亟须一个客观的第三方公正、独立、自主地开展监督工作。

2）内外关系的协调配合。随着建筑工程自身管理体制的完善、进步和现代化，也随着众多新技术进入建筑工程及施工领域，建筑电气就首先受到影响。高新技术的大量涌入，门类众多的学科渗透，特别需要由专门机构来处理各单位间、各专业间、各技术间的内外协调与配合。

3）建筑市场的规范运作。建筑市场混乱所导致的教训，使我们更应严肃认识正确管理机制的运行。这种规范的市场运作一方面是监理工作的前提，而另一方面监理工作也是建筑市场规范化的保障。

4）管理与国际的接轨。自我国加入 WTO 后，全球建设投资纷至沓来，我们也将面向世界承担对外工程。这就需要我们采用国际上惯用的建筑工程监理制度来保证工程的正常运作和质量优良。

（2）特点

建筑电气工程监理作为建筑工程监理的一个专业分支，与其既有联系，又有区别，重点在于两个关系的处理：

1）与建设监理的协调。两者彼此根本目的一致，但又有分工，各有侧重，因而要互相补充、完善。

2）与设备供应、系统安装以及工程设计单位的协调。除与业主关系公认是需重点协调外，对于建筑电气，尤其是建筑智能化工程，往往设备、器材供应商多，彼此自成体系，不少国外厂商的施工专业性强，工程技术含量高，更需要电气监理人员来处理监理和被监理的关系。

1.4.2 工作内容

现阶段工程监理均指施工阶段的监理。即项目已完成施工图设计，并完成招标、签订合同后，建筑电气监理工作人员根据本专业的特点对施工阶段施工单位按投资额完成全部工程任务过程中，围绕对工程建设的"三控制、两管理、一协调"展开。施工阶段监理的工作内容如图1-33所示，分述如下。

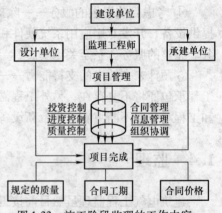

图 1-33 施工阶段监理的工作内容

1. 三控制

（1）质量控制

1）工作内容。质量控制在整个监理工作中占有极大比重，主要内容包括：

① 施工单位的资格审查。

a. 从事建筑电气工程的施工单位，必须持有电力主管部门颁发的"供、用电工程施工许可证"，其资格和能力应与承包工程的规模和技术相适应。

b. 工程项目技术负责人应由具有助理工程师以上技术职称的人员担当，并经考核合格。建筑电气安装工作应持证上岗，电气工长（施工员）应持有建筑主管部门颁发的"岗位证书"。安装电工、电焊工应持有劳动部颁发的"特种作业人员操作证"。有电工合格证的专业技术人员，不应少于施工总人数的50%，而且必须持证上岗。

c. 消防工程（含火灾报警系统）施工单位，必须持有建设主管部门颁布的"施工单位资质等级证书"和消防部门颁发的"消防工程施工许可证"。无证无照的单位，若承接消防工程施工，一经发现，要严格查处。

d. 电梯、通信、有线电视电缆等专业安装单位，须持有建设主管部门颁发的与安装范围相一致的"安装许可证"。

② 设计文件的复核、优化与设计变更、洽商。

a. 开工前，电气监理和电气安装工程单位应及时组织有关人员设计交底，此前应组织有关人员熟悉电气施工图样，了解工程特点及工程关键部位的质量要求。施工单位应将图样中影响施工、质量及图样差错汇总，填写图样会审记录，提交设计单位在设计交底时协商研究统一意见。对影响工程质量、影响今后的使用功能及不合理的设计，监理单位应要求有关单位进行修改设计。

b. 设计单位下发的"设计变更"，须有建设单位的签认，并通知监理工程师（送复印件）。

c. 建设单位与承建单位之间的"工程洽商"，除需要经设计人同意外，未经监理工程师签认，不得施工。

③ 施工方案的审批：在项目总监理工程师的组织下，电气专业监理人员从本专业的角度对施工单位提交的施工组织设计及施工方案进行审查，并由总监汇总，签署施工方案审核意见。施工单位接到监理的审核后，及时组织本单位技术管理人员进行认真研究，并与监理人员磋商，交换意见，做出必要的调整、修改和补充，在要求的期限内将修改后的施工组织设计和施工方案提交监理单位和建设单位，经过几方确认后在施工中实施。

④ 所需材料、器件与设备的认定：工程所需材料、器件与设备应由监理人员进行质量认定。对重要器件及设备的生产工艺、质量控制、检测手段及管理水平，必须到生产厂家实地考察。对不符合质量要求的材料、器件和设备，监理有权要求退换。工程中使用的主要材料和设备实行报验制，承包单位同时提供相应的证明材料。施工中所使用的新技术、新材料、新产品、新工艺，必须先经试验（试点）和国家规定组织鉴定，有相应的规程和标准，否则不得使用。

⑤ 现场检查：质量控制的关键，除把好材料、器件、设备的质量关外，就是按照施工技术规范要求，把好施工工艺关。对于基础、接地、防雷，配管，电缆桥架及金属线槽安装、管内穿线，电缆敷设，电器设备的安装在规程、规范中均有具体的检验指标，应严格执行。

⑥ 工程报验：工程施工资料必须真实地反映工程的实际情况，保证完整、准确，并由各级施工技术负责人审核。实施监理的工程应由监理单位，按工程项目监理工作管理规定签发认可的资料。

a. 认真审查、预检工程检查记录与隐蔽工程检查记录。随工程的进展，由承建方电气技术人员填写"工程报验单"，并附隐、预检记录、分部分项工程质量评定表及质量保证资料。合格者，将由电气监理工程师发给"分项、分部工程检验认可书"。

b. 预检以下项目并做出记录。

● 明配管（包括能进人的吊顶内配管）的品种、规格、位置、标高、固定方式、防腐、外观处理等。

- 变配电装置的位置。
- 高低压电源进线口方向、电缆位置、标高等。
- 开关、插座、灯具的位置。
- 防雷接地工程。

c. 预检以下项目的品种、规格、位置、标高、弯度、连接、焊接、跨接地线、防腐、需焊接部位的焊接质量、管盒固定、管口处理、敷设情况、保护层及其他管线的位置关系，并做好记录。

- 埋在结构内的各种电线导管。
- 利用结构钢筋做的避雷引下线。
- 接地极埋设与接地带连接处；均压环、金属门窗与接地引下线的连接。
- 不能进入吊顶内的电线导管及线槽、桥架等敷设。
- 直埋电缆。

⑦ 分项验收。以下系统在进行系统调试后，应进行分项验收，并做好"报验"与"认可"手续。

a. 变配电系统。

b. 电气照明系统。附电气绝缘电阻测试记录、电气照明器具通电安全检查记录、电气照明试运行记录。

c. 通风、空调系统。附动力试运行记录。

d. 电梯安装工程。附电梯安装工程施工技术全套资料。

e. 防雷、接地系统。附电气接地装置安装平面示意图、电气接地电阻测试记录。

f. 各弱电、智能系统。

⑧ 分部工程验收：承包单位在分部工程完成、自检合格、达到竣工验收条件后，应根据监理工程师签认的分项工程质量评定结果，进行分部工程的质量等级汇总评定，填写《分项/分部工程质量报验认可单》，并附《分部工程质量检验评定表》报电气监理工程师签认。凡是主体结构工程施工完后，交由其他单位装修装饰的工程，电气专业结构阶段施工的接地装置、管线等项目应办理验收手续，填写《中间验收记录》。

⑨ 监理通知与备忘录

a. 凡在施工过程中存在影响工程质量与工程进度的做法，以及不符合工艺要求之处，一旦发现，除通知电气工长立即改正外，还应以书面形式下发"监理通知"，以此作为告诫的依据。

b. 凡在工程建设监理过程中，存在一些影响工程质量与进度的问题，若与建设单位有关，则应以"备忘录"形式通知建设单位，说明问题，请有关方面予以关注。

2）工作程序。工程质量监理程序如图 1-34 所示。

(2) 进度控制

1）工作内容。工程进度要以合同所约定的工期为最终目标，主要取决于主体结构与装饰工程的进度。应注意，在要求施工单位编制的施工组织设计与施工方案中，必须纳入电气安装工程的部分。进度计划中也应包含电气设备的加工订货计划。对电气工程施工阶段的进度控制应采取动态控制的方法，在确保质量和安全的前提下进行主动控制。

2）进度控制程序。工程进度控制监理程序如图 1-35 所示。

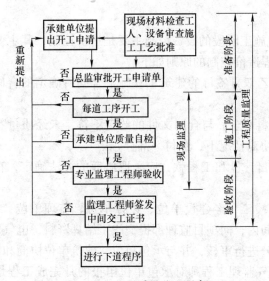

图 1-34　工程质量监理程序

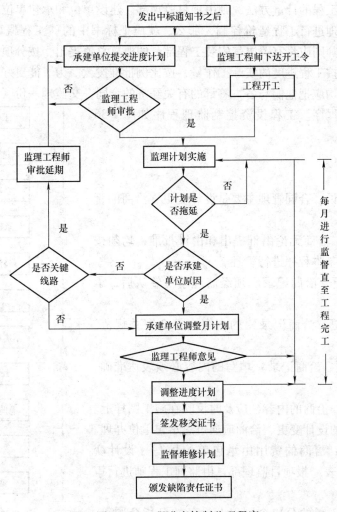

图 1-35　工程进度控制监理程序

（3）投资控制

1）工作内容。电气施工阶段的投资控制主要是造价控制，其主要内容是工程量的计量与竣工结算的审核。工程造价控制的原则如下。

① 应严格执行甲、乙双方签订的建筑工程施工合同所确定的合同价、单价和约定的工程款支付方法。

② 应坚持在报验资料不全、与合同文件的约定不符、未经质量签认合格或有违约的不予审核和计量（但可在协商情况下，预付一部分）。

③ 对有争议的工程量计量和工程款，应采取协商的方法确定，在协商无效时，由总监理工程师做出决定。

④ 竣工结算。工程竣工，经建设单位、设计单位、监理单位、承建单位验收合格后，承包单位应在规定的时间内，向项目监理部提交竣工结算资料，电气监理工程师应及时对所报结算资料中的电气部分进行审核，并与承包单位、建筑单位协商和协调，提出审核意见。

⑤ 工程量计量。电气监理工程师对承包单位申报的月完成工程量报审表审核（必要时应与承包单位协商），所计量的工程量应经总监同意后，由电气监理工程师签认。对于某些特定的分项、分部工程的计量方法，则由项目监理部、建设单位和承包单位协商约定。

如甲方授权监理进行工程造价控制，那么，就应把标书中的"工程概算书"提供给监理。电气监理工程师则应将有关电气安装工程部分的概算总值提出，按分项工程划分为各种工程的造价，然后按工程进度的实际工作量，按比例批准拨款。为了能更好地进行工程造价控制，甲、乙各方均应把他们与各签订的有关经济的合同，交监理一份（复印件）备查。

2）投资控制程序。工程投资控制监理程序如图1-36所示。

2. 两管理

（1）合同管理

对电气监理来说，合同管理主要是设计变更、洽商的管理，主要包括：

1）设计变更、洽商无论由谁提出和由谁批准，均须按设计变更、洽商的基本程序进行管理。

2）《设计变更、洽商记录》须经监理单位签认后，承包单位方可执行。

3）《设计变更、洽商记录》的内容应符合有关规范、规程和技术标准。

4）《设计变更、洽商记录》填写的内容必须表达准确、图示规范。

5）设计变更、洽商的内容，应及时反映在施工图样上。

6）分包工程的设计变更、洽商应通过总承包单位办理。

7）设计变更、洽商的费用由承包单位填写《设计变更、洽商费用报审表》报项目监理部，由监理工程师进行审核后，总监师签认。

8）电气安装工程的分包合同以及设备的订货合同等，

图1-36　工程投资控制监理程序

工程验收(实量实测)
承建单位填报工程验收单
专业工程师验收签证
承建单位填报月报表
经济监理工程师审核
总监理工程师签证
承建单位填报价款结算单
经济监理工程师审查
总监理工程师付款签证
建设单位复审
建设银行审核付款

验收签证

付款签证

付款

均应将复印件交电气监理存档，以便监理人员能督促合同双方履行合同，并按合同的技术要求行事。必要时，有关合同的签订，电气监理工程师应予介入，以便在质量与技术要求上，提出明确的指标。

（2）资料管理

资料管理实质上是将彼此的信息交换存档保护。

1）资料分类。

① 施工组织设计、施工方案。

② 设计变更与洽商。

③ 分包单位资格审查。

④ 工程材料报验。

⑤ 工程检验认可。

⑥ 投资控制。

⑦ 合同管理。

⑧ 监理通知及备忘录。

⑨ 来往信函及会议纪要。

⑩ 质量事故处理资料。

2）必备的本专业资料。

① 绝缘电阻测试记录。它主要包括电气设备和动力、照明线路，及其他必须推测绝缘电阻的测试记录。应按系统回路测试，不得遗漏。

② 接地电阻测试记录。它主要包括设备、系统的防雷接地、保护接地、工地接地、防静电接地以及对有要求的接地电阻的测试记录，并应附示意图说明。

③ 电气照明全负荷试运行记录。电气照明灯具应以电源进户线为系统，将系统内的全部照明灯具开启，进行通电 24h 试运行。运行开启后，要及时测量系统的电源电压（相电压）、负荷电流（线电流），并做好记录。试运行过程中每隔 8h 还需测量记录一次，直到 24h 运行完为止。全部数据填入试运行记录表中。

④ 动力（电动机）试运行记录。凡电动机与主机采用联轴器或传动带方式连接时，应在空载情况下，作第一次单机起动试运行，空载运行时间为 2h。开始运行后每隔 1h 要记录其电源电压（线电压）和空载电流（线电流），并将数据填入动力试运行记录表。与主机以其他形式连接的电动机应在设备试运行时，做好试运行记录并归档。

⑤ 电气设备安装和调整试验、试运转记录。设备主要包括变配电装置、具有自动控制系统的电动机及电加热设备、各种音响信号、监视系统，高层建筑的自控、消防、共用天线电视系统、计算机系统。电气设备安装调试试验记录，应符合国家规定的项目和内容，如单项调整试验记录，综合系统调试试验记录及设备试运转记录。大型公共建筑，一、二类高层建筑及特殊重要工程，应有全负荷试验记录。

⑥ 电梯安装工程的质保资料还应包括：

a. 空载、半载、满载和超载试运转记录。

b. 调整试验报告。

c. 电梯安装工程竣工验收证书和保修单，及建筑工程质量监督部门的质量监督核定书。

⑦ 通信、电视等专业应按相应规范的规定要求办理。

3. 一协调——组织协调

主要是与建筑方、承建施工方以及设计方三者间，就上述三控制、两管理的 5 个方面进行组织协调。

1.4.3 工作作法

1. 工作措施

1）旁站监理。监理人员在承建单位施工期间，用全部或大部分时间在施工现场对其施工活动细节进行跟踪监理，发现问题及时纠正，以减少质量缺陷的发生，保证工程质量和进度。

2）测量及试验。在工程施工期间利用测量仪表测量电气线路的通断，判断电气元器件的好坏，测量电气设备的绝缘电阻等。

3）严格执行监理程序。承建单位要充分做好开工前的各项准备工作，经监理工程师批准开工申请的项目才可开工。有监理工程师的付款证书，承建单位才能得到工程付款。充分保证监理工程师的核心地位。

4）指令性文件。监理工程师应充分利用指令性文件，对任何事项均以书面指示发出，更利于督促承建单位严格遵守和执行监理指令。

5）工地会议。监理工程师与承建单位讨论施工中的各种问题，必要时可邀请建设单位或有关人员以工作会议方式进行。会上监理工程师的决定具有书面函件与书面指示的作用。监理工程师也可通过工地会议发出有关指示。

6）监理交底会。这是第一次工地会议，此会应在项目总监理工程师下达开工令之前举行，它是项目尚未全部展开前，履行各方相互认识、落实承包单位电气专业人员情况，明确分工和权限、确定联络方式的会议。它也是检查开工前各项准备工作是否就绪，并进行监理交底，明确监理程序的会议。它由监理工程师和建设单位联合主持召开，会议的对象主要是总承包单位的授权代表、项目经理、技术负责人以及各专业的技术人员和工长等。分包单位的人员也应参加。会议的主要内容是由总监理工程师和专业监理工程师进行如下监理交底。

① 执行持证上岗制度，检查电气施工人员的上岗证或特种作业人员操作证。

② 认真读懂电气施工图样，书面记下各项疑难问题，在设计交底会上逐个解决。施工图样交底和会审应有文字记录，交底后由施工单位整理填写会议纪要，经设计、施工、监理、建设单位各方会签后作为施工依据。

③ 严格执行建筑工程电气安装质量若干规定，将电气施工方案及书面的技术交底资料，交电气监理工程师审阅。健全质量保证体系和技术管理体系，落实三检（自检、互检、交接检）制度、三按（按图样、按工艺、按标准）制度的执行。

④ 通过参加监理例会（工地会议），汇报工程进度、工程质量及存在的有关问题。通过会议协调电气专业与其他专业间的配合关系，明确职责分工，加快工程进度，保证工程质量。

⑤ 按照工程项目监理工作管理规定的工作程序，及时办理报验手续，主要在于工程材料报验单（含工程上所用的材料、器件及设备）、工程报验单（附预、隐检记录和分部、分项工程质量评定表）。

⑥ 按建筑安装工程施工技术资料管理规定，对施工技术资料管理的要求，整理竣工验

收资料，严格执行隐检工程报验制度，工程施工技术资料应随施工进度及时整理，项目齐全，记录准确、真实。

⑦ 材料、器件和设备的加工、订货，应由电气监理工程师进行质量认定。

⑧ 有关设计变更与洽商，应有设计、施工、监理单位各方的签认，未经监理工程师签认不得施工。

⑨ 为便于电气监理工程师对工程投资进行控制，应将中标的合同造价（建筑电气安装工程与电梯安装等分部工程的工程概算）交监理工程师备查。工程项目付款申报时，应填写月工程计量申报表，由电气监理工程师进行核定。

⑩ 在第一次监理工作交底的会议上，未尽事宜，会后应加以补充完善。

7）停止支付权。监理工程师充分利用合同赋予的支付方面的权力，承建单位的任何工程行为得不到监理工程师的满意，都有权拒绝支付承建单位工程款项，以约束承建单位认真按合同规定的条件完成各项任务。

8）约见承建单位。当承建单位无视监理工程师的指示，违反合同条款进行工程活动时，由总监理工程师（或其代表）邀请承建单位的主要负责人，指出承建单位在工程上存在的问题的严重性和可能造成的后果，并提出挽救问题的途径。若仍不听劝告，则监理工程师可进一步采取制裁措施。

9）专家会议。对复杂的技术问题，监理工程师可召开专家会议，进行研究讨论。根据专家意见和合同条款，再由监理工程师做出结论。这样可以减少监理工程师处理复杂技术问题的片面性。

2. 工作要点

（1）图样会审

图样会审是建设、设计、施工、监理单位共同履行的一项基本职责。通过会审可以澄清设计疑点，消除缺陷，统一思想，使设计经济合理，更符合实际。可以在工程开工前消除设计图样中的差错，搞清图样上的作法，解决图样存在的问题，以利于施工建设的顺利进行。

图样会审由浅入深，逐步扩大，实现各专业层层把关，搞清施工图的全部内容细节。大、中型和特殊、重要的建筑安装工程的图样会审分为初审、内部会审和综合会审。

1）初审：施工前由建筑电气人员在专业内部，组织有关人员共同通读详情，查对图样，核实存在的问题，展开讨论，弥补设计中的不足，并由专业工程技术人员将问题逐一记录。

2）内部会审：监理单位内各专业间对施工图样共同审查，分析各专业工种间相关交接和施工配合矛盾，施工中的协作配合。

3）综合会审：在内部会审的基础上，由建设单位、监理单位、施工单位与各分包施工单位，共同对施工图进行全部综合的会审。一般建设单位负责组织，首先由设计单位进行设计交底，然后由施工单位将初审或内部会审中整理归纳出的问题一一提出，与设计、监理、建设单位进行协商。专业之间的施工技术配合问题一并在该会上予以研究解决。

对于电气专业，图样会审的重点一般为：

① 图样及说明是否齐全，电气施工图的平面图与土建图及其他专业的平面图是否相符。

② 图样设计内容是否符合设计规范和施工验收规程的规定，是否完善了安全用电措施，施工技术上有无困难。

③ 电气器具、设备位置尺寸正确与否，轴线位置与设备间的尺寸有无差错，设备与建筑结构是否一致，安装设备处是否进行了结构处理。

④ 电气施工图与建筑结构及其他专业安装之间有无矛盾，应采取哪些安全措施，配合施工时存在哪些技术问题和解决措施。

⑤ 管路布置方式及管线是否与地面、楼（地面）及垫层厚度相符。配电系统图与平面图之间的导线根数、管径的标注是否正确。

⑥ 标准图、大样图的选用是否正确，标注是否一致，设计（或施工）说明中的工程做法是否正确，与国家有关规定是否有矛盾。

⑦ 设计方案能否施工，使用的新材料和特殊材料的规格、品种能否满足要求。设计图样中所选用的材料、设备必须是经过国家有关机构认证、鉴定、检测合格的优良产品，能保障电气系统安全可靠、经济合理地运行。同时，不是国家原四部、三委、一局公布的第一~十八批淘汰的机电产品。

（2）施工方案的审批

施工组织设计或施工方案的审查必须在施工单位完成施工组织设计的编制及自审工作，施工组织设计或施工方案由编写人、审核人、批准人签字、加盖施工单位公章，并填写《电气施工组织（方案）设计报审表》，报送项目监理机构后进行。

总监在约定的时间内，组织专业监理工程师审查，提出审查意见，再由总监批准。需施工单位修改的，由总监签发书面意见，退回施工单位修改后再报审，并重新审定。按照审定后的施工组织设计或施工方案组织施工。如需对其内容做变更及修改，应在实施前将变更修改内容书面报送监理机构重新审定。

对于大面积（如 30000m²）、变配电、消防监测及具有闭路电视/有线电视/防盗报警/楼宇自控/综合布线 5 类要求的工程需做“电气施工组织设计”，其他工程仅做“电气施工方案设计”。

审查的要点：

① 施工方案应有施工单位负责人签字；符合施工合同的要求；应由专业监理工程师审核后，经总监理工程师签认。

② 施工布置是否合理，所需人力、材料的配备等施工进度计划是否协调。

③ 施工程序的安排是否合理。

④ 施工机械设备的选择应保证工程质量，避免对施工质量的不良影响。

⑤ 主要项目的施工方法是否合理：方法可行，符合现场条件及工艺要求；符合国家有关的施工规范和质量检验评定标准的有关规定；与所选择的施工机械设备和施工组织方式相适应；经济合理。

⑥ 质量保证措施是否可靠，并具有针对性，质量保证体系是否健全（落实到人）。

（3）监理交底

1）设计交底。由建设单位组织，由建设单位、监理单位、设计单位和施工单位 4 方有关人员参加，在会审图样的基础上确定需要修改的问题，共同办理一次性洽商。

2）施工组织设计交底。施工单位内部的技术交底。施工技术负责人向操作者进行工程全过程的技术交底，目的是为了明确所承担施工任务的特点、技术质量要求、系统的划分、施工工艺、施工要点和注意事项等，做到心中有数，以利于有计划、有要求地多快好省地完成任务，工长可以进一步帮助工人理解消化图样；对工程技术的具体要求、安全措施、施工程序、配制的工机具等做详细说明，使责任明确，各负其责。

3）监理交底。会议在项目总监理工程师下达开工命令之前举行。其目的在于使履约各方相互认识，落实承包单位电气专业人员的情况，明确分工和权限，确定联络方式；也是检查开工前各项准备工作是否就绪，进一步明确监理程序的会议。会议由监理工程师和建设单位联合主持召开，对象主要是总承包单位的授权代表、项目经理、技术负责人及各专业的技术员和工长，分包单位的人员也应参加。会议的主要内容是由总监理工程师和各专业监理工程师进行监理交底。

电气监理交底的要点为：

① 交验电气施工人员的上岗证或特种作业人员操作证。

② 认真读懂电气施工图样，书面记下各项疑难问题，在设计交底会上逐点求得解决。施工图样交底和会审应有文字记录，交底后由施工单位整理填写会议纪要，经设计、施工、监理、建设单位各方会签后，即可作为施工的依据。

③ 将"电气施工方案"及书面的"技术交底"资料，交电气监理工程师审阅。健全质量保证体系和技术管理体系，落实三检（自检、互检、交接检）制度、三按（按图样、按工艺、按标准）制度的执行。

④ 按时参加监理例会（工地会议），汇报工程进度、工程质量及存在的有关问题。通过会议协调电气专业与其他专业间的配合关系，明确职责分工，加快工程进度，保证工程质量。

⑤ 按照"工程建设监理规程"要求的工作程序，及时办理报验手续。

⑥ 按施工技术资料管理规定的要求，整理竣工验收资料。

⑦ 严格执行隐蔽工程报检制度，工程施工技术资料应随施工进度及时整理，项目齐全，记录准确、真实。

⑧ 材料、器件和设备的加工、订货，应由电气监理工程师进行质量评定。

⑨ 有关设计变更的技术洽商，应有设计、施工、监理单位各方的签认，未经监理工程师签认不得施工。

⑩ 为便于电气监理对工程投资进行控制，应将中标的合同造价交监理备查。在工程项目付款申报时，应填写工程量报审表，由电气监理工程师对工程量进行核定。

（4）工程变更与技术核定

工程变更必须严格地执行技术核定制度。设计变更时，必须经过有关部门的充分协商，在技术上、经济上、质量上、使用功能上、结构强度上进行全面考虑和技术复核，然后经设计单位、建设单位、施工单位、项目监理机构的专业监理工程师等签署认可。技术核定与设计图样具有同等效力，是指导施工的依据之一。实施要点按进行技术核定的3种情况而定。

1）由施工单位提出。一般情况下，不影响建筑结构强度、不降低工程标准、不改变设计意图和使用功能的技术问题，由施工单位电气专业工程技术人员填写《工程变更单》，经监理单位、建设单位、设计单位核定审批后，作为施工依据。而由施工单位提出的重大技术问题，如新技术、新材料、新工艺的使用，需施工单位总工审批后，由施工单位填报《工程变更单》，由监理单位建筑电气专业监理工程师会同监理单位负责进度、质量、造价方面管理的监理人员共同审核后，提出审批意见报请总监同意，并取得建设单位、设计单位的核定签署意见后，方能作为施工的依据。

2）由设计单位提出。凡因设计的错误、做法改变或由于建筑、结构变更等影响，由设计单位提出《变更图样》或《设计变更通知单》，施工单位根据监理工程师发出的《监理工作联系单》，提出是否接受意见或工程延期、索赔。对于重大的设计变更，由总监会同专业监理工程师或建设单位、施工单位总工程师协商后，做出能不能变更的决定。

3）由建设单位提出。对器具、设备安装及使用功能方面提出变更、修正意见，须由建设单位填报《监理工作联系单》，报建筑电气监理工程师和施工单位建筑电气专业负责人，并由施工单位建筑电气专业负责人根据工程进度和施工情况，做出能否接受意见的答复，并填报《工程变更单》，由监理单位、建设单位、设计单位签批后执行。

《工程变更单》是工程验收和工程竣工结算的依据，在其附件中施工单位必须详细说明变更的内容和变更的依据，并提出该变更对工程造价和工期的影响程度，对工程项目使用功能、安全、质量影响的分析及必要的图示等。如果由于建设单位、设计单位或施工单位提出的工程变更造成返工、停工、材料浪费等情况，除应由施工单位建筑电气专业工程技术负责人及时办理有关手续外，还必须由施工单位，并经监理单位建筑电气专业监理工程师核定，总监签发《工程临时延期审批表》、《工程最终延期审批表》或《费用索赔审批表》等手续，作为工程竣工决算的原始依据资料。

1.4.4 工程质量的评定验收

1. 依据的标准

我国工程建设监理法律、法规体系的框架由法律、行政法规、地方性法规、部门规章、政府规章、规范性文件和技术规范等构成。从事工程建设监理工作的电气专业的监理工程师必须掌握工程建设监理的常用法律、法规和涉及电气专业的技术性规范，尤其是相关的验收规范。见随书附带 DVD 光盘 "3. 供配电技术资料" 中的 "相关标准、规范目录"。

2. 评定的等级

（1）分项工程的质量等级

1）合格。

① 保证项目必须符合相应质量检验评定标准的规定。

② 基本项目抽检的处（件）应符合相应质量检验评定标准的合格规定。

③ 允许偏差项目抽检的点数中，建筑工程有 70% 以上、建筑设备安装工程有 80% 以上的实测值，应在相应质量检验评定标准的允许偏差范围内，其余的实测值也应基本达到相应质量检验评定标准的规定。

2）优良。

① 保证项目必须符合相应质量检验评定标准的规定。

② 基本项目每项抽检的处（件）应符合相应质量检验评定标准的合格规定，其中若有 50% 以上的处（件）符合优良标准，该项即为优良，优良项数应占检验项数 50% 及其以上。

③ 允许偏差项目抽检的点数中，90% 以上的实测值，应在相应质量检验评定标准的允许偏差范围内，其余的实测值也应基本达到相应质量检验评定标准的规定。

（2）分部工程的质量等级

1）合格。所含分项工程的质量全部合格。

2）优良。所含分项工程的质量全部合格，其中有50%以上为优良（建筑设备安装工程中，必须含指定的主要分项工程，如建筑电气安装分部工程为电力变压器安装、成套配电柜（盘）及动力开关安装、电缆线路分项工程；建筑电梯安装分部工程为安全保护装置、试运转分项工程等）。

（3）单位工程的质量等级

1）合格。

① 所含分部工程的质量全部合格。

② 质量保证资料应基本齐全。

③ 观感质量的评定得分率应达到70%以上。

2）优良。

① 所含分部工程的质量全部合格，其中有50%以上优良（建筑工程必须含主体和装饰分部工程；以建筑设备安装为主的单位工程，其指定的分部工程必须优良，如变、配电室的建筑电气安装分部工程等）。

② 质量合格保证资料应基本齐全。

③ 观感质量的评定得分率应达到85%以上（室外的单位工程不进行观感质量评定）。

3. 工程质量的验收

（1）规定

1）施工质量应符合《建筑工程施工质量验收统一标准》（GB/T 50300—2013）和相关验收规范的规定，并符合勘察、设计文件的要求。

2）参加工程施工质量验收的各方人员应具备规定的资质。

3）验收均应在施工单位自行检查评定的基础上进行。

4）隐蔽工程在隐蔽前应由施工单位通知有关单位（监理、建设单位）进行验收，并应形成验收文件。

5）涉及结构、安全的试块、试件以及有关材料，应按规定进行见证取样检测；承担见证取样检测及有关结构、安全检测的单位应具有相应的资质。

6）对设计结构、安全和使用功能的重要分部工程应进行抽样检测。

7）工程的观感质量应由验收人员现场检查，并应共同验收。

8）检验的质量应按主控项目和一般项目验收。

（2）标准

1）检验批质量合格。主控项目和一般项目的质量经抽样检验合格，并具有完整的施工操作依据、质量检查记录。

2）分项工程质量合格。分项工程所含的检验批均应符合合格质量的规定，同时应有完整的质量验收记录。

3）分部（子分部）工程质量合格。其所包含的分项工程质量均应验收合格，质量检测资料应完整，地基与基础、主体结构和设备安装等分部工程有关安全及功能的检验和抽样检测结果应符合有关规定，观感质量验收应符合要求。

4）单位（子单位）工程质量合格。其所含的分部（子分部）工程质量均应验收合格，质量检测资料及有关安全和功能的检测资料应完整，主要功能项目的抽查结果应符合相关专业质量验收规范的规定，观感质量验收应符合要求。

5）建筑工程质量验收记录应按《建筑工程施工质量验收统一标准》（GB/T 50300—2013）进行（依次分为检验批、分项工程、分部工程、单位工程验收记录）。

6）当建筑工程质量不符合要求时，经过返工重做或更换器具，设备的检验批应重新进行验收。经有资质的检测单位检测鉴定能够达到设计要求的检验批，应予以验收；鉴定达不到设计要求，但经原设计单位核定认为能够满足结构安全和使用功能的检验批，可予以验收。经返修或加固处理的分项、分部工程，虽然改变外形尺寸，但仍能满足安全使用要求，可按技术处理方案和协商文件进行验收。否则，不能满足安全使用要求的分部、单位（子单位）工程，严禁使用。

4. 电气工程的竣工验收

电气工程的竣工验收，除要遵照上述工程质量验收的规定外，就其专业的特点，还应按以下几个阶段进行。

（1）隐蔽工程验收

电气安装中的埋设管线、直埋电缆、接地等工程在下一道工序施工前，应由监理人员进行隐蔽工程检查验收，并认真办理好隐蔽工程验收手续。隐蔽工程记录是以后工程合理使用、维护、改造、扩建的一项主要技术资料，必须纳入技术档案。

（2）分项工程验收

电气工程在某阶段工程结束，或某一分项工程完工后，由监理单位、建设单位、设计单位进行分项工程验收。电气安装工程项目完成后，要严格按照有关的质量标准、规程、规范进行交接试验、试运转和联动试运行等各项工作，并做好签证验收记录，归入工程技术档案。

（3）竣工验收

工程正式验收前，由施工单位进行预验收，检查有关的技术资料、工程质量，发现问题及时做好处理。竣工验收工作应由建设单位负责组织，根据工程项目的性质、大小，分别由设计单位、监理单位、施工单位以及有关人员共同进行。所有建设项目均须按单位工程，严格按照国家规定进行验收，评定质量等级，办理验收手续，归入工程技术档案。不合格的工程不能验收和交付使用。

1）依据。

① 甲、乙双方签订的工程合同。

② 上级主管部门的有关文件。

③ 设计文件、施工图样和设备技术说明及产品合格证。

④ 国家现行的施工验收技术规范。

⑤ 建筑安装工程设计规定。

⑥ 国外引进的新技术或成套设备项目，还应按照签订的合同和国外提供的设计文件等资料进行验收。

2）标准。

① 工程项目按照合同规定和设计图样要求已全部施工完毕，达到国家规定的质量标准，能够满足使用要求。

② 设备调试、试运行达到设计要求，运转正常。

③ 施工场地清理完毕，无残存的垃圾、废料和机具。

④ 交工所需的所有资料齐全。

（4）交接验收

1）施工单位向建设单位提供下列资料。

① 分项工程竣工一览表，包括工程的编号、名称、地点、建筑面积、开竣工日期及简要工程内容。

② 设备清单，含电气设备名称、型号、规格、数量、质量、价格、制造厂及设备的备品、备件和专用工具。

③ 工程竣工图及图样会审记录，在电气施工中，如设计变更程度不大时，则以原设计图样、设计变更文件及施工单位的施工说明作为竣工图；当设计变更较大时，要由设计单位另绘制安装图，然后由施工单位附上施工说明，作为竣工图。

④ 设备、材料证书，包括设备、材料（包括半成品、构件）的出厂合格证（质量鉴定书）及说明书、试验调整记录等。

⑤ 隐蔽工程记录，隐蔽工程记录须有监理、建设单位签证。

⑥ 质量检验和评定表，施工单位自检记录及质量监督部门的工程项目检查评定表。

⑦ 调试报告，对系统进行装置分项、系统联动、调试报告和试验记录。

⑧ 整改记录及工程质量事故记录，分别记录设备的更改及质量事故的处理。

⑨ 情况说明、安装日记、设备使用或操作注意事项、合理化建议和材料代用说明签证。

⑩ 未完工程的明细表，少量允许的未完工程需列表说明。

2）建设单位收到施工单位的通知或提供的交工资料后，应按时派人会同施工单位进行检查、鉴定和验收。

3）进行单体试车、无负荷联动试车和有负荷联动试车，应以施工单位为主，并与其他工种密切配合。

4）办理工程交接手续。经检查、鉴定和试车合格后，合同双方签订交接验收证书，逐项办理固定资产的移交，根据承包合同规定办理工程结算手续，除注明承担的保修工作内容外，双方的经济关系与法律责任可予以解除。

1.5 工程造价

"工程造价"属于"工程经济"中供配电工程技术人员常涉及的一个分支。

1.5.1 工作内容

1. 工程建设的程序

项目建议书→可行性研究→设计文件（初步设计、施工图设计）编制→设备、材料订货→施工准备→施工→竣工验收。

2. 各阶段的工作内容

工程经济工作者在各阶段工作的内容如下。

1）投资估算。在可行性研究阶段完成。

2）设计概算。设计概算也称为初步设计概算，是初步设计的内容。概算的内容包括建筑工程费用、设备安装费用、工具及器材购置费用、其他基本建设费用（如土地购置、拆迁等），审批程序按建设项目属性决定。

3）修正概算。它在技术设计阶段对上述概算做更准确的修正和调整。

4）施工图预算。施工图概算也称为工程预算，由建设单位委托有资质的工程造价执业单位编制，作为建设单位招标的依据，审批按项目属性确定。

5）合同价。合同价是指根据投标阶段签订的总承包、建筑安装、设备材料采购及技术咨询服务各种合同，承、发包双方共同认可，并记录在合同内的价格。

6）施工预算。施工预算由施工单位依据施工定额编制，是组织生产、编制施工计划、准备材料、签发施工任务书，作为考核工效、评定奖励、进行经济核算的依据。它是改善经营管理、加强经济核算、提高劳动生产率、减少材料消耗、降低生产成本的手段。

7）结算。施工单位按合同规定内容如期完成全部承包的工程后，向发包方报送最终的工程结算书。

8）竣工决算。建设方编制从项目筹建到竣工投产全过程发生的全部费用，包括建筑安装工程、设备工器具购置和工程建设的其他费用，决算出总造价。

基本建设中的"三算"，是指上述的"设计概算"、"施工图预算"及"竣工决算"，"三算"是基本建设战线上工程经济工作者的重要任务。

1.5.2　造价定额

1. 分类

1）预算定额。在基础定额（劳动定额、材料消耗定额、机械台班消耗定额）的基础上，将项目综合后，按工程分部、分项划分，以单一的工程项目为单位计算的定额，一般作为编制施工图预算或建设方和施工方结算的依据。

2）概算定额。在预算定额的基础上，将项目再进一步综合扩大，按扩大后的工程项目作为单位进行计算的定额，一般是编制初步设计概算，或进行投资包干计算的依据。

2. 二者差异

预算定额的工程项目划分得较细，每一个项目所包括的工程内容较单一。

概算定额的工程项目划分得较粗（因为已做进一步综合扩大）。每一个项目所包括的工程内容较多，也就是把预算定额中的多项工程内容合并到一项中，故概算定额中工程项目较预算定额中的项目少得多。

3. 计算机计算

随着计算机技术的发展，一些软件公司根据多年的建筑工程项目预算、决算的经验，开发了"工程量计算软件"。软件只要输入工程量，便能完全模拟手工计算，高效完成汇总功能，避免手工计算易漏算的弊病。尤其当需要更改某一项数据时，软件能自动更改终算结果，特别方便。这种软件的推行，标志着"查定额"将成为历史，但仍需要工程量的人工计算（也有软件在计算机画图时自动生成工程量）。

1.5.3　工程量计算

工程量计算各种定额必须和工程量一起配合使用，方法很简单。现举一个土建工程工程量的计算实例，来说明工程量的计算。

实例 1-2　（1）平整矩形场地工程量的计算公式

$$S = (A + 4) \times (B + 4) \tag{1-2}$$

式中，S 为平整场地的工程量（m^2）；A、B 为建筑物的长度和宽度（m）。

（2）变压器油过滤工程量

$$T = t(1 + e) \tag{1-3}$$

式中，T 为过滤油的工程量（t）；t 为油量（t）；e 为损耗率（%）。

（3）矩形母线工程量

$$L = \sum(l + A) \tag{1-4}$$

式中，L 为矩形母线工程量（m）；l 为图纸量得的延长长度（m）；A 为预留长度（m）。

（4）屏柜槽钢基础工程量

$$L = 2n(A + B) \tag{1-5}$$

式中，L 为槽钢基础工程量（m）；n 为屏柜台数；A、B 为屏柜的宽度、厚度（m）。

（5）电缆安装工程量

$$L = \sum(A + B + C) \times (1 + 2.5\%) \tag{1-6}$$

式中，L 为电缆安装工程量（m）；A、B 为水平长度、垂直长度（m）；C 为预留长度（m）。

（6）电缆保护管工程量

$$L = l_1 + 4; \quad L = l_2 + 1; \quad L = l_3 + 2 \tag{1-7}$$

式中，L 为电缆保护管工程量（m）；l_1、l_2、l_3 为电缆穿路基、排水沟、垂直敷设时的路基宽度、沟壁外缘宽度、距地面高度（m）。

（7）接地母线、避雷线工程量

$$L = \sum(施工图量取的水平长度 + 垂直长度) \times (1 + 3.9\%) \tag{1-8}$$

式中，3.9% 为附加长度百分数。

（8）电气配管管内穿导线工程量

$$L = (配管长度 + 导线预留长度) \times 同截面导线根数 \tag{1-9}$$

（9）10kV 以下架空线路导线架设工程量

$$L = (线路总长度 + 预留长度) \times 导线根数 \tag{1-10}$$

1.5.4　计价规范

1. 《建设工程工程量清单计价规范》

2012 年年底在原 GB50500—2008《建设工程工程量清单计价规范》基础上，为规范建设工程施工发承包计价行为，统一建设工程工程量清单的编制和计价方法，根据《中华人民共和国建筑法》、《中华人民共和国合同法》、《中华人民共和国招标投标法》制定 GB 50500—2013。此规范适用于建设工程施工发承包计价活动：国有资金投资的建设工程施工发承包，必须采用；非国有资金投资的建设工程，宜采用；不采用的建设工程，应执行本规范除工程量清单等专门性规定外的其他规定。招标工程量清单、招标控制价、投标报价、工程价款结算等工程造价文件的编制与核对应由具有资格的工程造价专业人员承担。建设工程施工发承包计价活动应遵循客观、公正、公平的原则。建设工程施工发承包计价活动，除应遵守本规范外，尚应符合国家现行有关标准的规定。

2. GB 50500—2013 的主要内容

（1）一般规定

包括"计价方式"和"计价风险"

（2）招标工程量清单

1）概念　"招标工程量清单"应由具有编制能力的招标人或受其委托，具有相应资质的工程造价咨询人或招标代理人编制。招标工程量清单是工程量清单计价的基础，应作为编制招标控制价、投标报价、计算工程量、工程索赔等的依据之一，必须作为招标文件的组成部分，其准确性和完整性由招标人负责。它由"分部分项工程量清单"、"措施项目清单"、"其他项目清单"、"规费项目清单"、"税金项目清单"组成。

2）编制依据。

① 本规范和相关工程的国家计量规范。

② 国家或省级、行业建设主管部门颁发的计价依据和办法。

③ 建设工程设计文件。

④ 与建设工程有关的标准、规范、技术资料。

⑤ 拟定的招标文件。

⑥ 施工现场情况、工程特点及常规施工方案。

⑦ 其他相关资料。

3）分部分项工程量清单。应根据相关工程现行国家计量规范规定的项目编码、项目名称、项目特征、计量单位和工程量计算规则进行编制，应载明项目编码、项目名称、项目特征、计量单位和工程量。

4）措施项目清单。应根据相关工程现行国家计量规范的规定编制，并根据拟建工程的实际情况列项。

5）其他项目清单。应按照"暂列金额"、"暂估价"、"材料暂估单价"、"工程设备暂估单价"、"专业工程暂估价"、"计日工"及"总承包服务费"列项。

（3）招标控制价

国有资金投资的工程建设项目应实行工程量清单招标，招标人应编制"招标控制价"。招标控制价应由具有编制能力的招标人或受其委托具有相应资质的工程造价咨询人编制和复核，应在招标时公布，不应上调或下浮，招标人应将招标控制价及有关资料报送工程所在地工程造价管理机构备查。招标控制价超过批准的概算时，招标人应将其报原概算审批部门审核。投标人的投标报价高于招标控制价的，其投标应予以拒绝。

（4）投标价

投标价应由投标人或受其委托具有相应资质的工程造价咨询人编制。除本规范强制性规定外，投标人应依据招标文件及其招标工程量清单自主确定报价成本。投标报价不得低于工程成本。投标人应按招标工程量清单填报价格。项目编码、项目名称、项目特征、计量单位、工程量必须与招标工程量清单一致。投标人可根据工程实际情况结合施工组织设计，对招标人所列的措施项目进行增补。

（5）工程合同价款

实行招标的工程合同价款应在中标通知书发出之日起 30 日内，由发承包双方依据招标文件和中标人的投标文件在书面合同中约定。合同约定不得违背招、投标文件中关于工期、造价、质量等方面的实质性内容。招标文件与中标人投标文件不一致的地方，以投标文件为准。不实行招标的工程合同价款，在发、承包双方认可的工程价款基础上，由发承包双方在合同中约定。实行工程量清单计价的工程，应当采用单价合同。合同工期较短、建设规模较小，技术难度较低，且施工图设计已审查完备的建设工程可以采用总价合同；紧急抢险、救灾以及施工技术特别复杂的建设工程可以采用成本加酬金合同。

（6）工程计量

工程量应当按照相关工程的现行国家计量规范规定的工程量计算规则计算，可选择按月或按工程形象进度分段计量，具体计量周期在合同中约定。因承包人原因造成的超范围施工或返工的工程量，发包人不予计量。

（7）合同价款调整

发生（但不限于）以下事项，发、承包双方应当按照合同约定调整合同价款。

1）法律法规变化。

2）工程变更。

3）项目特征描述不符。

4）工程量清单缺项。

5）工程量偏差。

6）物价变化。

7）暂估价。

8）计日工。

9）现场签证。

10）不可抗力。

11）提前竣工（赶工补偿）。

12）误期赔偿。

13）施工索赔。

14）暂列金额。

15）发、承包双方约定的其他调整事项。

以及"价款结算与支付"、"工程计价资料与档案"、"工程计价表格"等内容。

实训　"电气工程一次图"读识、剖析、讨论。

练习

1）以读识的"电气工程一次图"为例，试叙述绘图、识图两个不同角度的做法要点及注意事项，

2）以上述工程为例，从"电气专业负责人"角度试述承接项目阶段应做的工作、"专业间互提条件"中"应接受"和"应提交"的条件清单。

3）试述上述工程的"施工图设计阶段"从前期直到后期、收尾及"技术交底"、"工地代表"、"竣工验收"的各环节，全质管理做法及注意事项。

4）针对上述工程，从设计、施工、监理、工程造价4个不同角度，说明其做法的要点及易忽略的地方。

实务课题 2 供配电系统的构成设备及成套

2.1 高压设备

2.1.1 高压一次设备的认识

1. 熔断器

（1）概述

熔断器是一种当所在电路的电流超过规定值一定时间后熔体熔化，而导致电流分断、电路断开的一种保护电器。熔断器的功能主要是对电路和设备进行短路保护，有的也具有过负荷保护功能。

高压熔断器全型号的表示和含义如下。

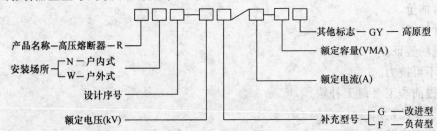

（2）典型产品

1）户内式。常用的有 RN1 及 RN2 系列高压熔断器，如图 2-1 所示。

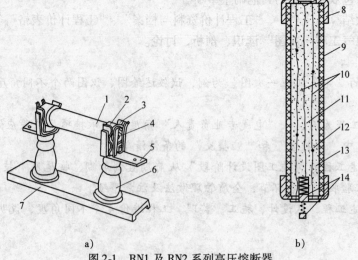

图 2-1 RN1 及 RN2 系列高压熔断器
a）外形 b）熔管剖面

1、9—瓷质熔管 2、8—金属管帽 3—弹性触座 4—熔断指示器 5—接线端子 6—瓷支柱绝缘子
7—底座 10—工作熔体（焊有锡球的熔丝） 11—指示熔体（铜丝） 12—锡球
13—石英砂填料 14—熔断指示器（虚线所示熔体熔断后弹出）

RN1 及 RN2 系列高压熔断器为密封管式，由底座、弹性触座及瓷质熔管组成。工作熔体的铜熔丝上焊有锡球，过电流发热锡球首先熔化，包围铜熔丝，冶金效应（铜、锡分子相互渗透形成熔点更低的铜锡合金）使熔断器在过负荷电流或较小的短路电流通过时也能熔断，提高了保护灵敏度。熔丝为多根并联，熔断时产生多起并行电弧，按"粗弧分细"原则加速灭弧。瓷质熔管内充填石英砂填料以提高灭弧能力，加快灭弧速度，在短路电流达到冲击值前熔断，切除电路，故属于"限流熔断器"。工作熔体熔断后，红色的熔断指示器弹出，给出"熔断"信号。

RN1 用于高压线路和设备的短路及过负荷保护，额定电流大，结构尺寸较大。RN2 用于高压电压互感器一次侧的短路保护，额定电流一般为 0.5A，故尺寸、结构较小。

2）户外式。户外用跌开式，又称为跌落式熔断器。它主要是对配电变压器或电力线路短路和过载进行保护。RW4 - 10（G）为一般型，其结构如图 2-2 所示。

它主要由上动/静触头、下动/静触头、绝缘子、固定安装板及由纤维材料制成的熔管组成。短路时熔体熔断，电弧灼烧消弧熔管而产生气体，沿管道纵向吹弧。而熔体熔断后熔管锁紧机构失去张力，因自重回转下翻跌开，形成明显可见的断开间隙，兼起隔离开关作用。安装时也须注意管轴线与铅垂线的倾角，能保证熔体熔断时，熔管在自重下能顺利向下翻跌。无荷、极低载情况下可直接用绝缘钩棒（令克棒）操作熔管分合。

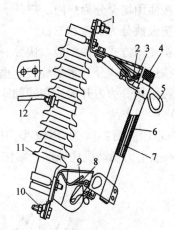

图 2-2　RW4 - 10（G）型跌落式熔断器
1—上接线端子　2—上静触头　3—上动触头
4—管帽（带薄膜）　5—操作杆　6—熔管
（外层为酚醛纸或环氧玻璃丝管，内套纤维消弧熔管）
7—铜熔丝　8—下动触头　9—下静触头
10—下接线端子　11—瓷绝缘子　12—固定安装板

RW4 - 10(F) 是在上静触头加装简单灭弧装置和弧触头，使其能带载操作。

由于其灭弧能力不强，灭弧速度不快，电弧持续时间较长，延续到短路电流达到冲击值，即最大值后，才能熄弧，故为"不限流式"。

2. 隔离开关

（1）概述

隔离开关本身无灭弧装置，严禁带负荷切断电路。它常与断路器配合使用，先断开断路器，才能分断此开关；合闸时反之。

1）用途。

① 设备检修时，形成明显的分断隔离。

② 作空载时设备线路的切换、倒闸操作。

③ 直接控制小电源设备（如励磁电流不超过 2A 的空载变压器、电容电流不超过 5A 的空载线路以及电压互感器和避雷器电路等）。

2）全型号形式。高压隔离开关全型号的表示和含义如下。

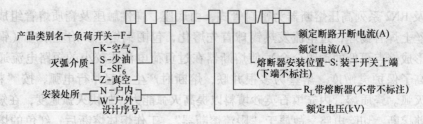

产品类别名—负荷开关—F

灭弧介质 K-空气 S-少油 L-SF₆ Z-真空

安装处所 N-户内 W-户外

设计序号

额定断路开断电流(A)

额定电流(A)

熔断器安装位置-S: 装于开关上端（下端不标注）

R₁带熔断器(不带不标注)

额定电压(kV)

3) 分类。

① 按使用场合分为户内、户外。

② 按极数分为单极和三极。

③ 按使用方式分为一般、快分、变压器中性点接地用。

④ 按运动形式分为水平旋转、垂直旋转、摆动、插入。

⑤ 按结构分为刀开关式和转动式。

（2）典型产品

1）GN19。图 2-3a 为 GN19 型户内式高压隔离开关外形、结构，图 2-3b 为 GN19 通常采用的 CS6 型手力操动机构外形、结构。

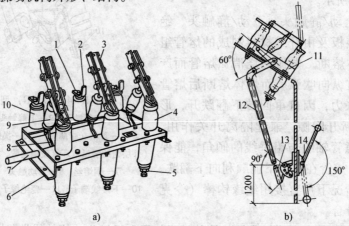

图 2-3　GN19 及 CS6 外形结构图

a）GN19　b）CS6

1—上接线端子　2—静触头　3—闸刀　4—套管绝缘子　5—下接线端子　6—框架

7—转轴　8—拐臂头　9—升降绝缘子　10—支柱绝缘子　11—GN19 型隔离开关

12—焊接钢管（加长用）　13—调节杆（调长度用）　14—CS6 型手力操动机构

2）GW4。图 2-4 为 35kV 户外式高压隔离开关 GW4-35 的外形结构图。

3. 负荷开关

（1）概述

1）特点。它是介于隔离开关与断路器之间，结构较简单的开关设备。它具有简单的灭弧装置，能通断一定的负荷电流和过负荷电流，但不能断开短路电流。它断开后，与隔离开关一样，具有显而易见的断开间隙，因此它也具有隔离电源、保证安全检修的功能。与高压熔断器串联使用，可借助熔断器来切除短路故障，以取代断路器，从而降低设备投资和运行费用。它多配以手动操动机构（如 CS-2、CS6-1）及电动操动机构（如 CJ 系列）来操作，广泛应用于城网改造和农网建设。它按结构可分为产气式（固体产气）、压气式、真空式及 SF₆ 式。

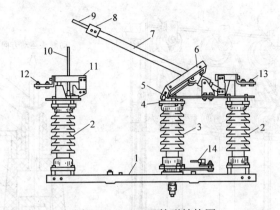

图 2-4 GW4-35 外形结构图

1—角钢架 2—支柱绝缘子 3—旋转绝缘子 4—曲柄 5—套轴
6—传动框架 7—管形闸刀 8—工作动触头 9，10—灭弧角条
11—插座（静触头） 12，13—接线端子 14—曲柄传动机构

2）全型号形式。负荷开关全型号的表示和含义如下。

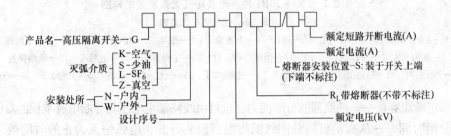

（2）典型产品

图 2-5 为 FN3－10RT 的外形及压气灭弧装置结构图，图 2-5a 上部为形似隔离开关的负荷开关本身，而其上绝缘子实质为兼压气式灭弧装置。图 2-5b 为此灭弧装置剖面，绝缘子不仅起支固作用，其内部为气缸，内有由操动机构主轴传动的功能类似打气筒的活塞。由于分闸时主轴转动带动活塞，压缩气缸内的空气从喷嘴往外吹弧，断路弹簧使电弧迅速拉长，加之电磁吹弧，电弧迅速熄灭。

4. 断路器

（1）概述

1）技术参数。高压断路器有极为完善的灭弧装置，不仅能够通断正常的负荷电流，而且能够承受一定时间的短路电流，并能在继电保护装置的作用下实现自动跳闸，切除短路故障，以保护系统和设备的重要开关电器。它的主要技术参数如下。

① 额定电压——保证长期工作的最高线电压。

② 额定电流——容许持续工作的电流。

③ 极限通过电流——能承受电动力效应而不致损坏的最大短路冲击电流，常以有效值或峰值表示。

④ 热稳定电流——规定时间内，所能承受的不致因热效应使各部分超出最高允许温度的电流。

⑤ 额定断路电流——额定电压下能正常开断的最大电流。

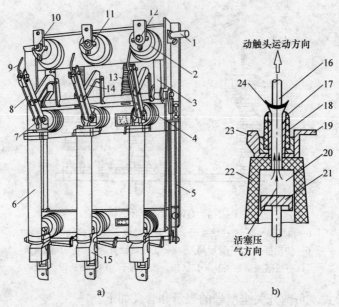

图 2-5　FN3－10RT 的外形及压气灭弧装置结构图

a）外形　b）压气式灭弧装置

1—主轴　2—上绝缘子兼气缸　3—连杆　4—下绝缘子　5—框架　6—RN1 高压熔断器　7—下触座
8—闸刀　9、16—弧动触头　10、17—绝缘喷嘴　11、23—主静触头　12—上触座　13—断路弹簧
14—绝缘拉杆　15—热脱扣器　18—弧静触头　19—接线端子　20—气缸　21—活塞　22—上绝缘子　24—电弧

⑥ 额定断流容量——断路器的分断能力，也可由线路额定电压与分断电流乘积的 $\sqrt{3}$ 倍算得。

⑦ 分闸时间——从操动机构分闸线圈得电到触头分开、电弧熄灭为止的时间段。

⑧ 合闸时间——自发出合闸指令起，到触头完全接触的时间段。

2）全型号形式。高压断路器全型号的表示和含义如下。

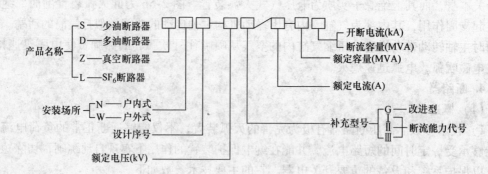

3）分类。

① 按使用地点分为户内式与户外式。

② 按灭弧介质分：

a. 油断路器——油一方面作为灭弧介质，另一方面又作为相对地（外壳），甚至作为相与相之间的绝缘介质。油断路器按其油量多少和油的功能，又分多油和少油两大类。多油断路器的油量多，变配电少油化方针已将其淘汰。少油断路器的油量很少（一般只有几千克），其油仅作为灭弧介质。

b. SF$_6$ 断路器——它以 SF$_6$ 气体作灭弧和绝缘介质。SF$_6$ 是无色、无味、无毒且不易燃烧的惰性气体。150℃ 以下化学性能稳定，分子结构中不含碳元素，对灭弧和绝缘均极优。又由于其结构中不含氧元素，也不存在触头氧化。它还具有优良的电绝缘性，电流过零时电弧暂熄后，SF$_6$ 能迅速恢复绝缘强度，达到快速灭弧。但电弧高温会使 SF$_6$ 分解出强腐蚀、有毒的 F$_2$，它能与触头金属蒸气化合成粉状绝缘的氟化物，故此断路器触头均设计成具有自动净化的功能。它一般采用弹簧、液压操动机构。

其优点为：断流能力强，灭弧速度快，不易燃，电寿命长，可频繁操作，可靠性高，免维护周期长。但因其加工精度高，密封性要求严，故价格较高。SF$_6$ 断路器主要用于极频繁操作，且易燃、易爆危险的场合，广泛应用于密封式组合电器中。

按其灭弧机构原理，SF$_6$ 断路器又分为 3 种类型。

- 压气式——开断电流大，但操作功耗大。
- 自能吹弧式——又分为旋弧式和热膨胀式，它开断电流较小，操作功耗也小。
- 混合式——以两种或三种原理混合灭弧，开断能力大，操作功耗也小。

c. 真空断路器——以真空灭弧室为结构主体。一方面真空中不存在游离气体，电弧难产生；另一方面过速灭弧瞬间的截流又会使感性电路产生极高过电压，所以实际的"真空"采用 10^{-10} ~ 10^{-4} Pa 的低气压，以使灭弧速度适当。真空灭弧室由动静触头、屏蔽罩、波纹管、陶瓷或玻璃制作的中间封接式外壳组成。触头采用铜铬材料，结构采用杯状纵磁场，使其磨损小、寿命长、耐压高、绝缘性能稳定。同时其弹簧操动机构和真空灭弧室前后布置成统一整体，减少中间传动环节，使其操作性能与电气性能高度配合，从而降低能耗和噪声，综合形成以下特点。

- 熄弧能力强，第一次电压过零熄弧、燃弧及全分断时间均短。
- 触头电侵蚀小，电寿命长，不受外界有害气体侵蚀。
- 触头开断小，操作功耗低，机械寿命长。
- 体积小、质量小，结构简单，维修量小，真空室及触头无需维修。
- 电弧在密闭容器内开断，其生成物不污染环境，无易燃易爆物产生，操作及火灾危险低，也无严重噪声。
- 相对价廉，但存在截流和截流产生的截流过电压现象。
- 使用于频繁操作的快速切断，特别是电容性负载电路的分断。

4）操动机构。高压断路器的操动机构用以操作断路器的分闸与合闸，并使其合闸后保持在合闸状态。它一般由合闸机构、分闸机构和保持合闸机构 3 部分组成，其辅助开关还可实现联锁。操动机构的结构有如下 3 种。

① 弹簧式。弹簧操动机构是以弹簧为储能元件的机械式操动机构。弹簧借助于电动机，通过减速装置实现储能，并通过锁扣装置保持在储能状态。开断时，借助磁力脱扣，弹簧释放储能，经机械传递驱使触头动作。储能弹簧有压缩、盘曲、卷曲和扭曲 4 种。弹簧式对操作电源要求低，既可以是交流、也可以是直流，故应用广泛。图 2-6 为 CT8 型弹簧操动机构的结构简图。

② 电磁式。电磁操动机构是以合闸线圈产生电磁力实现合闸的直接作用机构。结构简单，运行可靠，但合闸线圈所需电流大（从几十到几百安），耗功显著。它能手动或远操，便于自动化，但需大容量直流操作电源。图 2-7 为 CD10 型电磁式操动机构的结构简图。

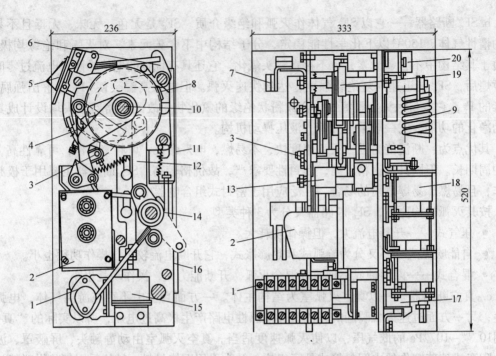

图 2-6　CT8 型弹簧操动机构的结构简图

1—辅助开关　2—储能电动机　3—半轴　4—驱动棘爪　5—按钮　6—定位杆
7—接线端子　8—保持棘爪　9—合闸弹簧　10—储能轴　11—合闸联锁板
12—合闸四连杆　13—分合指示牌　14—输出轴　15—角钢　16—合闸电磁铁
17—失电压脱扣器　18—瞬时过电流脱扣器及分闸电磁铁　19—储能指示灯　20—行程开关

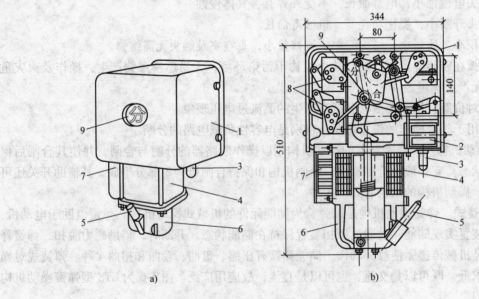

图 2-7　CD10 型电磁式操动机构的结构简图

a）外形　b）剖面图

1—外壳　2—跳闸线圈　3—手动跳闸按钮（跳闸铁心）　4—合闸线圈
5—合闸操作手柄　6—缓冲底座　7—接线端子排　8—辅助开关　9—分合指示

③ 永磁式。永磁操动机构将电磁铁与永久磁铁结合，永久磁铁代替传统锁扣机构，实现极限位置的保持。分合闸线圈提供操作所需能量。零部件总数大为减少，机构整体可靠性则大为提升。它需直流操作电源，由于其功耗很小，对操作电源要求不高。

5）隔离推车机构。断路器断开后并没有明显的断开间隙，因此为保证电气设备的安全检修，通常在断路器的前、后两端接入隔离开关。在现代成套电气设备中，将断路器做成隔离推车机构，以推车的推入与推出替代前、后两组隔离开关的接通和断开。隔离推车分如下两种。

① 小车——体积大，车轮落地。

② 手车——体积小，为中置式，图 2-8 为手车及配套运载车的结构简图。

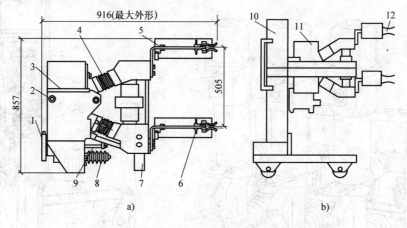

图 2-8　手车及配套运载车的结构简图

a）手车（真空断路器小车）　　b）配套运载车（断路器小车在其上）

1—固定部分　2—滚轮　3—接地体　4—真空断路器　5—上隔离动触头　6—下隔离动触头
7—支架　8—氧化锌避雷器　9—推进杆　10—运载车　11—手车　12—隔离静触头

（2）典型产品

1）SN10 - 10。这种产品为我国统一设计、应用最广的户内少油断路器，按断流容量分为 3 类：Ⅰ—300MV·A；Ⅱ—500MV·A；Ⅲ—750MV·A。图 2-9 为 SN10 - 10 的外形和内部结构图。

它由框架、传动机构和油箱 3 部分为主组成，油箱为核心部分。油箱下部为高强度铸铁制的基座，内装操作断路器动触头（导电杆）的转轴和拐臂等传动机构。油箱中部为灭弧室，外面套高强绝缘筒。油箱上部为铝帽，铝帽内的上部是油气分离室，下部装有 3 ~ 4 片弧触片的插座式静触头。断路器合闸时，导电杆插入静触头，先接触弧触片。故断路器分、合闸时，电弧总在导电杆端部与弧触片间产生。灭弧室上部靠弧触片侧嵌吸弧铁片，利用铁磁吸弧原理确保电弧偏向弧触片，从而不致烧毁静触头中主要的工作触片。弧触片和导电杆端部的弧触片，均采用耐弧铜钨合金制成。断路器的灭弧依赖灭弧室，油箱上部设有油气分离室，使灭弧过程中产生的油气混合物旋转分离，气体从油箱顶部排气孔排出，油则附着于油箱内壁回流灭弧室。

断路器合闸时的导电回路：上接线端子→静触头→动触头（导电杆）→中间滚动触头→下接线端子。

当断路器分闸时，动触头（导电杆）向下运动。当导电杆离开静触头时，产生电弧，油气分离，产生气泡，导致静触头周围油压骤增，迫使逆止阀（钢珠）向上堵住中心孔。此时电弧在近乎封闭的空间燃烧，从而使灭弧室油压迅速增大。当导电杆继续向下运动，相继打开一、二、三道灭弧沟及下面的油囊时，油气流强烈地横、纵向吹电弧。同时由于导电杆向下运动，在灭弧室形成附加油流射向电弧。气吹加油吹综合作用，使电弧熄灭。且断路器分闸时导电杆向下运动，导电杆端部的弧根部总与新鲜的冷油接触，进一步改善灭弧效果，故此断路器具有较大的断流容量。

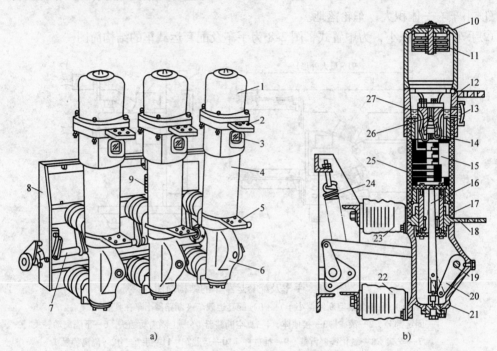

图 2-9　SN10－10 的外形和内部结构图

a) 外形　b) 某相油箱剖面

1、10—铝帽　2、12—上接线端子　3、13—油标　4、25—绝缘筒　5、18—下接线端子　6、21—基座
7—主轴　8—框架　9、24—断路弹簧　11—油气分离室　14—插座式静触头　15—灭弧室
16—动触头（导电杆）　17—中间滚动触头　19—转轴　20—拐臂　22—下支柱绝缘子
23—上支柱绝缘子　26—逆止阀　27—绝缘油

2）LN2－10。它是利用 SF$_6$ 气体作灭弧及触头断开间隙间绝缘介质的六氟化硫断路器的广泛运用型。SF$_6$ 断路器按灭弧方式有单压和双压两种气压系统，LN2－10 属单压式，图 2-10 为 LN2－10 的外形和灭弧室工作示意图。图 2-10b 为灭弧室工作示意图：断路器分闸时，装有动触头和绝缘喷嘴的气缸由断路器操动机构通过连杆带动，离开静触头，形成气缸与活塞的相对运动，压缩 SF$_6$，使之通过喷嘴吹弧，从而使电弧迅速熄灭。

3）ZN12。图 2-11 为 ZN12－12 户内式真空断路器及其真空灭弧室结构示意图。图 2-11b 中真空灭弧室中部的一对圆盘状触头刚分离时，由于高电场发射和热电发射在触头间产生的真空电弧，在电流过零时会暂熄。触头周围的金属离子迅速扩散，以致在电流过零后数微秒的极短时间内，触头间又恢复原有高真空度，因此电流过零后虽很快又恢复高电压，触头间隙也不会再次击穿，即真空电弧在电流第一次过零时就完全熄灭。

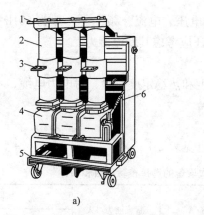
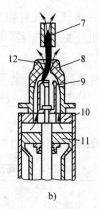

图 2-10　LN2-10 的外形和断路器灭弧室工作示意图

a）外形　b）断路器灭弧室工作示意图

1—上接线端子　2—绝缘筒（内为气缸及触头灭弧系统）　3—下接线端子　4—操动机构箱

5—小车　6—断路弹簧　7—静触头　8—绝缘喷嘴　9—动触头

10—气缸（连同动触头由操动机构传动）　11—压气活塞　12—电弧

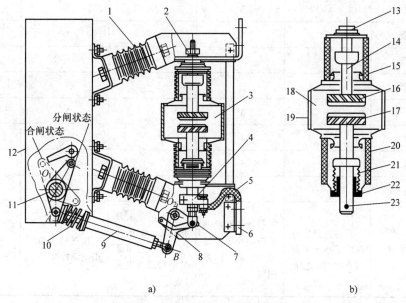

图 2-11　ZN12-12 及其真空灭弧室结构示意图

a）整体结构　b）真空灭弧室结构

1—绝缘子　2—上出线端　3、18—真空灭弧室　4—出线导电夹　5—出线软连接　6—下出线端

7—万向杆端轴承　8—转向杠杆　9—绝缘拉杆　10—触头压力弹簧　11—主轴　12—操动机构箱

13—导电盘　14—导电杆　15、20—陶瓷外壳　16—静触头　17—动触头　19—屏蔽罩

21—金属波纹管　22—导向管　23—触头磨损指示标

2.1.2　高压一次设备的选择与校验

1. 正常条件

① 环境——电气装置所处的室内或室外位置、环境温度、海拔以及防尘、防腐、防火、防爆等要求。

② 电气指标——电气装置对设备的电压、电流、频率（一般为50Hz）等方面的要求，对一些断流电器（如开关、熔断器等）还应考虑其断流能力。

2. 异常条件

按最大可能的短路故障时的动稳定度和热稳定度校验，对电力电缆，不必进行动稳定度的校验。

3. 项目和条件

高压一次设备的选择校验项目和条件见表2-1。

表2-1 高压一次设备的选择校验项目和条件[①]

电气设备名称	电压/kV	电流/A	断流能力/kA	短路电流校验	
				动稳定度	热稳定度
高压熔断器	√	√	√	—	—
高压隔离开关	√	√	—	√	√
高压负荷开关	√	√	√	√	√
高压断路器	√	√	√	√	√
电流互感器	√	√	—	√	√
电压互感器	√	—	—	—	—
高压电容器	√	—	—	—	—
母线	—	√	—	√	√
电缆	√	√	—	—	√
支柱瓷绝缘子	√	—	—	√	—
套管瓷绝缘子	√	√	—	√	√
选择校验的条件	设备的额定电压应不小于装置地点的额定电压	设备的额定电流应不小于通过设备的计算电流[②]	设备的最大开断电流（或功率）应不小于它可能开断的最大电流（或功率）[③]	按三相短路冲击电流校验	按三相短路稳态电流校验

① 表中"√"为必须校验，"—"为不需校验。

② 选择变电所高压侧的设备和导体时，其计算电流应取主变压器高压侧额定电流。

③ 高压负荷开关：其最大开断电流应不小于它可能开断的最大过负荷电流；高压断路器：其最大开断电流应不小于实际开断时间（继电保护实际动作时间加上断路器固有分闸时间）的短路电流周期分量；熔断器：断流能力的校验条件与熔断器的类型有关。

4. 选用实例

例2-1 已知某10kV高压进线的计算电流为500A，10kV母线的三相短路电流周期分量有效值 $I_k^{(3)} = 6.0\text{kA}$，继电保护动作时间为1.2s，请选择其进线侧高压户内真空断路器的型号规格。

解：根据 $I_{30} = 500\text{A}$ 和 $U_N = 10\text{kV}$，查表有 ZN3 – 10 – I/630 及 ZN5 – 10/630 型两种高压真空断路器适用。又按题所给条件 $I_k^{(3)} = 6.0\text{kA}$ 和 $t_{op} = 1.2\text{s}$ 进行校验，其校验结果见表2-2。

表 2-2　例 2-1 中高压断路器的选择校验结果

序　号	安装地点的电气条件		ZN3-10-I/630 及 ZN5-10/630 型断路器		
	项　目	数　据	项　目	数　据	结　论
1	U_N	10kV	$U_{N \cdot QF}$	10kV	合格
2	I_{30}	500A	$I_{N \cdot QF}$	630A	合格
3	$I_k^{(3)}$	6.0kA	I_{oc}	20kA	合格
4	$i_{sh}^{(3)}$	$2.55 \times 6.0kA = 15.3kA$	i_{max}	20/50 kA	合格
5	$I_\infty^{(3)2} t_{ima}$	$6.0^2 \times (1.2 + 0.15) = 48.6$	$I_t^2 t$	$20^2 \times 4 = 1600$　$20^2 \times 2 = 800$	合格

两断路器数据均合格，但后者 I_{oc} 为前者的 2.5 倍，从价格看，应选前者，即 ZN3-10-I/630 型。

2.2　变压设备

2.2.1　电力变压器的认识

1. 油浸变压器

（1）概述

油浸变压器依靠变压器油循环散热，有多种冷却方式，必要时可过负荷运行，电力系统和工业变电所常用。

（2）主要结构

图 2-12 为一般小型油浸变压器的结构示意图，图 2-12a 为其外形，图 2-12b 为其剖面。

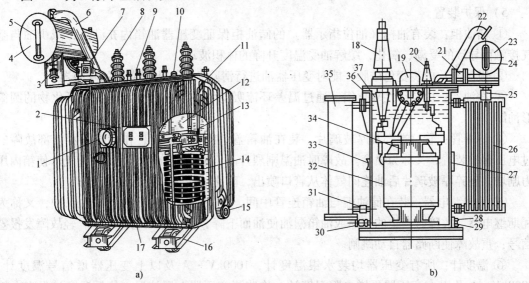

图 2-12　油浸变压器的结构示意图
a）外形　b）剖面

1—信号温度计　2、26—散热器　3—吸湿器　4、23—储油柜　5、24—油位指示器（油标）　6、22—防爆管
7、21—气体继电器　8、18—高压出线套管　9、20—低压出线套管　10、19—分接开关　11、36—油箱
12、37—变压器油　13、34—铁心　14、32—绕组　15、30—放油阀　16—底座（小车）　17、28—接地螺栓
25—呼吸器　27—铭牌　29—油样阀门　31—蝶阀　33—信号温度计　35—净油器

1）铁心。铁心有心式（也称内铁式）和壳式，多用心式。为消除强电场中的铁心及金属构件对变压器油的电位差，需将其可靠接地。多点接地形成的回路会使铁心发热，损伤绝缘体，故必须单点接地。

2）绕组。绝缘的铜或铝线材绕制的绕组，多为同心布局：低压绕组靠近铁心，高压绕组包在低压绕组外，铁心和低、高压绕组彼此间留有绝缘间隙及散热通道。

3）油箱与冷却装置。

油箱：变压器器身浸在油箱里的变压器油中，此油既是绝缘介质，也是冷却介质。变压器油受热形成对流，将铁心和绕组中的热量带到冷却装置冷却。

冷却装置的变压器油有3种循环方式。

① 自然循环——依靠油温差形成的温高油升、温低油沉的不需外力的循环，小型变压器多用此。

② 强制循环——油道中以潜油泵加速油流动形成的循环，中型变压器多用此。

③ 强制导向循环——增加油流导向装置的强制循环，大型变压器多用此。

冷却装置有3种冷却方式。

① 自然风冷——依靠片式或扁管式散热器，借助自然空气对流的冷却，小型变压器多用此。

② 强制风冷——借助自控或非自控的风扇，形成强制空气对流的冷却，中型变压器多用此。

③ 强制水冷——以水作为冷却介质的强制油循环冷却，大型变压器多用此。

4）出线套管。将绕组的高、低压出线引出箱外的绝缘装置，有瓷式、充油式和电容式，小型变压器多用瓷式。

5）保护装置。

① 储油柜：装有油标（油位指示器）的储油柜保证变压器油箱内充满油，减少油与空气接触而导致的受潮、氧化，缓解油受温度升降的体积波动。

② 吸湿器：内装变色硅胶，能对变压器油进行清除杂质、干燥潮气的呼吸器。

③ 净油器：内装活性氧化铝，通过温差环流吸滤油中水分、渣滓、酸和氧化物的圆筒形油罐。

④ 防爆管：管口端部装厚玻璃片，装在油箱盖上的钢质圆管，作为变压器内部故障的过电压保护装置，又称为喷嘴。故障时油温剧烈升高，油剧烈分解产生的大量气体使箱内压力剧增，破碎厚玻璃片后油连同气体从管口喷出，防止油箱爆炸、起火、变形。

⑤ 气体继电器：装在储油柜与油箱连管中间，作为变压器内部故障的主保护，又称为瓦斯继电器。故障时产生的气体或油箱漏油使油面下降，使气体继电器动作。轻故障发报警信号；重故障使断路器自动跳闸。

⑥ 温度计：所有变压器均装水银温度计，1000kV·A及以上变压器增信号温度计，8000kV·A及以上变压器再增电阻温度计，均监测变压器上层油温。信号温度计设有电接点，油温达预定值时发出信号或起动冷却风扇。

⑦ 油度计：装在储油柜上标有 -30℃、20℃、40℃油面标志，指示相应油温的正常油面的油表，又称为油标。

6）分接开关：装在变压器高压绕组上，以小幅度改变其绕组匝数，从而改变变压器的电压比，用以微调电压的调压开关，俗称"分接头"。一般变压器均装无励磁调压分接头，仅需要带载调压的特殊变压器才装有载调压分接头。

2. 干式变压器

（1）概述

干式变压器的高、低压绕组均采用铜导材、全缠绕、玻璃纤维增强、薄绝缘层、环氧树脂真空浸渍浇注，故无爆炸、火灾危险，民用建筑，尤其在10kV电压等级广为采用。图2-13为干式变压器的结构示意图。

（2）特点

1）控温。200kV·A可自然风冷外，其余均需温控轴流风机散热，以适应其弱的散热能力。

2）抑噪。无油介质对噪声减缓，应在安装工艺及设施上采取抑噪措施，以适应低噪的使用场所。

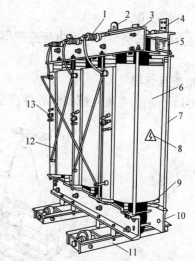

图2-13 干式变压器的结构示意图

1—高压出线管 2—吊环 3—上夹件 4—低压出线端子
5—铭牌 6—环氧树脂绝缘绕组（内为低压，外为高压）
7—上、下夹件拉杆 8—警示标牌（"高压危险"）
9—推进杆 10—下夹件 11—底座（小车）
12—高压绕组相间连接杆 13—高压分接头及连接片

2.2.2 电力互感器的认识

互感器作为测量、获取信号的仪用变压器分为两大类。

1. 电压互感器

图2-14所示为电压互感器代表性产品结构示意图。

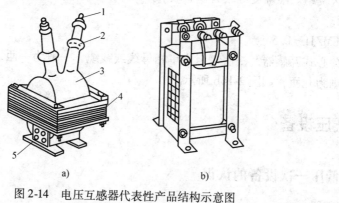

图2-14 电压互感器代表性产品结构示意图

a）JDZJ-10 b）JDG6-0.5

1——次接线端子 2—高压绝缘端子 3——、二次绕组 4—铁心 5—二次接线端子

（1）JDZJ-10

它是单相双绕组环氧树脂浇注的户内型电压互感器，适用于10kV及以下电压的线路，供测量电压、电能、功率和继电保护、自动控制。准确度等级有0.5级、1级、3级，可用三台接成三相置于三相线路中，如图2-14a所示。

（2）JDG6-0.5

它也为单相双绕组户内型电压互感器，其准确度等级同上，绝缘水平为0.5kV，如图2-14b所示。

2. 电流互感器

图2-15所示为电流互感器代表性产品结构示意图。

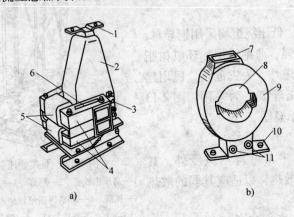

图2-15 电流互感器代表性产品结构示意图

a）LQJ-10 b）LMZJ1-0.5

1——次接线端子 2——次绕组（环氧树脂浇注） 3、11—二次接线端子 4—铁心

5—二次绕组 6—警示牌（"二次侧不得开路"） 7—铭牌 8——次母线穿线孔

9—铁心、外绕二次绕组（环氧树脂浇注） 10—底座（安装孔）

（1）LQJ-10

单相环氧树脂浇注的户内型电流互感器，适用于10kV及以下电压的线路，有两个铁心和两个二次绕组。准确度等级有0.5级和3级，0.5级用于测量，3级用于继电保护，如图2-15a所示。

（2）LMZJ1-0.5

它为穿心式互感器，一次绕组为单相母线或线缆，一般为一匝，单相可绕线缆，绕几圈一次绕组则为几匝，如图2-14b所示。

2.3 低压设备

2.3.1 低压一次设备的认识

1. 熔断器

几种常用的低压熔断器如下。

（1）RM10型

图2-16为RM10型无填料密封管式低压熔断器产品结构示意图，图2-16a为熔管，图2-16b为熔片。RM10由纤维熔管、变截面锌熔片和触头底座组成。熔片之所以为变截面，在于改善其保护特性：短路故障时，短路电流首先使熔片阻值较大的窄部熔化，形成几段串联短弧，中间各段熔片跌落，迅速拉长电弧，使之熄灭；过负荷故障时，电流加热时间长，熔

片宽窄变化的斜部较散热较好的窄部先熔断。熔片熔断时，纤维熔管内壁有极少数纤维被电弧灼烧分解，产生高压气体，压迫电弧，加强电弧中离子的复合，从而加速灭弧。但灭弧能力较差，不能在短路电流达到冲击值前（0.01s）完全灭弧，故此类熔断器属"非限流"熔断器。

图 2-16　RM10 型熔断器产品结构示意图

a）熔管　b）熔片

1—铜管帽　2—管夹　3—纤维熔质熔管　4—刀形触头　5—变截面锌熔片

（2）RTO 型

图 2-17 为 RTO 型有填料密封管式低压熔断器产品结构示意图，图 2-17a 为熔体，图 2-17b 为熔管、图 2-17c 为熔断器、图 2-17d 为操作手柄，RTO 主要由瓷熔管、栅状铜熔体和触头底座组成。栅状铜熔体引燃栅的等电位作用使熔体在短路电流通过时形成多根并列的电弧。而熔体的变截面小孔使熔体在短路电流通过时又将每根长电弧分割成多段短弧。加之所有电弧均在石英砂填料中燃烧，电弧中正负离子强烈复合，故 RTO 灭弧能力强，具有"限流"作用。此外栅状铜熔体中段弯曲处点有焊锡（称为"锡桥"）的"冶金效应"，实现对较小短路、过负荷电流的保护。熔体熔断后，红色熔断指示器从一端弹出，便于运行检视。

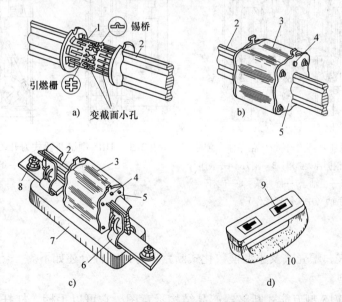

图 2-17　RTO 型熔断器产品结构示意图

a）熔体　b）熔管　c）熔断器　d）操作手柄

1—栅状铜熔体　2—刀形触头　3—瓷熔管　4—熔断指示器　5—端面盖板

6—弹性熔座　7—瓷底座　8—接线端子　9—扣眼　10—绝缘拉手手柄

（3）RZ1 型

图 2-18 为 RZ1 型自复式低压熔断器产品结构示意图，它以金属钠为熔体。金属钠常温时电阻率低，顺畅通过正常电流；短路时它受热迅速汽化，电阻率变得很高，限制短路电流。金属钠汽化时熔断器一端的活塞将压缩氩气迅速后退，降低钠汽化压力，免熔管爆破。限流动作完成后，钠蒸气冷却，恢复为固态钠，活塞在压缩氩气作用下将金属钠推回原位，恢复正常工作。这种自复式弥补了一般熔断器动作后必更换熔体费力耗时的缺点。

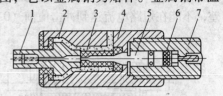

图 2-18　RZ1 型熔断器产品结构示意图
1、7—接线端子　2—云母玻璃　3—氧化铍熔管
4—不锈钢外壳　5—钠熔体　6—氩气

2. 刀开关

常用的低压刀开关如下。

（1）HD13 型

图 2-19 为 HD13 型低压隔离刀开关产品结构示意图，它常用于不经常操作的电路，不带灭弧罩可空载、低载操作；带灭弧罩则可带载操作。

（2）HR5 型

图 2-20 为 HR5 型熔断器式刀开关产品结构示意图，它以 RTO 型熔断器替代闸刀，兼有刀开关及熔断器的双重功能，可带载操作，利于简化配电装置，常简称为"刀熔开关"。

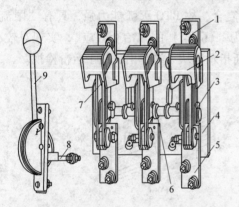

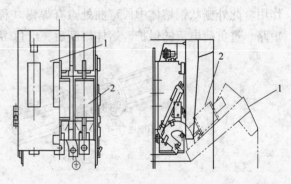

图 2-19　HD13 型低压隔离刀开关产品结构示意图
1—上接线端子　2—钢栅片灭弧罩　3—闸刀　4—底座
5—下接线端子　6—主轴　7—静触头　8—连杆
9—操作手柄（中央杠杆操作）

图 2-20　HR5 型熔断器式刀开关产品结构示意图
1—面板兼手柄　2—熔断体

3. 断路器

常用的万能式、塑壳式及小型模数化式断路器各列一种分述如下。

（1）DW15 型

图 2-21 为 DW15 型万能式断路器产品结构示意图，它可以手柄、杠杆手动，还可以电磁铁、电动机电动操作。

（2）ME 型

图 2-22 为 ME 型万能式断路器产品外形图，它自德国 AEG 公司引进，国产化为 DW17。其结构、原理类同于 DW15，电气性能指标更高，为 DW15 的替代产品。

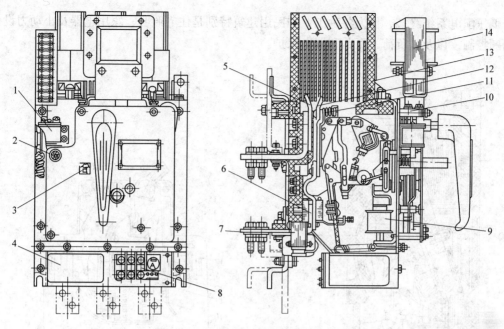

图 2-21　DW15 型万能断路器结构示意图

1—分励脱扣器　2—手动断开按钮　3—分合指示　4—阻容延时脱扣器　5—静触头　6—快速电磁铁
7—速饱和电流互感器或电流电压变换器　8—热式或半导体式脱扣器　9—欠电压脱扣器
10—操作机构　11—弹簧　12—动触头　13—灭弧罩　14—电磁铁

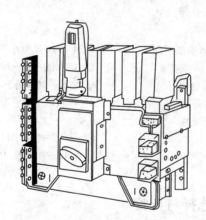

图 2-22　ME 型万能断路器产品外形图

（3）DZ20 型

图 2-23 为 DZ20 型塑壳式断路器产品结构剖面图，它因其全部机构及导电部分均装入一个塑料外壳内而得名。又因其多装设在低压配电装置内，故又称为"装置式断路器"。它多为手柄扳动式，非选择保护型，用于低压分支电路。

（4）C65N 型

图 2-24 为 C65N 型小型模块式断路器产品结构剖面图，它是自法国 MERLIN GERIN（梅兰日兰）公司引进后的国产化产品 C45N 的替代型。系列产品宽度尺寸均为 9mm（Multi 9）的倍数，故为"模块式"断路器。它由操作机构、热脱扣器、电磁脱扣器、触头系统和灭弧室等组成，有的还备有剩余电流脱扣器、分励脱扣器、失电压脱扣器和报警触头。它广泛

用于低压配电系统终端，作为各种工业和民用建筑特别是住宅照明、家用电器及小动力设备的通断控制，以及过负荷、短路和漏电保护。

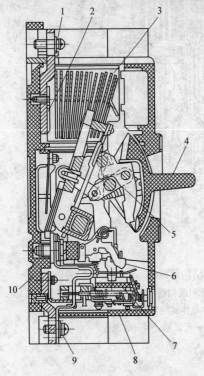

图 2-23　DZ20 型断路器产品结构剖面图
1—引入线接线端　2—主触头　3—灭弧室
4—操作手柄　5—跳钩　6—锁扣
7—过电流脱扣器　8—塑料外壳
9—引出线接线端　10—塑料底座

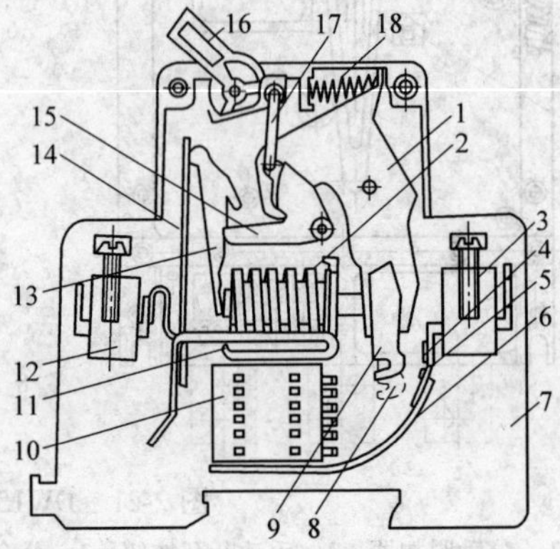

图 2-24　C65N 型小型模块式断路器产品结构剖面图
1—动触头杆　2—瞬动电磁铁（电磁脱扣器）
3、12—接线端子　4—主静触头　5—中静触头
6、11—弧角　7—塑料外壳　8—中线动触头
9—主动触头　10—灭弧室（灭弧栅片）
13—锁扣　14—双金属片（热脱扣器）
15—脱扣杆　16—操作手柄　17—连接杆
18—断路弹簧

2.3.2　低压一次设备的选择与校验

1. 选择

选择的一般条件如下。

1）额定电压应与所在回路标称电压相适应。

2）额定电流不应小于所在回路的计算电流。

3）额定频率应与所在回路的频率相适应。

4）应适应所在场所的环境条件。

5）应满足短路条件下动稳定与热稳定的要求。用于断开短路电流的电器应满足短路条件下的通断能力。

6）验算电器在短路条件下的通断，应采用安装处预期短路电流周期分量的有效值，当短路点附近所接电动机额定电流之和超过短路电流的1%时，还应计入电动机反馈电流的影响。

7）维护、测试和检修设备需断开电源时，应设置隔离电器。

8）隔离电器应使所在回路与带电部分隔离，当隔离电器误操作会造成严重事故时，应采取防误操作的措施。

9）隔离电器宜采用同时断开电源所有极的开关或彼此靠近的单极开关。

10）隔离开关可采用下列电器。

① 单极或多极隔离开关、隔离插头。

② 插头或插座。

③ 连接片。

④ 不需拆除导线的特殊端子。

⑤ 熔断器。

11）通断电流的操作电器可采用下列电器。

① 负荷开关及断路器。

② 继电器、接触器。

③ 半导体电器。

④ 10A 及以下的插头与插座。

12）半导体电器严禁作隔离电器。

2. 校验

低压一次设备的选择校验项目见表 2-3。

表 2-3　低压一次设备的选择校验项目

电器设备名称	电压/V	电流/A	断流能力/kV	短路电流校验	
				动稳定度	热稳定度
低压熔断器	√	√	√	—	—
低压刀开关	√	√	√	×	×
低压负荷开关	√	√	√	×	×
低压断路器	√	√	√	×	×

注：1. 表中"√"表示必须校验，"×"表示一般可不校验，"—"表示不需校验。2. 选择校验的条件，同表 2-1，此略。

2.4　设备成套

将上述高、低一次设备、变压设备及后述的二次设备（含智能化设备）组合、安装、调试，制成供配电工程中常见的成套电器设备的过程称为电器设备成套。

2.4.1　高压成套电器设备的认识

1. GG1 系列

GG1 系列为 10kV 中压工程原使用较多的，老式达到"五防"要求的防误型系列，虽新工程不用，但在老式工程中仍常保留。图 2-25 为 GG-1A（F）-07S 型固定式 10kV 开关柜轴测图，左侧附对应的一次电路图。柜内以钢板隔成三部分：上部为主母线及母线侧隔离开关；中部为少油断路器（SN10-10 型）及电流互感器（LQJ-10 型）；下部为线路侧（出线侧）隔离开关。正面分五区：左下为隔离开关、断路器的操作板（含机械电气联锁装置）；左上为继电器及仪表室；右上为上检修门，门上装有观察 QS1 及 TA 的观察窗；右下为下检修门，门上装有观察 QS2 的观察窗；中下为端子箱门，内装所有二次接线端子。

　　型号含义为：G-高压开关柜；G-固定式；1-序号；A-特征代号；F-五防型；07--一次线路方案号；S-手动操作机构。这种开关柜的优点为通风、散热及隔离开关状态可见，最大缺点为开敞式：柜间、柜内关键元件设备间无隔离，事故极易扩展，安全性差，已淘汰。

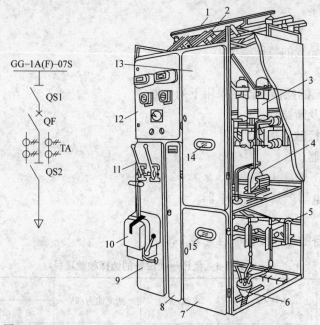

图 2-25　GG-1A（F）-07S 型固定式 10kV 开关柜轴测图

1—母线　2—母线侧隔离开关（QS1, GN8-10 型）　3—少油断路器（QF, SN10-10 型）
4—电流互感器（TA, LQJ-10 型）　5—线路侧隔离开关（QS2, GN6-10 型）　6—电缆头
7—下检修门　8—端子箱门　9—操作板　10—断路器的手力操动机构（CS2 型）
11—隔离开关操作手柄（CS6 型）　12—继电器及仪表室　13—上检修门　14、15—观察窗

2. GC-10 型

　　图 2-26 为 GC-10 型手车式 10kV 开关柜轴测图，图中 SN10-10 型断路器手车尚未推入，上、下插头兼具隔离开关功能，二次接线采用专用多孔插头。

3. KYN 系列

　　KYN 系列为金属铠装型手车式高压开关柜，开关柜全金属铠装，其手车室、母线室、电缆室和继电器及仪表室各单元均独立接地，并以金属板分隔。在手车室、母线室、电缆室上方均设压力释放装置，当断路器或母线发生内部电弧时，伴随电弧的出现，开关柜内气压上升达限值时，压力释放装置排泄气体，释放压力。配用真空断路器手车，性能可靠，使用安全，长年免维修，具有"五防"功能。图 2-27 为

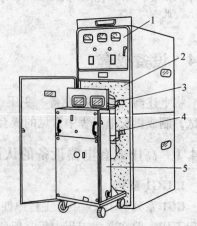

图 2-26　GC-10 型手车式 10kV 开关柜轴测图

1—继电器及仪表室　2—手车室　3—上插头
4—下插头　5—断路器手车

KYN28A－12型金属铠装型手车式高压开关柜结构、外形图。

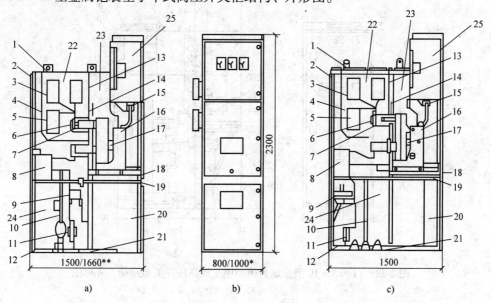

图 2-27 KYN28A－12 型金属铠装型手车式高压开关柜结构、外形图
a）不靠墙安装的结构 b）正面外形 c）靠墙安装的结构

1—泄压装置 2—外壳 3—分支母线 4—母线套管 5—主母线 6—静触头装置 7—静触头盒 8—电流互感器
9—接地开关 10—电缆 11—避雷器 12—接地母线 13—装卸式隔板 14—隔板（活门） 15—二次插头
16—断路器手车 17—加热去湿器 18—可抽出式隔板 19—接地开关操作机构 20—控制小线槽 21—底板
22—母线室 23—断路器手车室 24—电缆室 25—继电器及仪表室

4. JYN 系列

JYN 系列为金属封闭型手车式高压开关柜，封闭型与铠装型开关柜外壳均为金属板，区别在于各室隔开材料不同：封闭式以绝缘板隔开，而铠装式由金属板隔开。显然 JYN 系列比 KYN 系列更价廉，但室间电弧隔离性稍差。图 2-28 为 JYN2A－10 型金属封闭型手车式高压开关柜结构、外形图。

由图可见它由定型角钢制成，以薄钢板或绝缘板分隔成 4 个部分。

1）手车室。手车分为断路器车、电压互感器车、避雷器车、所用变（所用变压器）车、隔离车、计量车、接地车和熔断器接触器车等，取决于手车上的关键元件。手车上的关键元件通过隔离插头与母线和出线相通，通过插头与柜体二次线相连。手车推进机械与电气系统有安全联锁，一般有 3 个位置。

① 运行——手车完全推入，门关闭，此时电气一次、二次均接入电系统。

② 退出——手车完全推出，二次接插件断开，此时一次、二次均与系统电气分断。

③ 试验——手车推出，使一次系统断开。而二次回路仍接通，可进行检测、试验。

2）母线室。分主母线室和小母线室，多分开。且能防尘，提高可靠性，主母线均为封闭结构。

3）电缆室。内装出线隔离静触头、电流互感器和引出电缆（或硬母线）。

4）继电器仪表室。内装继电器、端子排、熔断器和电能表等，面板上设测量仪表、信号继电器、指示灯和继电保护用压板等。

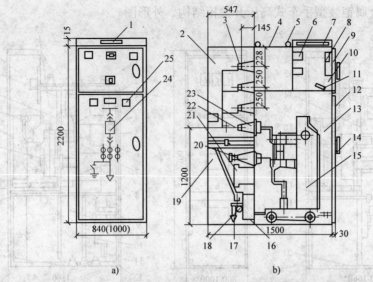

图 2-28 JYN2A‑10 型金属封闭型手车式高压开关柜结构、外形图

a) 外形 b) 结构

1—回路铭牌 2—主母线室 3—主母线 4—盖板 5—吊环 6—继电器 7—小母线室 8—电能表
9—二次仪表室门 10—二次仪表室 11—接线端子 12—手车门 13—手车室 14—门锁
15—手车（图内为真空断路器手车） 16—接地主母线 17—接地开关 18—电缆夹 19—电缆室
20—下静触头 21—电流互感器 22—上静触头 23—触头盒 24—模拟母线 25—观察窗

5. XGN 系列

XGN 系列为金属封闭型固定式高压开关柜，此型开关柜除进出线外，其余全被接地的金属外壳封闭。它是我国自行研制开发的新一代产品，断路器采用 ZN28、ZN12……真空断路器，也可用少油断路器。隔离开关采用先进的 GN30‑10 型旋转式隔离开关。柜内仪表室、母线室、断路器室、电缆室用钢板分隔封闭，使之结构更合理、安全、可靠，运行操作及检修维护方便。在柜与柜间加装母线隔离套管，避免一柜故障波及邻柜。二次回路不采用二次插头，故保护、控制电路始终贯通。此型适用于单母线、单母线带旁路系统受电与馈电。图 2-29 为 XGN2‑10‑07D 型金属封闭型固定式高压开关柜的外形、结构图。

6. HXGN

为满足迅速发展的环形电网供电方式的需要，环网开关柜应运而生。它由电缆进线、电缆出线及变压器回路 3 个间隔组成，主要电气元件包括负荷开关、熔断器、隔离开关、接地开关、电流互感器、电压互感器及避雷器，且具有防误操作及"五防"功能。

起控制保护作用的关键开关元件为"负荷开关-熔断器"组合器，具有"关合"、"开断（兼隔离）"及"接地" 3 种功能的"三工位负荷隔离开关"，由负荷开关（多用真空或 SF$_6$负荷开关）实现正常通断，以具有高分断能力的熔断器作短路保护。熔断器熔断后，联锁装置（多为撞针式）将自动打开负荷开关，具有对环网支路的供配电控制、保护的功能，同时其支路接入、退出不影响整个环网正常运行。与采用断路器相比，此组合装置在短路动作时间、占用体积及价格方面都更占优势。它主要用于 10kV 环网供电、双电源辐射供电及单电源终端供电系统，也可作为箱式变电站配置。图 2-30 为 HXGN1‑10 型金属封闭型固定式高压开关柜的外形、结构图。

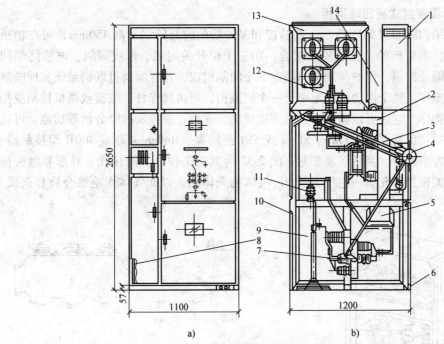

图 2-29　XGN2-10-07D 型金属封闭型固定式高压开关柜的外形、结构图

a）外形　b）结构

1—继电器仪表室　2—断路器室　3—真空断路器及其操动机构　4—操动机构联锁　5—电流互感器
6—接地母线　7—下隔离开关　8—二次电缆安装槽　9—电缆室　10—支柱绝缘子（或带电显示装置）
11—避雷器　12—上隔离开关及其传动机构　13—母线室　14—压力释放通道

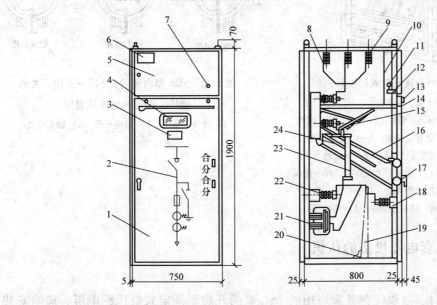

图 2-30　HXGN1-10 型金属封闭型固定式高压开关柜的外形、结构图

a）外形　b）结构

1—下门　2—"主电路"图　3—显示器　4—观察窗　5—上门　6—铭牌　7—组合开关　8—母线　9—绝缘子
10—隔板　11—照明灯　12—端子板　13—旋钮　14—隔板　15—（断开状态的）高压负荷开关
16、24—连杆　17—负荷开关操动机构　18、22—支架　19—电缆（用户自备）
20—（固定电缆用）角钢　21—电流互感器　23—高压熔断器

7. SM6 型金属密封式高压环网柜

它的外形、结构图如图 2-31 所示，其监控和保护功能的低压室（高 450mm）可在柜顶叠放。它是引进技术生产的可扩展模块组合，由三工位开关间隔、母线间隔、电缆终端间隔、操动机构间隔及控制、保护与测量间隔这 5 个间隔组成，相互间通过联锁系统实现既简单又安全的运行操作。整个操动机构集中于一个间隔内，可由操作杆、按钮或微机控制脱扣元件进行分合闸操作。它还可以通过计算机完成遥测、遥信、遥控和故障分析等功能。可选用的开关装置包括：负荷开关、Fluarc SFset 或 SF1 断路器、Rollarc 400 或 400D 型接触器、隔离开关，一次方案完善、灵活、易扩展。图 2-32 为其三工位开关的接线、外形和触头位置图。三工位开关密封于充满一定压力的 SF_6 气体的壳体内，以此气体作绝缘介质和灭弧，故体积较小。

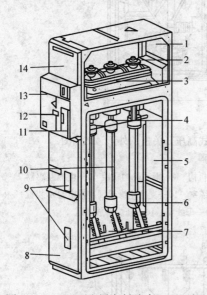

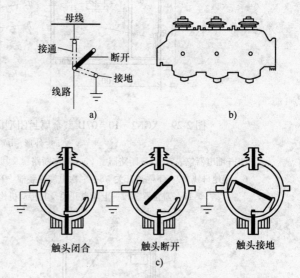

图 2-31　SM6 型金属密封式高压环网柜
的外形、结构图

1—母线间隔　2—母线连接垫片　3—三工位开关间隔
4—熔断器熔断联跳开关装置　5—电缆连接与
熔断器间隔　6—电缆连接间隔　7—下接地开关
8—面板　9—熔断器和下接地开关观察窗　10—高压
熔断器　11—熔断器熔断指示　12—带电显示器
13—操动机构间隔　14—控制保护与测量间隔

图 2-32　SM6 型内装的充 SF_6 三工位开关的
接线、外形和触头位置图

a）接线示意图　b）结构外形　c）触头位置

2.4.2　低压成套电器设备的认识

1. PGL

它是联合设计，以取代曾普遍应用的 BSL 型的开启型固定式低压配电屏，离墙安装，双面维护。它的母线安装在屏后骨架上方的绝缘框上，并在母线上方装有母线防护罩；其保护接地系统也较完善，提高了防触电的安全性；另外线路方案也更为完备合理，大多数线路方案都有几个辅助方案，便于用户选用。框架角钢或槽钢上有多个槽形孔，以便于不同电器元件组合安装。PGL 各形式的一次线路方案大体相同，只是额定容量及短路容量有所差别：

PGL1 采用 DW10 型断路器，分断能力为 15kA；PGL2 采用 DW15 型断路器，分断能力为 30kA；PGL3 采用 ME（DW17）型断路器将额定容量从 1/2 型额定容量 1000kV·A 提高到 2000kV·A（额定电流达 3150A）。图 2-33 为 PGL 低压配电屏的外形结构图。

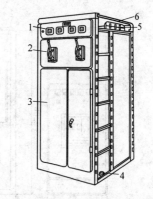

2. GGD

将 PGL 开启结构改为更安全、更可靠防止事故扩展的封闭结构，即为 GGD 封闭型结构。它较 PGL 分断能力更高，动、热稳定性更好，接线方案更灵活，组合更方便，系列性、实用性更强，结构更新颖，防护等级更高，是低压成套开关设备固定式中现行的代表产品。它广泛用于发电厂、变电所、厂矿企业、高层建筑等电力用户的交流 50Hz、额定工作电压 380V、

图 2-33　PGL 低压配电屏的外形结构图
1—仪表板　2—操作板　3—检修门
4—中性母线绝缘子　5—母线绝缘框
6—母线防护罩

额定工作电流 3150A 的配电系统，作为动力、照明及配电设备的电能转换、分配与控制。图 2-34 为 GGD 封闭型固定式低压配电屏的外形图。

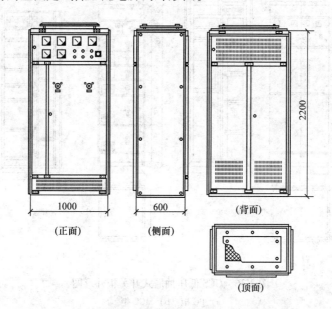

图 2-34　GGD 封闭型固定式低压配电屏的外形图

3. GCL、GCK、GCS

低压抽屉式开关柜型号繁多，GCL、GCK、GCS 较为常用，它们结构相似，图 2-35 为 GCL、GCK 低压抽屉式开关柜外形图（GCL 为动力配电中心——PC，GCK 为电动机控制中心——MCC）。

GCS 为 MNS 国产化后的型号，PC 及 MCC 两者皆有，图 2-36 为其外形图，其结构特点介绍如下。

（1）PC 柜
动力配电中心以固定的隔室组成。

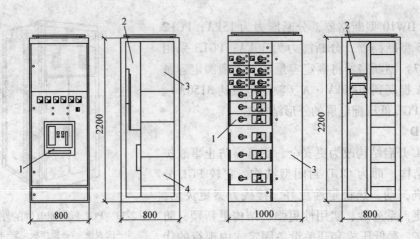

图 2-35 GCL、GCK 低压抽屉式开关柜外形图

a) GCL 柜 b) GCK 柜

1—功能单元隔室 2—水平母线隔室 3—电缆隔室 4—控制电路隔室

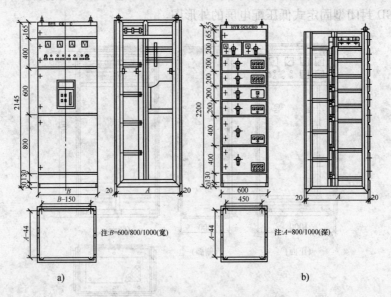

图 2-36 GCS 低压抽屉式开关柜外形图

a) PC 柜 b) MCC 柜

1）柜内分水平母线（柜后）、功能单元（柜前上或前左）、电缆（柜前下或前右）及控制电路 4 个隔室。

2）万能断路器在关门状态下可实现柜外手操，也能观其分、合闸状态，并可根据操动机构与门的位置关系判断处于试验或工作位置。

3）主、辅电路间也采用分隔措施，仪表、信号灯与按钮等组成的辅助电路单元装于塑料板，板后以阻燃发泡塑料罩壳与主电路隔离。

（2）MCC 柜

电动机控制中心以抽屉为主组成。

1）柜内也分水平母线（柜后）、功能单元（柜前左）及电缆（柜前右）3 个隔室，母线、功能单元间以阻燃发泡塑料功能壁分隔，电缆与母线及功能单元间以钢板分隔。

2）此柜有单面及双面操作两种结构类型。

3）抽屉层高 160mm，分为 1/2、1、3/2、2、3 单元 5 种规格。单元回路额定电流在 400A 以下；每柜最多可配 11 个 1 单元或 22 个 1/2 单元的抽屉。

4）抽屉通过断路器专用操动机构联锁装置的操作程序完成抽屉的联锁要求，同时使抽屉具有移动、隔离、试验、分断与工作 5 种位置。抽屉面板上的操作插槽具有相关明显标志。

2.4.3 成套电器的成套性

1. 技术要求

成套电器由各种电器元件构成，但其技术特点和要求与电器元件在诸多方面却有特殊性。根据运行可靠、维护方便、技术先进、经济合理的原则，成套电器要求具有良好的电气性能、绝缘性能和力学性能，且动作灵敏、工作可靠，既能满足正常运行条件下的长期发热要求，又能满足短路动稳定和热稳定的要求，保证设备操作、维护和检修的方便，以及操作人员的人身安全。

（1）标准化

成套电器的设计、制造、订货的基本技术依据就是相应的技术标准。各类成套电器均有相应的国际标准（如 IEC 标准）、国家标准（GB）以及行业标准。其中行业标准包括电力行业标准（DL）和机械行业标准（JB）。

1）低压成套电器的标准。

① GB 7251—2005 ~ 2008《低压成套开关设备和控制设备》（等效于 IEC 60439）。

② IE C 60439：1992《低压成套开关设备和控制设备》。

③ JB/T 5877—2002《低压固定封闭式成套开关设备》。

④ JB/T 9661—1999《低压抽出式成套开关设备》。

2）高压成套电器的标准。

① GB 3906—2006《3.6 ~ 40.5kV 交流金属封闭开关设备和控制设备》。

② IEC 60298：1990《1kV 以上 52kV 以下交流金属封闭开关设备和控制设备》。

③ DL/T 404—2007《3.6 ~ 40.5kV 交流金属封闭开关设备和控制设备》。

④ SD 318—1989《高压开关柜闭锁装置技术条件》（中华人民共和国能源部标准）。

3）GIS 成套电器的标准。

① GB 7674—2008《额定电压 72.5kV 及以上气体绝缘金属封闭开关设备》（等效于 IEC 62271）。

② IEC 62271—203：2003《72.5kV 及以上气体绝缘金属封闭开关设备》。

③ DL/T 617—2010《气体绝缘金属封闭开关设备技术条件》。

4）预装式变电站的标准。

① GB/T 17467—2010《高压/低压预装式变电站》（等效于 IEC 62271—202：2006）。

② IEC 62271—202：2006《高压/低压预装式变电站》。

（2）外壳防护

成套电器外壳的基本作用是防护和支承。它作为支承件，须具有足够的机械强度和刚度，保证装置的整体稳固，特别在内部故障条件下，不能出现变形或折断，避免故障扩大。防护作用包含以下几个方面的内容。

① 防止人体触及或接近外壳内部的带电部分和触及运动部件，防止固体异物进入外壳内部。

② 防止水进入外壳内部达到有害程度。

③ 防止外部因素（如小动物侵入、气候和环境因素等）影响内部设备。

④ 防止设备受到意外的机械冲击。

各种成套电器应达到相应的防护等级。国家标准 GB 4208—2008 对电气设备外壳防护等级做出了具体规定。

（3）绝缘配合

绝缘配合是指电气设备的电气绝缘特性（电气间隔和爬电距离）与电气设备的使用条件和周围环境相匹配；也就是根据电气设备的使用条件、周围环境和绝缘材料，确定电气设备应具备的电气绝缘特性。

1）三要素。

① 设备的使用条件。

② 设备的使用环境。

③ 绝缘材料的选用。

2）目标。保证电气设备的绝缘性能在规定的使用条件及环境条件下，能够达到设计的期望寿命。

3）绝缘性能要求的几个概念。成套电器外壳内的绝缘距离和绝缘件外绝缘的爬电比距应达到上述规范绝缘配合要求的相应额定绝缘电压下的规定值。否则外来过电压或线路设备本身的操作过电压易造成电器的介质击穿。

① 额定绝缘电压：规定条件下度量电器及其部件的不同电位部分的绝缘强度、电气间隙和爬电距离的标准电压值，即电器的最高工作电压（额定电压）。

② 外绝缘：空气间隙及电器设备固体绝缘件的外露表面要承受大气、污秽、温度、小动物等外界条件的影响，故此形成的对外露表面的绝缘强度要求。

③ 电气间隙：电器的导电部件之间的最短空间间隙。

④ 对地电气间隙：电器的任何导电部件与任何接地的或可能接地的静止和运动部件间的电气间隙。

⑤ 爬电距离：电器中具有电位差的两相邻带电部件间绝缘体表面的最短距离。

⑥ 爬电比距：电气设备外绝缘件的爬电距离与设备的额定电压之比。

（4）"五防"

"五防"即以保证操作程序的正确性和防止误操作而对成套电气开关设备设置联锁和闭锁的可靠性措施。

1）防止的五种误操作。

① 带负荷分、合隔离开关。

② 误分、误合断路器、负荷开关和接触器。

③ 接地开关处在合闸位置时或带接地线关合断路器、负荷开关等。

④ 带电时挂接地线或合接地开关。

⑤ 误入带电间隔。

2）常用的联锁装置。

① 机械类：包括机械、程序锁和钥匙盒等联锁装置。

② 电气类：包括电气联锁、电磁锁和高压带电显示装置等。

（5）导电回路的防过热

成套电器的导电回路由通过导体（母排）连接隔离开关（或隔离触头）、断路器、电流互感器等一次电器元件构成。导电回路电阻除了一次电器元件的电阻外，还包括载流导体（母排）本身的电阻和各接触点的接触电阻。成套电器工作时，电流流过各接点和母排而产生电阻损耗全变为热能，一部分散失到周围空气中；另一部分则对母排和接点加热，使其温度升高，导致导电回路的发热。

1）开关柜中的电接触形式。

① 可分式接触：移开式高压开关柜和抽出式低压开关柜的一次隔离触头的接触形式。

② 固定式接触：除可分式接触外，其他接点均为固定式接触。

2）对开关柜中电接触的主要要求。

① 工作中要求电接触在长期通过额定电流时，温升不超过一定数值，且接触电阻稳定。

② 一次隔离触头短时间通过短路电流时，电接触不发生熔焊或触头材料的喷溅。

③ 开关柜中的热源（母排、接点和电器元件），运行时各部位的温度均不能超过允许值。

（6）内部故障的预防及限制

内部故障是由于金属封闭开关设备柜内元件的缺陷，或工作场所的环境恶劣引起的绝缘事故，它可能导致柜体隔离室内电弧的产生。

1）危害。当金属封闭开关设备内的母线短路时，电弧释放的能量加热气体，使气体压力升高；其次，电弧在回路电动力的作用下从母线的电源侧向负荷侧运动。如果隔离室或柜体间密封不严，被加热和游离的气体还会扩散到其他部分使事故范围不断扩大，严重时还会波及整组的金属封闭开关设备，使整个系统烧毁。

2）措施。最重要的措施是事前避免内部故障的发生。出现内部故障时，首先要保证人身安全，其次还要将内部电弧限制在尽可能小的范围内，不致波及附近的其他部分。

① 设立压力释放活门：压力释放活门用于发生内部故障时，尽快抑制故障，快速、安全地排出高温气体及燃烧微粒，并把电弧故障的内部效应限制在内部隔室内，不致因燃弧或其他效应在外壳上造成穿孔和破坏接地系统。

② 选择合适的电缆室尺寸，以避免电缆交叉连接。

③ 采用绝缘封闭母线。

④ 完善联锁机构。

2. 成套电器与配电系统概略图对应性示例

低压成套电器就是实现低压配电系统概略图所要求的配电、控制及保护功能。因此产品的系统成套应与概略图设计一一对应。图2-37下部为系统配电概略图，上部为GCS屏正面布置图。上部各屏的元件、设备布置与下部中对应屏的电路构成严格对应，就体现了此系统电器成套与配电系统概略图的对应性。

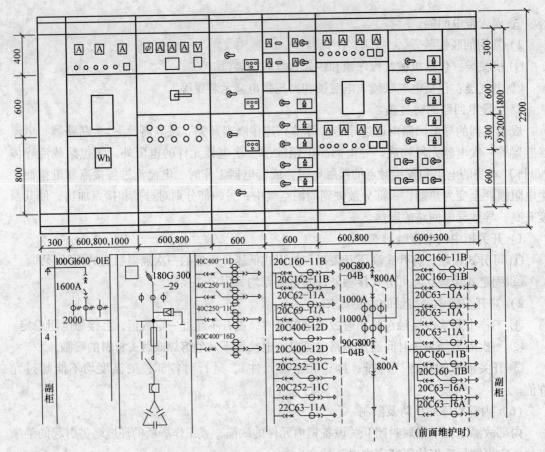

图 2-37 电器成套与配电系统概略图对应性的示例

实训 "电器设备制造及成套厂"现场参观、讲课及讨论

练习

1）从随书附带 DVD 光盘中的"1. 供配电器件、设备图片"和"2. 供配电工程现场教学"中找出接触过的高压设备，并指出成套中的体现。

2）从随书附带 DVD 光盘中的"1. 供配电器件、设备图片"和"2. 供配电工程现场教学"中找出接触过的变压设备，并指出成套中的体现。

3）从随书附带 DVD 光盘中的"1. 供配电器件、设备图片"和"2. 供配电工程现场教学"中找出接触过的低压设备，并指出成套中的体现。

4）从随书附带 DVD 光盘中的"1. 供配电器件、设备图片"和"2. 供配电工程现场教学"中找出接触过的成套设备，并比较各类的优缺点，试提出改进想法。

实务课题 3　供配电系统的主接线及布局

3.1　电气主接线

3.1.1　实例剖析

通过学习供配电技术基础知识可知，不同主接线方式有不同的特点、不同的可靠性。不同电压等级可采用不同主接线方式，不同负荷情况下采用的主接线方式应有所区别。下面以一个工程主接线实例 3-1 介绍主接线的识读与理解。

1. 实例 3-1

某居住小区 10/0.4kV 变电所主接线图如图 3-1 所示。

2. 剖析

图 3-1 是一个居住小区 10/0.4kV 1#变电所主接线图。这是一个主接线结构极为简单、极为常见的将 10kV 降为 0.4kV 市电的终端变电所。它由 10kV 配电、10/0.4kV 变电及 0.4kV 配电 3 部分组成。

（1）10kV 级

1）主接线类型：由于单回路进线，故采用了最简单的"单母线不分段接线"的主接线方式。母线 WB1 为铝母线排 LMY - 3（60×6），即宽 60、厚 6（单位 mm）铜排三排（L_1、L_2、L_3 每相一排）。

2）进、出线回路：

①进线——以编号为"S2"的钢带铠装交联聚乙烯绝缘铜芯电力电缆 YJV22 - 10 - 3 × 120 引入 10kV 电压。

②出线——一路，以编号为"S01"的 YJLV - 10 - 3 ×70 交联聚乙烯绝缘铝芯电力电缆输出到变压器。

③核心元件——VS1 - 12 - 630A/25kA 真空断路器小车。小车的插拔件替代了上/下隔离开关，额定电压 12kV，额定电流 630A，分断电流 25kA。

（2）10/0.4kV 变压级

① 变压器类型——SCB8 - 1000/10 - 1000kVA 干式节能型变压器，10kV 电压等级，视在容量 1000kVA。

② 一次侧调压——以 2.5% 为一级，增减各设两级。配合 10kV 三相三线制体系，变压器的一次侧为三角形联结，二次侧为星形联结，中性点直接接地，以 TN - C 方式用四根铜母线（三根 100 ×10 为相母排，80 ×8 为 PEN 母排）将 0.4kV 送到低配。

③ 变压器联结组——Dyn11 形式，短路电压降为 6%。

（3）0.4kV 级

1）主接线类型：同 10kV 级，也为"单母线不分段接线"形式。

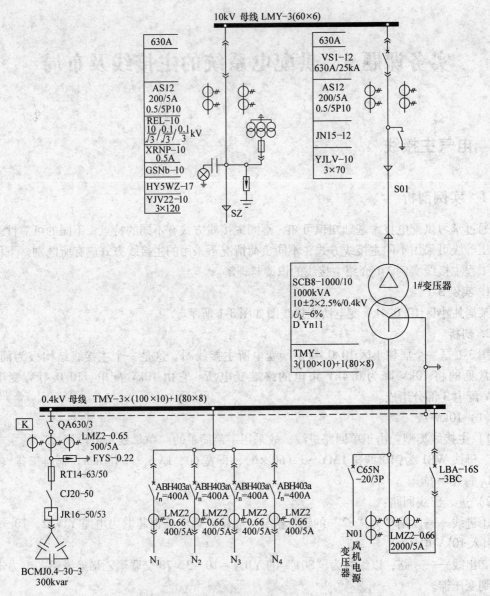

图 3-1 实例 3-1——某居住小区 10/0.4kV 变电所主接线图

2）进、出线：

①进线——一路从变压器，以铜母排 $TMY-3\times(100\times10)+1(80\times8)$ 引来。100×10 为三根相母排，80×8 为此 TN-C 系统的 PEN 母线。

②出线——除进线分支直接引作变压器散热风机电源的 N01 一路外，另馈出 $N_1 \sim N_4$ 四回出线。

③核心元件——此系统中进线保护控制器核心元件为 LG（韩国）产 Ace-MEC 系列低压断路器 LBA-16S-3EC。它虽不是小车，但有可摇出而形成隔离的摇出机构。四回出线均用同为 LG 产品的 ABH403a 塑壳断路器，其额定电流均为 400A。

④无功补偿——此系统采用 0.4kV 侧集中补偿方式，三角形联结的电力电容器组 BCMJ0.4-30-3 共 10 组，补偿无功达 300kvar，以控制器自动控制补偿的电容器投切组数。

3.1.2 实施

电气主接线是以缆线、母排将成套电气设备联结起来，以成套设备为中心实现的。所以主接线与成套电气设备的制造图（供配电工程设计中按新规范称为概略图，俗称为订货图）的配套对应，是主接线实施的关键。图3-2及图3-3分别是其对应图3-1的高压及低压电器设备成套制作加工的概略图。现接着实例3-1，将对图3-2及图3-3依次剖析，列为实例3-2及实例3-3。

项目		名称		型号/规格	数量	型号/规格	数量
		一次接线方案					
		开关柜编号		H01		H02	
		开关柜型号		KYN2B-12Z/037		KYN2B-12Z/002	
		母线规格		LMY-3(60×6)			
一次主要设备	1	真空断路器	VS1-12			630A/25kA	1
	2	电流互感器	AS12	75/5A 0.5/5P10	2	75/5A 0.5/5P10	2
	3	避雷器		HY5WZ-17	3		
	4	熔断器	XRNP-10	0.5A	3		
	5	电压互感器	REL-10	$\frac{10}{\sqrt{3}}/\frac{0.1}{\sqrt{3}}/\frac{0.1}{3}$ kV	3		
	6	接地刀开关				JN15-12	1
	7	带电显示装置		GSNb-10	1		
	8	分母线		630A		630A	
	9	进出线电缆		YJV22-10 3×70		YJLV-10 3×70	
二次主要设备	1	电流表	42L6-A	75/5A	1	75/5A	1
	2	电压表	42L6-V	10/0.1kV	1		
	3	转换开关	LW12-16/9.6912.2		1		
	4	有功电能表				DS862-2	1
	5	无功电能表				DX863-2	1
	6	微机消谐装置	KSX	DC 220V	1		
		保护装置				PSL641	
		二次图编号		D0201-01、02、03		D0201-31、32、33	
		回路名称		10kV电源进线PT柜		变压器10kV开关柜	
		开关柜尺寸:宽×深×高/(mm×mm×mm)		800×1500×2200		800×1500×2200	

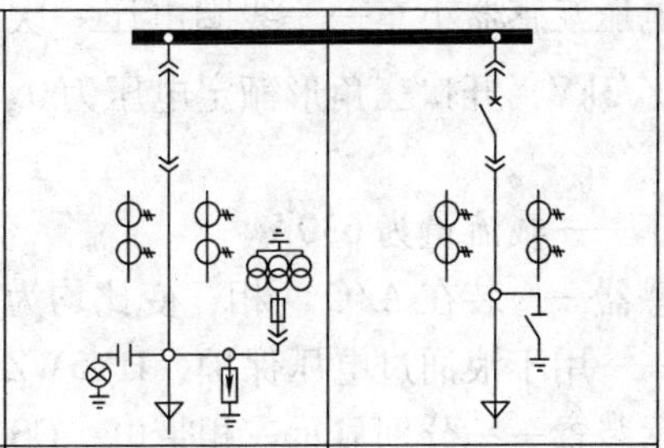

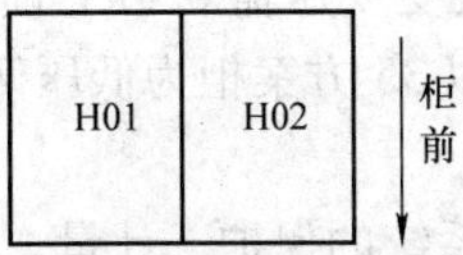

10kV高压柜平面布置示意图

图3-2　实例3-1 变电所的高压柜成套概略图

1. 实例 3-2

（1）概述

图 3-2 是实例 3-1 变电所的高压柜成套概略图。整个系统 10kV 级主接线由两台以 "H01/02" 编号，配以真空断路器的铠装手车式交流金属封闭开关柜 KYN28-12（Z）组成。

（2）H01 柜

此柜为 10kV 电源进线兼 PT 柜，以 037 方案为一次电路方案。

1）一次主要设备：

① 三绕组电压互感器小车——线圈电压一次绕组额定电压为 $10/\sqrt{3}kV$，星形二次绕组额定电压为 $0.1/\sqrt{3}kV$，开口三角形额定电压为 $0.1/3kV$，它以 10kV 熔断器 XRNP-10 作短路保护。

② 隔离小车——载流量为 630A。

③ 电流互感器——装在 A/C 两相，变比均为 75/5，精度为 0.5 和 5P10，共 2 支。

④ 避雷器——用于浪涌过电压保护，HY5WZ-17 型，共 3 支。

⑤ 带电显示装置——分别显示三相带电，GSNb-10 型，1 个。

2）二次主要元件：二次图编号参见 D0201-01、02、03。

① 微机消谐（兼绝缘监测）装置——KSX 型，直流 220V 供电，1 个。

② 42L6 系列电表——电流表（满度 75A，变比 75/5）及电压表（满度 12kV，变比 10/0.1）各 1 支。

（3）H02 柜

变压器 10kV 开关柜，将 10kV 馈至变压器，并对其一次侧实施控制、保护，以 002 号方案为其主电路方案。

1）一次主要设备：

① 真空断路器小车——额定值 630A，分断能力 25kA，VS1-12 型，1 个。

② 接地开关——安全检修用，JN15-12 型，1 支。

③ 电流表——配置同前。

2）二次主要元件：二次图见 D0201-31、32、33。

① 微机保护装置——PSL641 型，直流 220V 供电，1 台。

② 有功/无功电能表——作电计量用，DS862-2、DX863-2 系列各 1 支。

③ 电流表——配置同前。

图 3-2 下方部分为柜的平面布置示意图。

2. 实例 3-3

（1）概述

图 3-3 是实例 3-1 变电所的低压柜成套概略图。整个系统为 0.4kV 级主接线，由 3 台 GHT 系列低压柜组成。以 01 方案柜接受变压器 0.4kV 馈送电源的受电柜，以 12 方案柜为 0.4kV 馈送到各用电负荷的馈电柜，以 35 方案柜为低压侧集中无功功率补偿的补偿柜。

（2）1DP

承接来自变压器来电的受电及此系统的保护、计量。

1）一次主要设备：

① 断路器小车——作为 0.4kV 系统总控制及保护用，LBA-16S-3EC 型，额定电流

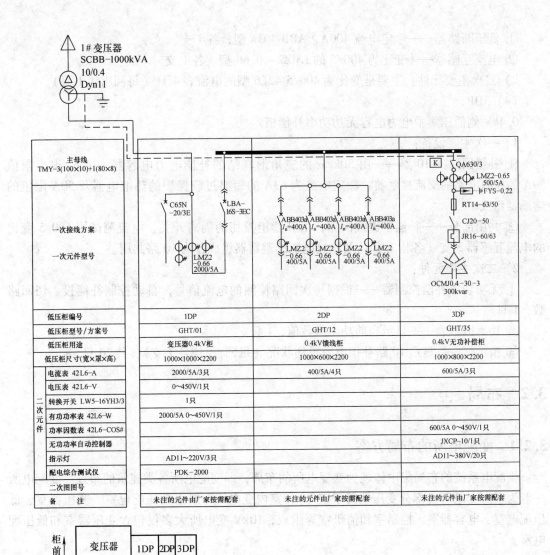

图 3-3 实例 3-1 变电所的低压柜成套概略图

为 1600A。

② 电流互感器——作为显示及取样用，LMZ2 – 0.66 系列 4 支，除 A 相重复一支为无功补偿取样外，其余各相 1 支为电指示用，变比为 2000/5。

③ 微型断路器——C65N 系列两支（两/三极各 1 支），分别馈出 10A/20A 电流限值的出线各一路。

2）二次主要元件：除前述电流/电压表及切换开关外还有：

① 配电综合测试仪——PDK – 2000 型，配电测控用。

② 有功功率表——42L6 – W 型，指示电耗。

③ 指示灯——显示三相供电状况，AD11 型，3 只。

（3）2DP

共由 4 个抽屉单元组成，各供一路，每个抽屉单元内均有如下设备。

1）一次主要设备：

① 低压断路器——额定电流 400A，ABB 403a 型，各 1 支。

② 电流互感器——变比为 400/5 的 LMZ2 - 0.66 型，各 1 支。

2）二次主要元件：主要是变比为 400/5 42L6 型的电流表 4 只（每回出线 1 只）。

（4）3DP

0.4kV 侧低压集中电力电容无功功率补偿柜。

1）一次主要设备：

① 补偿回路共 10 路——由 30kvar 的三角形联结的补偿电力电容器、接入/退出限值 50A 的控制电路的交流接触器、额定电流为 63A 的短路过载保护的热继电器及 50A 限值的熔断器组成。

② 共用部分——补偿柜进线回路，由补偿柜投切的隔离开关、电流测试用 600/5 变比的电流互感器 3 支（各相 1 支）及防过电压的避雷器组成，为 10 路共用。

2）二次主要元件：

① 无功功率补偿控制器——根据一次回路检测的电流信号，自动控制补偿投、切回路数，1 只。

② 功率因数表——显示当前功率因数值，1 只。

③ 指示灯——显示 10 路补偿电容投切状况（每回投/切各 1 支），共 20 只。

3.2 布局

3.2.1 变配电所的布局方案

供配电系统的布局集中体现为变配电所的布局，即变配电所各类建筑的布置。变配电所一般为室内变电所（部分变压器置于室外），室内变电所一般由高压配电室、变压器室、低压配电室、电容器室、控制室和值班室等组成，10kV 变电所大多仅包含变压器室和低压配电室。

1. 高压配电室

（1）概述

配电装置尽可能采用成套设备，型号规格应统一；并应按主接线的要求，装设闭锁及联锁装置，以防发生误操作。

配电装置的布置应考虑便于设备的搬运、检修、试验和操作。各种通道的宽度不应小于表 3-1 所列的数值。开关柜靠墙布置时，侧面离墙不应小于 200mm，背面离墙不应小于 50mm。

表 3-1 10kV 配电室内各种通道最小宽度　　　　　　　　　　（单位：mm）

通道分类	柜后维护通道	柜前操作通道	
		固 定 式	手 车 式
单列布置	800	1500	单车长 + 1200
双列面对面布置	800	2000	双车长 + 900
双列背对背布置	1000	1500	单车长 + 1200

当配电装置长度大于6m时，其柜后通道应有两个出口；当两个出口间的距离超过15m时，还应增加出口。

（2）方案

图3-4a为配电屏双列对排、离墙安装。屏后为维护通道，屏前为运行、维护通道。屏下为一、二次电缆沟，屏上为两列屏间联络的母线桥架。

图3-4b及图3-4c为配电柜单列直排离墙安装，图3-4b为主电缆沟在柜前下方，柜下方为进出柜缆线；图3-4c则为主电缆沟和进出柜缆线均在柜下，其余同前。

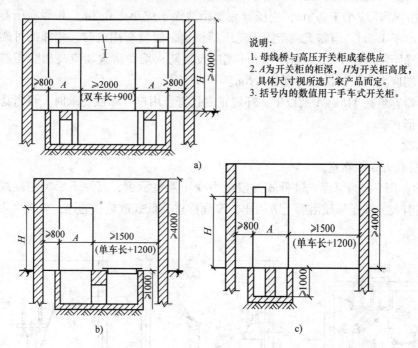

说明：
1. 母线桥与高压开关柜成套供应
2. A为开关柜的柜深，H为开关柜高度，具体尺寸视所选厂家产品而定。
3. 括号内的数值用于手车式开关柜。

图3-4　高压配电室布置示例

2. 变压器室

（1）概述

变压器室的结构形式，取决于变压器的形式、容量、放置方式、主接线方案及进、出线的方式和方向等诸多因素，并考虑运行维护的安全以及通风、防火等问题。根据变压器室所在地区的气象条件，按通风要求分为高式和低式两种形式。高式通风散热更好，但建筑费用增加。

变压器室的布置方式按变压器推进方向可分为宽面推进式和窄面推进式两种。宽面推进的变压器低压侧向外；窄面推进的变压器储油柜向外。在确定变压器室面积时，应考虑变电站所带负荷发展的可能性，一般按装设大一级容量的变压器考虑。

变压器室内可安装与变压器有关的负荷开关、隔离开关和熔断器。考虑变压器布置及高、低压进出线位置时，应尽量使负荷开关或隔离开关的操作机构装在近门处。

可燃油油浸变压器的变压器室的变压器外廓与变压器墙壁和门的最小净距应按 GB 50053—1994《10kV 及以下变电所设计规范》规定，确保变压器的安全运行和便于运行维护。可燃油油浸变压器若位于容易沉积可燃粉尘、可燃纤维的场所，或变压器室附近有粮、棉及其他易燃物大量集中的露天场所，或变压器室下面有地下室时，变压器室应设置容量为

100%变压器油量的挡油设施，或设置容量为20%变压器油量的挡油池并设置能将油排到安全处所的设施。油量为100kg及以上的三相油浸变压器，每台装设在一个单独的变压器室内。

室内安装的干式变压器的外廓与四周墙壁的净距不应小于0.6m，干式变压器之间的距离不应小于1m，并应满足巡视、检修要求。干式变压器也可不单独设置变压器室，而与高、低压配电装置同室布置，只是变压器应装入箱内，或设不低于1.7m高的遮拦与周围隔离，以保证运行安全。

露天或半露天变电所的变压器四周，应设不低于1.7m高的固定围栏/墙。变压器外廓与围栏/墙的净距不应小于0.8m，变压器底部距地面不应小于0.3m，相邻变压器外廓之间的净距不应小于1.5m。当露天或半露天变压器供给一级负荷用电时，相邻的可燃油油浸变压器的防火净距不应小于5m。若小于5m则应设置防火墙，防火墙应高出变压器储油柜顶部，且墙两端应大于挡油设施两侧各0.5m。

当变压器容量在315kVA及以下，环境正常且符合用户可靠性要求时，可考虑采用杆上变压器台的形式。

（2）方案

1）油浸电力变压器室。

① 室内：图3-5为窄面推进低式油浸电力变压器室示例，其左下部为主接线图。高压电缆由左下引入，低压母线由后上方引出，窄面推进，低式散热、通风，开关电器装于室左侧斜上。

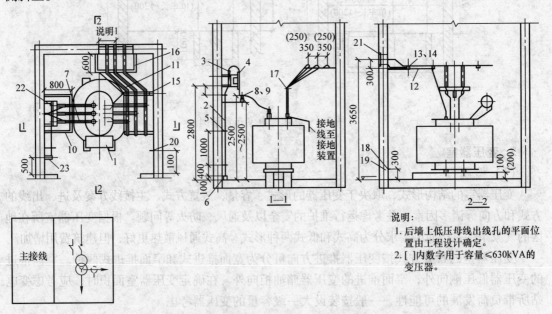

图3-5　窄面推进低式油浸电力变压器室示例

1—电力变压器　2—电缆　3—电缆头　4—接线端子　5—电缆支架　6—电缆保护管　7—高压母线
8—高压母线夹具　9—高压支柱绝缘子　10—高压母线支架　11—低压相母线　12—M线缆PEN线
13—低压母线夹具　14—电车线路绝缘子　15—低压母线支架　16—低压母线支架　17—低压母线夹板
18—接地线　19—固定钩　20—临时接地接线柱　21—低压母线穿墙板
22—隔离开关、负荷开关　23—手力操作机构

② 露天：图3-6为露天油浸电力变压器台示例，其一次电路位于图右上角。此露天变压器台有一路架空进线，高压侧装有可带负荷操作的 RW10-10F 型跌落式熔断器及避雷器，避雷器与变压器低压侧中性点及变压器外壳共同接地，并将变压器的接地中性线（PEN 线）引入低压配电室内。

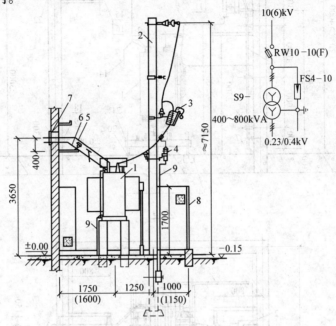

图3-6　露天油浸电力变压器台示例

1—变压器（6～10/0.4kV）　2—电杆　3—RW10-10F 型跌落式熔断器　4—避雷器

5—低压母线　6—中性母线　7—穿墙隔板　8—围墙或栅栏　9—接地线

（注：括号内尺寸适于容量为 630kVA 及以下的变压器）

2）干式变压器室。示例如图 3-7 所示。其高压侧装有 6～10kV 负荷开关和隔离开关，窄面推进布置，高压电缆也是左侧下面进线，低压母线也是右侧上方出线。此干式变压器为无外壳式。目前更多的做法是选用有外壳的干式变压器（俗称箱变）和高低压配电屏共列于一室，这样既方便又节约用地。

干式变压器往往放入配电室，不另设置变压器室。

3. 低压配电室

（1）概述

布置应便于安装、操作、运输、试验和监测，低压配电室的耐火等级不应低于三级。低压配电室的高度应与变压器室综合考虑，方便变压器低压出线。当配电室与抬高地坪的变压器室相邻时，配电室高度不宜小于4m；与不抬高地坪的变压器室相邻时，配电室高度不应小于3.5m。为了布线需要，低压配电屏下面也应设电缆沟。各种通道宽度不应小于表3-2中的数值。

（2）方案

图3-8a 为低压屏双列对排，离墙安装。屏后为维护通道，屏前为运行、维护通道。屏下为一、二次电缆沟，屏上为两列屏间联络的母线桥架。配电室的门应向外打开，相邻配电室之间有门时，其门应能双向开启。顶棚、墙面及地面的建筑装修应少积灰或不起灰，顶棚不应抹灰。

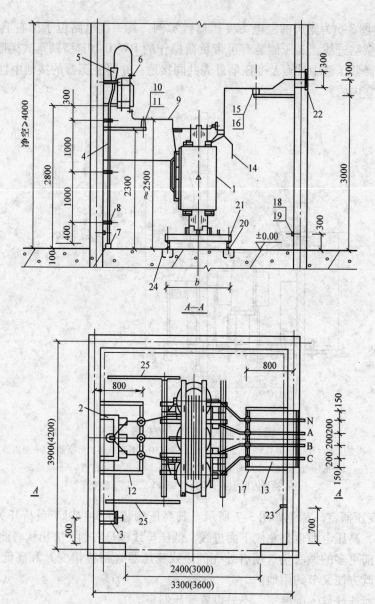

图 3-7　干式变压器室示例

1—主变压器（6～10/0.4kV）　2—负荷开关或隔离开关　3—负荷开关或隔离开关操作机构　4—高压电缆

5—电缆头　6—电缆芯端接头　7—电缆保护管　8—电缆支架　9—高压母线　10—高压母线夹具

11—高压支柱绝缘子　12—高压母线支架　13—低压母线　14—接地线　15—低压母线夹具　16—电车线路绝缘子

17—低压母线支架　18—PE接地干线　19—固定钩　20—干式变压器安装底座（干式变压器也可落地安装）

21—固定螺栓　22—低压母线穿墙板　23—临时接地接线端子　24—预埋钢板　25—木栅栏

表 3-2　低压配电室内各种通道最小宽度　　（单位：mm）

布置方式	柜前操作通道	柜后操作通道	柜后维护通道
固定式柜单列布置	1500	1200	1000
固定式柜双列面对面布置	2000	1200	1000
固定式柜双列背对背布置	1500	1500	1000

布 置 方 式	柜前操作通道	柜后操作通道	柜后维护通道
抽屉式柜单列布置	1800		1000
抽屉式柜双列面对面布置	2300		1000
抽屉式柜双列背对背布置	1800		1000

注：当建筑物墙面有柱类局部凸出时，凸出处通道宽度可减少0.2m。

图3-8b 为低压屏单列直排，离墙安装，以金属封闭式母线或电缆桥架出线。

图3-8c 为图3-8b 的1—1剖面，表现电缆沟的做法。

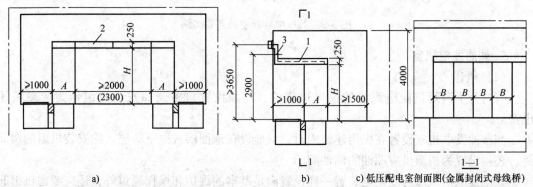

说明：1. A为开关柜的厚度，H为开关柜高度。B为开关柜的宽度，具体尺寸视所选厂家而定。　材料：1. 进线母线桥。
　　　2. 母线桥与低压开关柜成套供应。　　　　　　　　　　　　　　　　　　　　　　　2. 双列排列母线桥。
　　　3. 括号内的数值适用于抽屉式开关柜。　　　　　　　　　　　　　　　　　　　　　3. 低压母线支架。
　　　4. 电缆沟沟架由工程设计定。

图3-8　低压配电室布置示例

4. 电容器室

（1）概述

变、配电所的电容器组是为无功补偿而设置的，按补偿所在电压等级分为中压电容器组和低压电容器组。

室内高压电容器装置宜设在单独房间，当电容器组容量较小时，可设在高压配电室内，但与高压配电装置的距离应不小于1.5m。低压电容器装置可设在低压配电室内的无功功率补偿屏内，仅当电容器总容量较大时，考虑通风和安全运行，设置在单独房间内。

安装在室内的装置式高压电容器组，下层电容器的底部距地面不应小于0.2m，上层电容器的底部距地面不宜大于2.5m，电容器装置顶部到屋顶净距不应小于1.0m。高压电容器布置不宜超过3层。电容器外壳之间（宽面）的净距，不宜小于0.1m。电容器的排列间距不宜小于0.2m。当装配式电容器组单列布置时，网门和墙距离不应小于1.3m；当双列布置时，网门间距不应小于1.5m。

按GB 50053—1994规定，成套电容器柜单列布置时，柜正面与墙面不应小于1.5m；双列布置，柜面间距不应小于2.0m。长度大于7m的高压电容器室（低压电容器室为8m）应设两个出口，并宜布置在两端。电容器室的门应向外开。

（2）方案

图 3-9 为高压电容器室的布置实例。

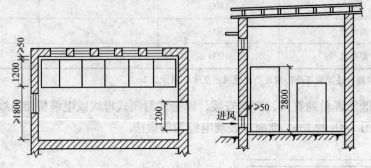

图 3-9　高压电容器室的布置实例

5. 柴油发电机室

（1）概述

有时为了满足供配电系统的供电可靠性，尚须设置自备柴油发电机组作为应急备用电源。

当柴油发电机室设置在民用建筑内时，只能设在地面层或地下一层。除安装机组的房间外，还应设置为机组供应原油的储油间。

柴油发电机室除与变配电装置一样设置满足基本的维护和操作通道外，还应考虑机组起动用蓄电池、控制装置、排烟、排风、冷却、吸收噪声及防振动等设施的位置，至于各种设施的大小，应根据具体设备生产厂家要求和机组冷却方式确定。

（2）方案

图 3-10 为一种散热器冷却的柴油发电机组的布置实例，其储油间按易燃物应遵循的消防要求设置，进风与排风窗面积要满足柴油机燃烧耗气量需求，排烟、排风应注意环保和不扰民。虽加了消声器，在安装坚实基础的时候，还应考虑抗震。柴油发电机室内墙应被覆吸音材料来消噪，机组正中上方宜预设起吊钩。

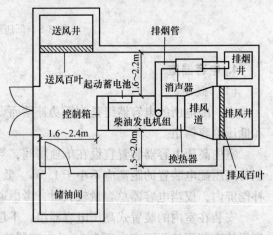

图 3-10　柴油发电机室布置实例

6. 控制室

（1）概述

当变、配电所规模较大时，需设置控制室。控制室的布置原则如下。

① 位于运输方便、电缆较短、朝向良好和便于观察屋外主要设备的地方。

② 一般与高压配电室相邻。

③ 设置集中的事故信号和预告信号。室内安装的设备主要有控制屏、信号屏、所用电屏、电源屏（构成主屏），以及要求安装在控制室内的电能表屏和保护屏。

④ 控制室的建筑，应按变电所的规划容量在第一期工程中一次建造。

⑤ 屏的排列方式视屏的数量多少而定，主屏采用一字形、L形或Ⅱ形布置。

⑥ 主屏的正面布置控制屏、信号屏。电源屏和所用电屏一般布置在主环的侧面或正面的边上。

⑦ 应有两个出口，出口应靠近主环。

⑧ 无人值班变电所的控制室，应适当简化，面积应适当减小。

⑨ 各屏间及通道宽度见表3-3。

表3-3 控制室各屏间及通道宽度　　　　　　（单位：mm）

名　　称	一　般　值	最　小　值
屏正面—屏背面 b_1		2000
屏背面—墙 b_2	1000～2000	800
屏边—墙 b_3	1000～2000	800
主屏正面—墙 b_4	3000	2500
单排布置屏正面—墙	2000	1500

（2）方案

图3-11为一字形两列并排的控制室布置示例，主屏在前，测量与保护屏在后，应保持的间距需查表3-3。

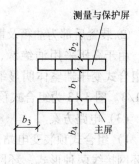

图3-11　控制室布置示例

7. 预装变电站

（1）概述

预装变电站是将高压配电、变压、低压由变压器成套制造厂预先装置成一体，交付工程直接使用（不再分配电、变压、低压分别制造、安装）的新型成套方式。

（2）布置方案

1）箱式变电站。它集高压配电室、变压器室、低压配电室于一体，采用电缆进出线，因从欧洲引进，俗称欧式箱变。

箱式变电站一般为"目"字形布置：干式变压器或全密封油浸变压器的变压器室居中，一边为高压配电室，装有高压负荷开关柜（用于终端接线）或环网柜（用于环网接线）；另一边为低压配电室，装有低压配电屏（固定式或固定分隔式）及无功补偿屏，根据需要还可装电能计量装置。箱式预装变电站的布置示例如图3-12所示。

箱式变电站使用日渐广泛，用于不便设室内变、配电站的场合，如用于向由多层建筑组成的居民区的供电，向道路照明、沿道路装饰照明等的供电。箱体外形可按要求做成与使用环境协调的各种造型，体积小、结构紧凑。箱式变电站有户内型和户外型，户外型必须采取防腐蚀、防凝露及通风散热等措施。

2）组合式变电站。它将变压器本体、开关设备、熔断器、分接开关及相应辅助设备组合在一起，采用以矿物油绝缘和冷却的变压器，该技术是从美国引进的，俗称美式箱变。

组合式变电站一般为"品"字形布置。

① 装置前部为接线柜，高压受电间隔面板上布置着高压接线端子、高压负荷开关、插入式熔断器、高压分接开关等高压部件的外露部分；低压受电间隔面板上布置着低压端子及其他部件，根据需要可安装低压配电电器及无功补偿电器。

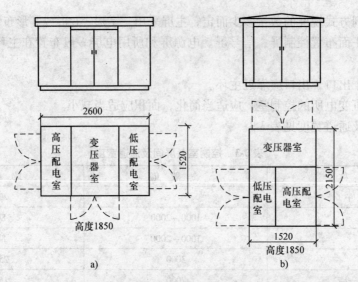

图 3-12 箱式预装变电站的布置示例

a) 布置 1 b) 布置 2

② 装置后部为油箱及散热部分，变压器本体及高压部件等均放置在油箱内。

由于高压采用油绝缘，大大缩短了绝缘距离，使组合式变压器整体明显缩小，约为预装式变电站的 1/3。图 3-13 为组合式预装变电站的布置示例。

（3）电路方案

1）组合式预装变电站。预装变电站有终端接线和环网接线两种形式，环网接线典型方案如图 3-14 所示，核心设备如下。

① 负荷开关——采用环网型四工位旋转操作：变压器由环网电源供电、电源 1 供电、电源 2 供电、从电网中隔离开来。变压器由插入式熔断器和后备熔断器串联起来提供保护。

② 插入式熔断器——采用双敏熔体，在二次侧发生短路故障、过负荷及油温过高时熔断，后备熔断器仅在变压器内部故障时动作。

③ 高压插拔式电缆终端——带电部分被密封在

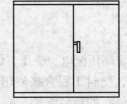

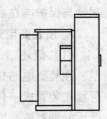

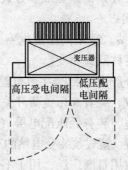

图 3-13 组合式预装变电站的布置示例

绝缘体内，在双通护套上安装有复合绝缘金属氧化锌避雷器，以保护变压器免受雷电过电压的危害。

由于低压间隔较小，一般不采用成套配电装置，而是直接在间隔面板上安装低压塑壳式断路器和无功补偿电器，以及控制电器和监测仪表。为防止熔断器一相熔断造成变压器断相运行，可在低压侧加装智能欠电压控制器，在低压母线出现不正常电压时，作用于低压断路器分励脱扣切断电源，保证安全供电。

2）箱式预装变电站。电路方案示例如图 3-15 所示，线路为 T 形：一路为 10kV 环网电缆进；另一路为 10kV 环网电缆出；再一路以电缆为去干变 10kV 端。干变 0.4kV 端出后均

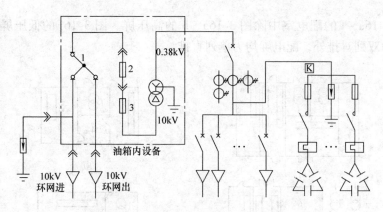

图 3-14 组合式预装变电站的电路方案示例

1—四工位负荷开关 2—插入式熔断器 3—后备熔断器

为母线，经插入式主断路器控制保护，固定式电容补偿，以多路抽屉式分断路器以电缆馈出。变压器高低压应是三角形-星形联结，低压接地。

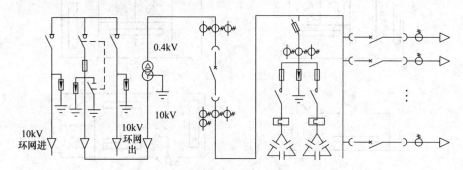

图 3-15 箱式预装变电站的电路方案示例

8. 变电站总体布置

10（6）/0.4kV 变电站总体布置方案如图 3-16 所示。

图 3-16a 为有两室内变压器、一高配、一含值班的低配、一高补及工具、生活间各一的独立式。

图 3-16b 为有两室外变压器、一高配、一低配、一高补及值班、工具间各一的半露天独立式。

图 3-16c 为有两室内变压器、一高配、一低配及一独立值班的附设式。

图 3-16d 为有一室内变压器、一低配及一含值班的低配的附设式。

图 3-16e 为有两室外变压器、一高配、一低配、一值班及一工具间的半露天附设式。

图 3-16f 为有一室外变压器及含值班的低配的半露天附设式。

图 3-16g 为有一室内变压器、一高配、一低配及一独立值班的独立式。

图 3-16h 为有一室内变压器、一高、低配共用及一独立值班的独立式。

图 3-16i 为有两室内变压器、一高配、一低配及一独立值班的独立式。

图 3-16j 为有两室内变压器、一高配及一含值班的低配的独立式。

图 3-16k 为有一室内箱变压器、高配与低配共用及一独立值班的独立式。

图 3-16l 为有两室内箱变压器、高配与低配共用及一独立值班的独立式。

上述图3-16a~l的配电室中除图3-16a、b的高压屏、图3-16j的低压屏，图3-16l的高、低压屏为双列对排外，配电屏均为单列直排。

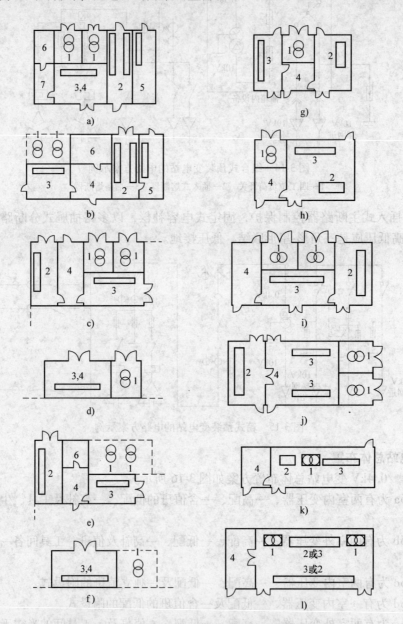

图3-16　10（6）/0.4kV变电站总体布置方案示例

a）独立式（室内变压器）　b）独立式（室外变压器）　c）附设式（设专门值班室）

d）附设式（仅一台变压器）　e）半露天附设式（有高、低配室兼值班室）

f）半露天附设式（仅低配室兼值班室）　g）高低配室分设（一台油浸变压器）

h）高低压配电室合一（一台油浸变压器）　i）两台油浸变压器（设值班室）

j）两台油浸变压器（低压配电室兼值班室）　k）一台干式变压器（与高低配同置一房间）

l）两台干式变压器（与高低配同置一房间）

1—变压器室，露天、半露天变压器装置　2—高配室　3—低配室　4—值班室

5—高压电容器室　6—维修、工具间　7—休息、生活间

3.2.2 工厂变电所布局实例

1. 实例 3-4

某工业工程车间变电所平面布置图如图 3-17 所示。

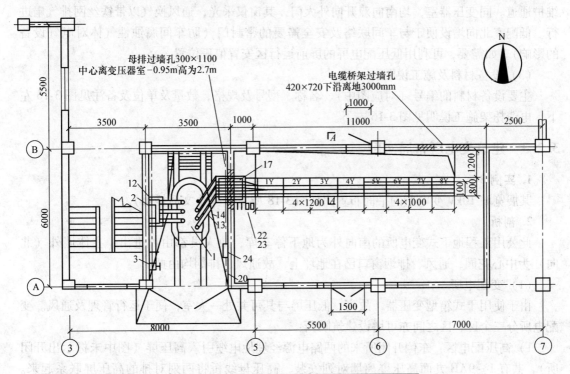

24	端子箱	JX8001	个	1	按电站要求操作
23	低压母线支架	形式4	个	1	
22	低压母线支架	形式3	个	2	一个带防护罩
20	临时接地接线柱		个	1	
17	低压母线支架	形式6	套	1	
14	低压中性母线	LMY－40×5	m	6	
13	低压相母线	LMY－120×10	m	18	
12	高压母线支架	形式13	个	1	
3	手动操作机构	CS3	个	1	
2	高压负荷开关	FN3－10R	个	1	配高压熔断器 RN3—50/130
1	油浸式电力变压器	S9－500/10	个	1	联结组号：Dyn11
编号	名　称	型号及规格	单位	数量	备注

说明：1. 电缆沟内电缆托架在配电室内为三层。 2. 上述托架水平方向每隔一米为一组。注意连通接地。自制安装时均应做防腐处理

图 3-17　实例 3-4 某工业工程车间变电所平面布置图

2. 剖析

此为 10/0.4kV 内附式变电所。它包括装有油浸变压器 1 台的变压器室及单列并排安放 8 个低压配电屏的低压配电室。

（1）变压器室

高式自然循环通风、散热、进气、排气（百叶窗在剖面图中才能看到，此处略），进线

139

开关电器装在室左侧墙上，低压母排出线从右侧穿墙至低配室。

（2）低配室

从左侧穿墙引入的母排将电源引至进线屏 1Y，供 2～8Y 各配电屏分配、控制、保护，从后右侧墙，以电缆桥架馈至生产车间。屏后为维护通道，下为一次电缆沟，屏前为运行、维护通道。同变压器室，均南向双开向外大门，其窗仅采光，通风换气以带铁丝网排气扇进行。低配室北向增设便于与车间联络及安全需要的密封门（防车间腐蚀性气体对电气设备的影响）。如需要，可利用低压配电屏的屏前运行区安置值班位置。

（3）设备材料及施工说明

主要设备材料的编号（对应图中）、名称、型号及规格、数量及单位及备注见图 3-16 左下，电缆托架施工说明见图 3-16 右下。

3.2.3 建筑变电所布局实例

1. 实例 3-5

某展览城 10kV 变电所的平面布置图如图 3-18 所示（见全文后插页）。

2. 剖析

此公用工程地下式变电所的南向外为地下停车库，故人员都由此进出。主体墙外（北向）为中心花园，通风、排烟窗口已在地坪上，故通风、排烟均由此。

（1）变配电所

由于使用干式箱型变压器，故高、低压屏与其可共处一大室，便于运行管理及通风。变配电所分三个区，区之间亦可增设建筑隔断：

1）高压配电区：东侧开闭所来的两路电源经埋地电缆引入高压屏（图中未标示出开闭所），共有 1～9AH 九面高压屏离墙对列安装，高压母线桥将两列对排的高压屏联系起来。一、二次电缆均在其下部。

2）箱型变压器区：由高压屏经地下电缆沟，将 10kV 五路受控电源分列送至 5 个干式变压器：

1#——500 kVA；

2#——1250 kVA；

3#——1250 kVA；

4#——800 kVA；

5#——500 kVA。

由于干式变压器均装入箱体内，则可并列两排布置。

3）低压配电区：自各变压器二次侧出线，经密集式母线馈至 1～38AA 的 38 个低压配电屏的相应屏上，它们的馈出经如下 3 种方式馈至负荷。

① 电缆桥架——8-E 轴线处引至同层和经西电缆井向上到各层；9-E 轴线处引至东电缆井向上到各层。

② 密集式母排——经位于 7-E 轴线处的电缆竖井上引至 1～4 层各负荷。其中 4 层为中央空调，用电集中，已设置低压配电室专供空调配电（若如此则低压配电室改为变电所，以高压馈至，更为合理）。

③ 电缆沟——经缆沟后，直埋电缆于 9-F 轴线处经保护管穿墙后，直埋引至后中心花

园及商贸街两路用电。两列对排的低压屏，以两条电缆沟及一副母线桥相互联系。

（2）电缆竖井

紧靠变电室东西墙的电缆竖井作为整个会展工程的强、弱电竖向供配电的通道。

（3）值班室

此值班室可通过与变电室相邻墙上所设大窗，直接监视设备运行。由于会展期间电力供应不可中断，此值班室设置为三班运转。值班室内为备品备件库。

（4）柴油发电机室

变电室西向的柴油发电机室能在已有两电源供电的前提下，进一步保证此一级负荷不间断供电的应急电源。这里已妥善处理好应注意的储油消防、防噪声及通风、排烟三大问题。

（5）防水、防洪措施

基于历史洪水水位的记载，此地下变电所外墙1.8m均作防水、防洪处理。东西两侧主门、南向安全用门均为外开式，且均设置升、降梯步达1.8m以上。

（6）换气、散热、排湿措施

此工程位于南方沿海，外环境系高温、湿热，又处地下一层，故配电室带网罩（防小动物进入）的强力换气扇，改善地下室温度及换气、散热、排湿。为操作安全及小车使用，高低屏运行通道前，均铺以8mm厚橡胶绝缘垫。

实训 "居住小区供配电系统"现场参观、讲课及讨论

练习

1）从随书附带DVD光盘中的"1.供配电器件、设备图片"和"2.供配电工程现场教学"中找出类似实例3-1或其他的主接线，试剖析。

2）从随书附带DVD光盘中的"1.供配电器件、设备图片"和"2.供配电工程现场教学"中找出类似实例3-2或其他的高压柜成套方案，试剖析。

3）从随书附带DVD光盘中的"1.供配电器件、设备图片"和"2.供配电工程现场教学"中找出类似实例3-3或其他的低压柜成套方案，试剖析。

4）从随书附带DVD光盘中的"1.供配电器件、设备图片"和"2.供配电工程现场教学"中找出类似实例3-4或其他的工业工程变电所平面布置方案，试剖析。

5）从随书附带DVD光盘中的"1.供配电器件、设备图片"和"2.供配电工程现场教学"中找出类似实例3-5或其他的建筑工程变电所平面布置方案，试剖析。

实务课题 4　系统及彼此连接的实施

供配电系统自身内部及各系统彼此之间是以线缆连接的，实施线缆连接的两大具体问题是线缆的选择及敷设。供配电技术基础已介绍线缆的型号选择及从四个角度出发的截面选择，故本课题将仅对线缆的截面综合选择及敷设作介绍。

4.1　线材

配电网的线材是传输电能的主要器材。线材选择的合理与否直接影响到电力网的安全、经济运行，以及有色金属的消耗量与线路投资。由于历史的原因，我国曾贯彻"以铝代铜"的技术政策；而现在多提倡用铜，以减少损耗，节约电能。近期出现的覆铜铝母线是二者结合的新技术。在易爆炸、腐蚀严重的场所，以及用于移动设备、检测仪表、配电盘的二次接线等时，必须采用铜线。

配电网线材的选择必须满足用电设备对供电安全可靠和电能质量的要求，尽量节省投资、降低年运行费用、布局合理、维修方便。它包括型号选择及截面积选择两方面。

线材型号的选择应满足在当地环境条件下正常运行、安装维护及短路状态的要求，绝缘导体还应符合工作电压的要求。

4.1.1　裸线

1. 类型

户外架空线路 10kV 及以上电压等级，一般采用裸导线。常用的型号有如下。

1）铝绞线（LJ）。它导电性能较好，重量轻，对风雨作用的抵抗力较强，但对化学腐蚀作用的抵抗力较差。多用于 10（6）kV 的线路，其受力不大，杆距不超过 100~125m。

2）钢芯铝绞线（LGJ）。导线的外围为铝线，芯采用钢线，这就解决了铝绞线机械强度差的问题。而交流电具有趋肤效应，所以导体电流实际只从铝线经过，这样，确定钢芯铝绞线的截面积时，只需考虑铝线部分的面积即可。在机械强度要求较高的场合和 35kV 及以上的架空线路上多被采用。

3）铜绞线（TJ）。它导电性能好，机械强度好，对风雨和化学腐蚀作用的抵抗力都较强，但价格较高，是否选用应根据实际需要而定。

4）防腐钢芯铝绞线（LGJF）。它具有钢芯铝绞线的特点，同时防腐性能好。一般用在沿海地区，咸水湖及化工工业地区等周围有腐蚀性气体的高压和超高压架空线路上。

2. 环境条件

选择裸导线的环境温度应符合以下两点要求。

1）户外。取决于最热月平均最高温。最热月平均最高温为最热月每日最高温度的月平均值，取多年平均值。

2）户内。取决于该处通风设计温度。选择屋内裸导线的环境温度，若该处无通风设计温度资料时，可取最热月平均最高温度加5℃。

4.1.2 母线

母线是裸金属的导电型材，由于它最常用的形状为矩形，即排状，因此也常称为母排，类型如下。

1. 矩形母线

矩形母线具有趋肤效应系数小、散热条件好、安装简单、连接方便等优点，一般工作电流≤2000A。主要有铜母线TMY、铝母线LMY和少量使用的钢母线GMY三类（最近出现复铜铝母线）。

随着片数的增加，趋肤效应系数显著增大，附加损耗显著增大，故载流量不随片数的增长而成倍增长。

2. 槽形母线

与同截面矩形母线比，槽形母线电流分布均匀、散热条件好、机械强度高、安装方便、载流能力强。

3. 管形母线

管形母线作为空心导体，趋肤效应系数小，且有利于提高电晕的起始电压。户外使用可减少占地，简明构架，清晰布置。但导体和设备的连接复杂，户外易产生微风振动。

为了识别导线相序，以有利于运行维修，同时也有利于防腐和改善散热条件，相关标准规定，交流三相系统中的裸导线应按表4-1进行涂色。

表4-1 交流三相系统中裸导线的涂色

裸导线类别	A相	B相	C相	N线、PEN线	PE线
涂漆颜色	黄	绿	红	淡蓝	黄绿双色

4. 母线槽

它是将矩形母排紧凑绝缘地并排安装在密封接地的槽型金属外壳内构成，故得此名，又名封闭式母线。母线槽使用于50/60Hz、工作电流100～4000A、电压660V及以下的供配电线路中。它体积小、输送电流大、安装灵活、配电施工方便、互不干扰。它是一种相间、相对地都有绝缘层的低压母线，它将3条、4条或5条母线用绝缘材料作相间和相对地的绝缘，可根据使用者要求，在预定位置留出插接口，形成插接式母线。带插口的母线槽，可通过插接开关箱方便地引出分支。密集式母线槽的特点是载流量大，便于分支。母线槽通常作干线使用或向大容量设备提供电源，在配电柜到系统的干线与支干线回路中使用。它的敷设方式有电气竖井中垂直敷设，用吊杆在顶棚下水平敷设以及在电缆沟或电缆隧道内敷设。密集母线的断面及外形如图4-1所示。

按绝缘方式可将其分为如下几种类型。

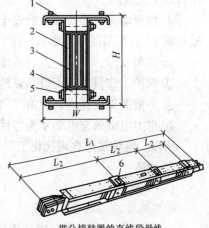

带分接装置的直线段母线

图4-1 密集母线的断面及外形
1—结构外壳 2—导电排 3—热缩套管
4—绝缘垫块 5—紧固螺钉 6—插接口

1）空气绝缘型。它由固定母线的绝缘框架保持各相之间、相线与 N 线间的一定距离的空间绝缘。

2）密集型。它由高电气性能的热合套管罩于母线上，各相之间、相线与 N 线间以密集安装的母线间的绝缘套管为绝缘，体积最小，如图 4-1 所示。

3）复合绝缘。它是上面两者的结合，体积也介于上面两者之间，使用最为广泛。

4.1.3 绝缘电线

在低压照明电路及部分动力电路中广泛使用绝缘电线。绝缘电线按线芯材料分为铜芯和铝芯（名称中加字母 L 与铜芯区别）；按线芯数量分有单芯和多芯，其中多芯为软芯（以名称中加字母 R 区别于单芯），单芯使用广泛；按绝缘材料分有如下 3 种。

1. 橡皮绝缘

橡皮绝缘的耐温度变化性能好，室内敷设优先选择。常用型号为 BX（BLX）、BBX（BBLX）、BXF（BLXF）、BXR 等。

2. 塑料绝缘

塑料绝缘的绝缘性能好、价格低，耐油和抗酸、碱腐蚀，相对橡皮绝缘可节省橡胶和棉纱。缺点是对气候适应性差：低温变硬发脆；高温、日晒又易老化。在无隔热的高温环境、日晒及严寒地区应选择特殊型塑料电线。在有消防要求时选择阻燃（ZR）、耐火（NH）型产品，常用的型号是 BV（BLV）、BVV（BLVV）、BVR 等。

3. 氯丁橡皮绝缘

它耐油性能好、不易发霉、不延燃、适应气候性能好，光老化过程缓慢，老化时间为普通橡皮绝缘电线的两倍，适宜在户外敷设。但绝缘层机械强度差，不宜穿管敷设。

4.1.4 电缆

电缆线路与架空线路相比虽具有成本高、投资大、维修不便等缺点，但它与架空线路相比有以下优点。

① 由于电力电缆大部分敷设于地下，所以不易受外力破坏（如雷击、风害、鸟害、机械碰撞等），不易受外界影响，运行可靠，发生故障的几率较小。

② 供电安全，不易对人身造成各种伤害。

③ 维护工作量小，无需频繁地巡视检查。

④ 不需要架设杆塔，使市/厂容整洁，交通方便，还能节省钢材。

⑤ 电力电缆的充电功率为容性，有助于提高功率因数。

所以，电缆线路在现代化工厂和城市中，得到了越来越广泛的应用。

1. 构造

（1）电缆线

电缆的构成如图 4-2 所示。

1）线芯。它起传导电流的作用，一般由铜或铝的多股线绞合而成。电缆线芯的断面形状有圆形、半圆形、扇形、空心形和同心形圆筒等。线芯采用扇形，可减小电缆外径。电缆可分为单芯、双芯、三芯、四芯、五芯等多种。

2）绝缘层。它用于承受电压，起线芯之间或线芯和大地之间的绝缘作用。电缆的绝缘

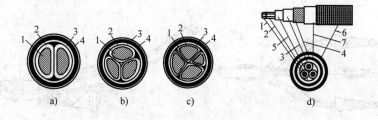

图 4-2　电缆的构成

a）二芯扇形　b）三芯扇形　c）四芯扇形　d）三芯圆形

1—线芯　2—相绝缘　3—带绝缘　4—铅包　5—填充　6—钢带铠装　7—保护层

可分为两种：相绝缘是每个线芯的绝缘；带绝缘是将多芯电缆的绝缘线合在一起，然后再于其上施加绝缘，这样可使线芯不仅互相绝缘，还与外皮绝缘。绝缘层所用的材料很多，如橡胶、聚氯乙烯、聚乙烯、交联聚乙烯、棉、麻、纸、矿物油等。

3）保护覆盖层。保护覆盖层是用于密封，并保持一定的机械强度的保护电缆的绝缘层。它使电缆在运输、敷设和运行中不受外力的损伤和水分的侵入。保护覆盖层又分为内保护层和外保护层。

① 内保护层：直接包紧在绝缘层上，保护绝缘不与空气、水分或其他物质接触。

② 外保护层：保护内保护层不受机械损伤和腐蚀。为了防止外力破坏，在电缆外层以铅皮包绕及钢带铠装，并在铅包与钢带铠装之间，用浸沥青的麻布作衬垫隔开，以防止铅皮被钢带扎破，铠装的外面再用麻带浸渍沥青作保护层，以防锈蚀。没有外保护层的电缆，如裸铅包电缆，则只宜用在无机械损伤和化学腐蚀的地方。

（2）电缆中间接头

电缆敷设完后，将各段连接起来成为一个连续线路的连接点，简称电缆接头，如图 4-3 所示。

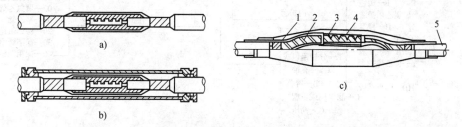

图 4-3　电缆接头构造示意图

a）无壳型 0.5～1kV 三芯电缆中间接头　b）有壳型 0.5～1kV 三芯电缆中间接头　c）环氧树脂电缆中间接头

1—统包绝缘层　2—缆芯绝缘层　3—扎锁管（管内两线芯对接）　4—扎锁管涂色层　5—铅包

（3）电缆终端头

电缆终端头的作用是实现电缆和其他电气设备（如架空线路、配电电气设备等）之间的连接。它有多种结构和类型，如干包式、环氧树脂式、铸铁盒电缆式、交联聚乙烯绕包式和热缩式、冷缩式（用于预分支电缆）等终端头结构。两种常用电缆终端头的结构如图 4-4 所示。

电缆线路的故障大部分发生在电缆接头处，所以电缆中间接头和电缆终端头是线路中的薄弱环节，要特别重视其安装质量，要求密封性好，具有足够的机械强度，耐压强度不应低于电缆本身的耐压强度。

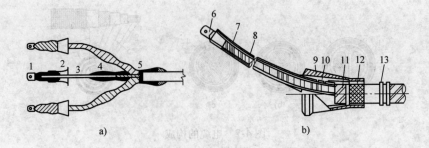

图 4-4　电缆终端头结构示意图

a）交联聚乙烯电缆绕包式终端头　b）户内式电缆环氧树脂终端头

1—接线端子　2—防雨罩（室外用）　3—电缆线芯绝缘　4—软铅丝屏蔽环　5—三芯分支手套

6—引线鼻子　7—缆芯绝缘　8—缆芯（外包绝缘层）　9—预制环氧外壳（可代以铁皮模具）

10—环氧树脂（现场浇筑）　11—统包绝缘　12—铅包　13—接地线卡子

2. 全型号含义

电缆型号的表示和含义如下，其中虚线框和括号内文字为非电力电缆内容。

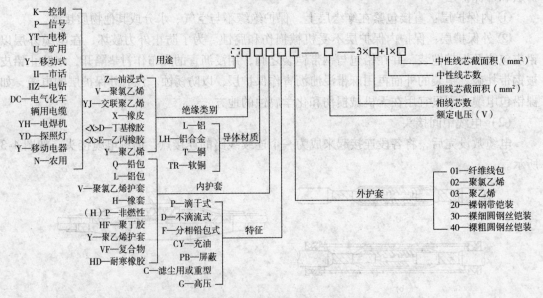

电力电缆型号中字母的含义见表4-2和表4-3。

表 4-2　电力电缆型号中各个字母的含义

项　目	型　号	含　义
绝缘种类	Z	油浸纸绝缘
	V	聚氯乙烯绝缘
	YJ	交联聚乙烯绝缘
	X	橡皮绝缘
线芯材料	L	铝包
	T	铜芯（一般不注）

项　目	型　号	含　义
内护层	Q	铅包
	L	铝包
	V	聚氯乙烯护套
特征	P	滴干式
	D	不滴流式
	F	分相铅包式

表4-3　电力电缆型号中加强层、铠装层及外被层数字标记的含义（取自 GB/T 2952—2008《电缆外护层》）

标　记	加　强　层	铠　装　层	外被层或外护套
0		无	
1	径向铜带	联锁钢带	纤维外被
2	径向不锈钢带	双钢带	聚氯乙烯
3	径、纵向铜带	细圆钢丝	聚乙烯或聚烯烃
4	径、纵向不锈钢带	粗圆钢丝	弹性体
5	非金属纤维材料	皱纹钢带	交联聚烯烃
6		（双）非磁性金属带	
7		非磁性金属丝	
8		铜（或铜合金）丝编织	
9		钢丝编织	

3. 常用型号及选用

1）塑料绝缘电力电缆。它结构简单、重量轻、抗酸碱、耐腐蚀、敷设安装方便，并可敷设在有较大高差，甚至垂直的环境中，有逐步取代油浸式绝缘电缆的趋向。常用的两种是聚氯乙烯绝缘及护套电缆（已达 10kV 电压等级）和交联聚乙烯绝缘聚氯乙烯护套电缆（已达 110kV 等级）。

2）橡胶绝缘电缆。它适用于温度较低和没有油质的场合、低压配电线路、路灯线路以及信号、操作线路等，特别适宜高低差很大的地方，并能垂直安装。

3）油浸纸绝缘不滴流式铅包电力电缆。它可用于垂直或高落差的场合，敷设在室内、电缆沟、隧道或土壤中，能承受机械压力，但不能承受大的拉力。

4）裸铅包电力电缆。它通常安装在不易受到机械操作损伤和没有化学腐蚀作用的地方。如厂房的墙壁、天花板上、地沟里和隧道中。有沥青防腐层的铅包电缆，还适宜于潮湿和周围环境含有腐蚀性气体的地方。

5）铠装电力电缆。它应用很广，可直接埋在地下，也可敷设在不通航的河流和沼泽地区。圆形钢丝铠装的电力电缆可直接安装在水底，横跨常年通航的河流和湖泊。变配电所的馈电线通常采用这种电缆。

6）无麻被保护层的铠装电缆。它可应用于有火警、爆炸危险的场所，可能受到机械损伤和振动的场所。使用时可将电缆安装在墙壁上、顶棚上、地沟内、隧道内等。

4. 电缆的使用

（1）敷设路径的选择

应符合下列要求：

① 避免电缆遭受机械性外力、过热及腐蚀等危害。

② 满足安全要求条件下尽可能短。

③ 便于运行及维护。

④ 避开将要挖掘施工的地段。

（2）敷设的注意事项

敷设属于隐蔽工程，所以一定要严格遵守有关技术规程的规定和设计要求。竣工后，应按规定的手续和要求进行检查和验收，确保线路的质量。

1）电缆长度宜按实际线路长度留 5% ~ 10% 的裕量，以作为安装、检修时的备用；直埋电缆应做波浪形埋设。

2）下列场合的非铠装电缆应采取穿管保护。

① 进、出建（构）筑物。

② 穿过楼板及墙壁。

③ 从电缆沟道引出至电杆，或沿墙敷设的电缆距地面 2m 高度以内及埋入地下小于 0.3m 深度的一段。

④ 与道路、铁路交叉段。电缆保护管的内径不得小于电缆外径或多根电缆包络外径的 1.5 倍。

3）多根电缆敷设在同一通道中位于同侧的多层支架上时。

① 按电压等级由高至低的电力电缆、强电至弱电的控制和信号电缆、通信电缆的顺序排列。

② 支架层数受通道空间限制时，35kV 及以下的相邻电压级电力电缆可排列于同一支架，1kV 及以下也可与强电控制和信号电缆配置在同一层支架上。

③ 同一重要电路的工作与备用电缆实行耐火分隔时，宜适当配置在不同层次的支架上。

4）明敷电缆不宜平行敷设于热力管道上部。电缆与管道之间无隔板防护时，应满足 GB 50217—2007《电力工程电缆设计规范》规定。

5）电缆应远离爆炸性气体源。敷设在爆炸性危险较小的场所时，应符合下列要求。

① 易爆气体比空气重时，电缆应在较高处架空敷设，且对非铠装电缆采取穿管或置于托盘、槽盒内等机械性保护。

② 易爆气体比空气轻时，电缆应敷设在较低处的管、沟内，沟内非铠装电缆应用干砂掩埋。

6）电缆沿输送易燃气体的管道敷设时，应配置在危险程度较低的管道一侧，且应符合下列规定。

① 易燃气体比空气重时，电缆宜敷设在管道上方。

② 易燃气体比空气轻时，电缆宜敷设在管道下方。

7）电缆沟的结构应考虑到防火和防水。电缆沟从建筑外进入建筑应设置防火隔板。为了顺畅排水，电缆沟的纵向排水坡度不得小于 0.5%，而且不得排向厂房内侧。

8）直埋敷设于非冻土地区的电缆，其外皮至地下构筑物基础的距离不得小于 0.6m，至地面的距离不得小于 0.7m；当位于行车道或耕地下方时，应适当加深，且不得小于 1m。电缆直埋于冻土地区时，宜埋入冻土层下。直埋敷设的电缆，严禁位于地下管道的正上方或下方。有化学腐蚀的土壤中，电缆不宜直埋敷设。

9）电缆的金属外皮、金属电缆头及保护钢管和金属支架等均应作可靠的接地和等电位联结。

10）直埋电缆引入隧道、人孔井，或建筑物在贯穿墙壁处添加的保护管应堵塞管口，以防水的渗透。

现代建筑电气中还广泛使用"预分支电缆"及"矿物绝缘电缆"等，详见后述。

4.2 敷设方式

4.2.1 架空敷设

架空线路和电缆线路是应用最普遍的两大类供电线路。与电缆线路相比，架空线路优点是成本低、投资少、易安装、维修和检修方便、易于发现和排除故障，所以架空线路在室外线路中应用相当广泛。但架空线路直接受大气影响，易受雷击和污秽空气危害，且架空线路要占用一定的地面和空间，有碍交通和观瞻，因此受到一定的限制。现代化工厂及大中城市逐渐减少架空线路，而改用非架空线路。

1. 结构

（1）电杆

电杆作为支持导线的支柱，是架空线路的重要组成部分。对电杆的要求，主要是足够的机械强度，尽可能经久耐用、价廉、便于搬运和安装。

电杆按其采用的材料分为木杆、水泥杆和铁塔3种。为节约木材，木杆现已淘汰。高压线路要求更高的机械强度和支持高度，通常采用铁塔。水泥杆在低压户外线路中应用最为普遍，可节约大量木材和钢材，且经久耐用，维护简单，也较经济。

电杆按其在架空线路中的功能和地位分，有直线杆、分段杆、转角杆、终端杆、跨越杆和分枝杆等形式。低压架空线路各杆型应用示例如图4-5所示。

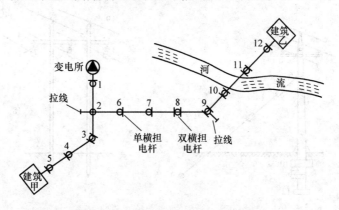

图4-5　低压架空线路各杆型应用示例

1、5、12—终端杆　2—分枝杆　3、9—转角杆　4、6、7—直线杆（中间杆）

8—分段杆（耐张杆）　10、11—跨越杆

（2）横担

横担安装在电杆上部，用以安装绝缘子来架设导线。横担有木横担、铁横担和瓷横担，现

在普遍采用的是铁横担和瓷横担。瓷横担为我国独创，具有良好的电气绝缘性能，兼有横担和绝缘子的双重功能，能节约大量的木材和钢材，有效地利用杆塔高度，减低线路造价；在架空线路发生断路故障时能转动，避免因断线而扩大事故；同时其表面便于雨水冲洗，可减少线路维修；它结构简单，安装方便，可加快施工进度。但瓷横担较脆，安装和使用中须注意。

（3）拉线

拉线是为了平衡电杆各方面的作用力，并抵抗风压防止电杆倾倒，而设置在终端杆、转角杆、分段杆等处。拉线按形状分有普通拉线、水平拉线及 Y 形、V 形及弓形拉线。

（4）绝缘子

绝缘子俗称瓷瓶，用来将导线固定在电杆上，并使导线与电杆绝缘，绝缘子既要具有一定的电气绝缘强度，又要具有足够的机械强度。它按电压高、低可分为高压绝缘子和低压绝缘子两类。

（5）金具

金具是用于固定导线、绝缘子、横担及组装架空线路的各种金属器具的总称。常用的有以下几种。

1）悬垂线夹。它将导线固定在直线杆塔的悬垂绝缘子串上或将避雷线固定在非直线杆塔上。

2）耐张线夹。它将导线固定在非直线杆塔的耐张绝缘子串上或将避雷线固定在直线杆塔上。

3）接续金具。它用于导线或避雷线两个终端的连接处，有压接管、钳接管等。

4）连接金具。它将绝缘子组装成串或将线夹、绝缘子串、杆塔、横担互相连接。

5）保护金具。它又分为如下两种。

① 防振保护金具。它用于防止因风引起的导线或避雷线周期性振动而造成导线、避雷线、绝缘子传至杆塔的损害，有护线条、防振锤、阻尼线等。护线条是加强导线抗振能力的，防振锤、阻尼线则是在导线振动时产生与导线振动方向相反的阻力，以削弱导线振动。

② 绝缘保护金具。它有悬重锤，用于减小悬垂绝缘子的偏移，防止其过分靠近杆塔。

架空线路各结构的搭配组合如图 4-6 所示架空线路结构示例。

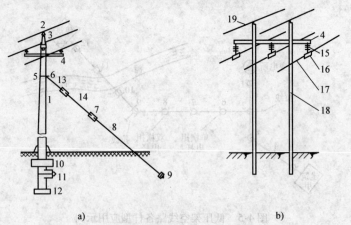

图 4-6　架空线路结构示例

a）低压架空线路电杆　b）高压架空线路电杆

1—电线杆　2—低压导线　3—针式绝缘子　4—铁横担　5—拉线抱箍　6—楔形线夹
7—可调式 U 形线夹　8—拉线底把　9—拉线盘　10、11—卡盘　12—底盘　13—拉线上把
14—拉线腰把　15—高压悬式绝缘子串　16—线夹　17—高压导线　18—高压电杆　19—避雷针

2. 敷设

（1）路径

架空线路路径的选择，应认真进行调查研究，综合考虑运行、施工、交通条件和路径长度等因素，统筹兼顾，全面安排，进行多方案的比较，做到经济合理、安全适用。路径的选择应符合下列要求。

① 路径要短，转角要小，尽量减少与其他设施交叉。当与其他架空电力线路或弱电线路交叉时，其间距及交叉点（或交叉角）应符合 GB 50061—2010《66kV 及以下架空电力线设计规范》的有关规定。

② 尽量避开河洼和雨水冲刷地带、不良地质及易燃、易爆等危险场所。

③ 不应引起机耕、交通和人行困难。

④ 不宜跨越房屋，应与建筑物保持一定的安全距离。

⑤ 应与工厂和城镇的总体规划协调配合，并适当考虑今后的发展。

（2）导线的排列

① 三相四线制低压架空线路。导线一般水平排列，由于中性线电位在三相对称时为零，且其截面积较小，机械强度较差，所以中性线一般架设在靠近电杆的位置。

② 三相三线制架空线路。导线可三角形排列，也可水平排列。多回路导线同杆架设时，可三角形、水平混合排列，也可以全部垂直排列。电压不同的线路同杆架设时，电压较高的线路应架设在上面，电压较低的线路则架设在下面。

（3）架空线路距离

① 挡距，又称为跨距，是指同一线路上相邻两根电杆之间的水平距离。

② 弧垂，又称为弛垂，是指其一个挡距内导线最低点与两端电杆上导线悬挂点间的垂直距离。导线的弧垂由导线荷重形成。弧垂过大则在导线摆动时容易引起相间短路，且可造成导线对地或对其他物体的安全距离不够；过小则使导线内应力增大，天冷时可使导线收缩绷断。

架空线路的线间距离、挡距、导线对地面和水面的最小距离、架空线路与各种设施接近和交叉的最小距离等，在 GB 50061—2010《66kV 及以下架空电力线设计规范》等技术规程中均有规定，设计和安装时必须遵循。

（4）避雷线

避雷线在防雷措施方面的功能如下。

① 防止雷直击导线——雷击塔顶时避雷线对雷电分流，减少流入杆塔的雷电流，使塔顶电位降低。

② 对导线的耦合作用——降低雷击塔顶时塔头绝缘子（绝缘子串和空气间隙）的电压。

③ 对导线的屏蔽作用——降低导线上的感应过电压。

（5）施工

敷设架空线路要严格遵守有关技术规程的规定。整个施工过程中要重视安全教育，采取有效的安全措施，特别是立杆、组装和架线时，更要注意人身安全，防止事故发生。竣工后，要按规定的程序和要求进行检查和验收，确保工程质量。

4.2.2 地面下敷设

1. 直接埋地敷设

直接埋地敷设是电缆线路常用的敷设方式。先挖好壕沟，后把电缆埋在里面，再在周围填以砂土，上加保护板，再回填土，如图 4-7 所示。这种方式施工简单、散热效果好、投资少，但检修不便，易受机械损伤和土壤中酸性物质的腐蚀。如果土壤有腐蚀性的话，则须经过处理后再敷设。直接埋地敷设适用于电缆数量少、敷设途径较长的场合。敷设根数应少于 8 根，为避免地面的重物伤害，直埋深度室外不得小于 0.7m。

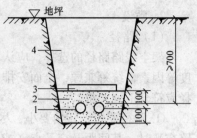

图 4-7　电缆直接埋地敷设
1—电力电缆　2—砂土
3—保护盖板　4—填土

2. 电缆沟敷设

这也是电缆线路的又一种常用敷设方式，它将电缆敷设在电缆沟的电缆支架上。电缆沟由砖砌成或混凝土浇注而成，上加盖板，内侧有电缆架，如图 4-8 所示。这种方式投资稍高，但检修方便、占地面积小，所以在变配电所中应用很广泛。

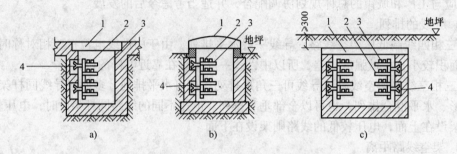

图 4-8　电缆在电缆沟内敷设

a）户内电缆沟　b）户外电缆沟　c）小区电缆沟

1—盖板　2—电力电缆　3—电缆支架　4—预埋铁件

敷设中的注意事项如下。

① 室内电缆沟的盖板应与室内地坪相平。室外电缆沟的沟口宜高出地面 50mm，以减少地面排水进入沟内。当影响地面排水或交通时，可采用具有覆盖层的电缆沟，此时盖板顶部一般低于地面 300mm。

② 电缆沟一般采用钢筋混凝土盖板，当在室内且需要经常开启盖板时可采用花纹钢。

③ 应采取防水措施。底部还应做不小于底面 0.5% 的纵向排水坡度，并设集水井。

④ 电缆在多层支架上敷设时，电力电缆应放在控制电缆上层，但 1kV 以下的电力电缆和 1kV 以上的电力电缆分别敷设于两侧支架上。

⑤ 电缆在沟内敷设时，支架长度不宜大于 350mm。

3. 电缆隧道敷设

电缆数量多到用电缆沟不能敷设时，就要使用电缆隧道，如图 4-9 所示。敷设时应满足的要求如下。

① 电缆隧道的长度大于 7m 时，两端应设

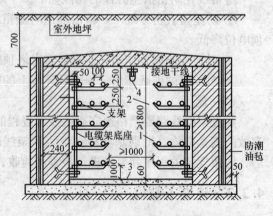

图 4-9　电缆隧道的敷设
1—电缆　2—支架　3—维护走廊　4—照明灯具

152

有出口；当电缆隧道的长度超过75m时，应增加出口。

② 电缆隧道内应有使用安全电压（不超过36V）的照明设施，否则需采取安全措施。

③ 电缆隧道内应有防水措施，底部还应做成不小于底部0.5%的纵向排水坡度。

④ 电缆隧道应尽量采用自然通风。当隧道内电缆电力损失超过150~200W/m时，需考虑采用机械通风。

⑤ 电缆在隧道内敷设时支架长度不应大于500mm。

⑥ 与电缆隧道无关管线不得通过电缆隧道。电缆隧道与其他地下管线交叉时，尽可能使隧道局部下降。

4. 电缆排管敷设

当电缆数量不多（一般不超过12根），而与道路交叉多，路径拥挤，又不能直埋或电缆沟较深时，采用此方式。排管可用石棉水泥管或混凝土管。电缆排管敷设示意图如图4-10所示。

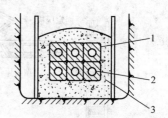

图4-10　电缆排管敷设示意图
1—水泥排管　2—电缆孔（穿电缆）
3—电缆沟

4.2.3　桥架敷设

电缆桥架装置由支架、盖板、支臂和线槽等组成，电缆及绝缘导线敷设在桥架内，如图4-11所示。

桥架敷设克服了电缆沟敷设时存在的积水、积灰、易损坏电缆等多种弊病，改善了运行条件，且占空间小、投资少、建设周期短、便于采用全塑电缆和工厂系列化生产，因此日渐被广泛应用。桥架型号、品种繁多。桥架按结构分为梯级式、托盘式、槽式和组合式；按跨度分为一般跨距和大跨距；按材质分为：钢材表面涂漆、喷漆、烤漆、镀锌及热浸锌、环氧玻璃钢及铝材质。

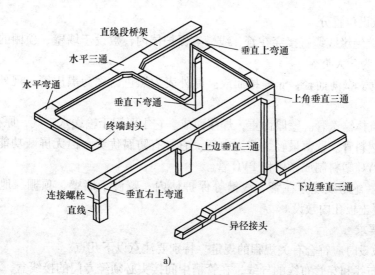

a)

图4-11　电缆桥架示例
a）槽式

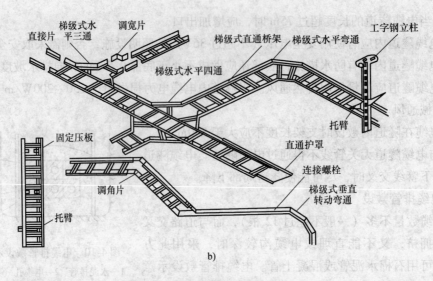

图 4-11　电缆桥架示例（续）

b）梯级式

4.2.4　管、槽敷设

管、槽敷设适用于低压电缆和绝缘导线的室内敷设。

1. 分类

（1）按导线保护方式分

①穿管布线。绝缘线缆可穿在钢管、电线管和硬塑料管内，采用明敷设或暗敷设的方式布线。

②穿线槽布线。绝缘线缆可穿在金属线槽或塑料线槽内，采用明敷设或暗敷设的方式布线。

（2）按敷设位置分

1）明敷。绝缘线缆直接穿在管、线槽等保护体内，敷设于墙壁、顶棚的表面及支架等处。穿线管分为 3 大类。

①电线管。壁薄而轻，非焊接而成。原外表为黑色，称为黑皮管。现外表镀锌，称为镀锌管。

②低压流体输送管。壁厚而重，焊接而成。它主要用于输送水、气，原称为水气管。

③工程塑料管。壁薄最轻，多为白色。它具有防腐优势，但无屏蔽功能，强度差于钢管。它多用 PVC 塑料制成，俗称 PVC 管。

2）暗敷。绝缘线缆穿在管、线槽等保护体内，敷设于墙壁、顶棚、地坪及楼道等内部，或在混凝土板孔内敷设。

2. 敷设要求

管、槽敷设时应符合有关规程的规定。特别要注意以下几点。

①线槽布线和穿管布线的导线，在管槽中间接头必须经专门的接线盒，不应直接接头。

②穿金属管和穿金属线槽的交流线路，应将同一回路的所有相线和中性线（如有中性线时）穿于同一管、槽内。如果只穿部分导线，则由于线路电流不平衡而产生交变磁场，

在金属管、槽内产生涡流损耗，钢管还将产生磁滞损耗，使管、槽发热，导致其中绝缘导线过热，甚至可能烧毁。

③ 导线管、槽与热水管、蒸汽管同侧敷设时，应敷设在水、汽管的下方。有困难时，导线管、槽可敷设在上方，但相互间距应适当增加，或采取隔热措施。

④ 长度超过规定值时，应加接线盒以方便施工。此长度限制还随着线路布局的转弯多少而缩短。所以布线尽可能少拐弯，尽量走直线或曲线。

4.2.5 母线槽敷设

母线槽具有结构紧凑、安装方便、使用安全的优点。它适用于高层建筑、多层厂房、标准厂房或机床设备布置紧凑而又需要经常调整位置的场合，还可用于变压器与配电屏之间的连接。图4-12为封闭式母线槽安装示意图。

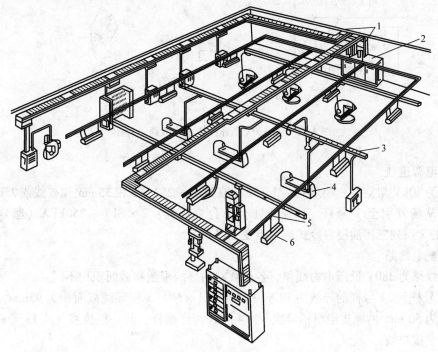

图4-12 封闭式母线槽安装示意图

1—馈电母线槽 2—配电装置 3—接线式母线槽 4—用电设备 5—照明母线槽 6—灯具

现代建筑电气广泛使用的"电气竖井敷设"见随书附带DVD光盘中"2. 供配电工程现场教学"中的视频及照片。

4.3 敷设实例

4.3.1 架空线路

实例4-1 线缆线路工程图是表示线缆敷设、安装、连接的具体方法及工艺要求的简图，一般用平面布置图表示。图4-13为某380V低压架空电力线路的线缆线路工程图，它是在一个建筑工地的施工总平面图上绘制的施工用电总平面图。图中右上角是一个小山坡，待建建筑上标有建筑面积和用电量。

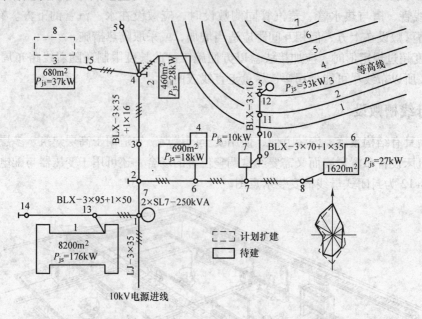

图 4-13　某 380V 低压架空电力线路工程图

（1）电源进线

进线为 10kV 架空线，使用 LJ－3×35（或 LGJ—25）（3 根 35mm² 铝绞线或 25mm² 钢芯铝绞线）从场外引至 1 号杆。1 号杆处有 2 台变压器：2×SL7－250kVA（额定容量为 250kVA 的 7 系列三相油浸自冷式铝绕组变压器）。

（2）配电线路

配电线路为 380V 低压电力线路，各段线路的导线根数和截面积均不同：

1）1 号杆到 14 号杆的导线为 BLX－3×95＋1×50（3 根导线截面积为 95mm²、1 根导线截面积为 50 mm² 的橡皮绝缘铝导线）。14 号杆为终端杆，装一根拉线。从 13 号杆向 1 号建筑做架空接户线。

2）1 号杆到 2 号杆：为两层线路，共用 1 根中性线（在 2 号杆处分为两根中性线），故共 7 根线。2 号杆为分枝杆，装两组拉线，5 号杆、8 号杆为终端杆各加装一组拉线。此两层线路的导线如下。

① 2 号杆~5 号杆——BLX－3×35＋1×16（3 根导线截面积为 35mm²、1 根导线截面积为 16mm² 的 4 根 BLX 型导线）。

② 2 号杆~8 号杆——BLX－3×70＋1×35（3 根导线截面积为 70mm²、1 根导线截面积为 35mm² 的 4 根 BLX 型导线），其中 6 号杆、7 号杆和 8 号杆处均做接户线；9 号杆~12 号杆是给 5 号设备供电的专用动力线路 BLX－450/750－3×16（3 根截面积为 16mm² 的 BLX 型导线），电源取自 7 号建筑物。

3）4 号杆分为如下三路。

① 第一路到 5 号杆。

② 第二路到 2 号建筑物，做 1 条接户线。

③ 最后一路经 15 号杆接入终端，同样安装拉线。

4.3.2 非架空线路

实例 4-2 图 4-14 为某 10kV 电缆线路敷设工程图，图中标出了电缆线路的走向、敷设方法、各段路的长度及局部处理方法。

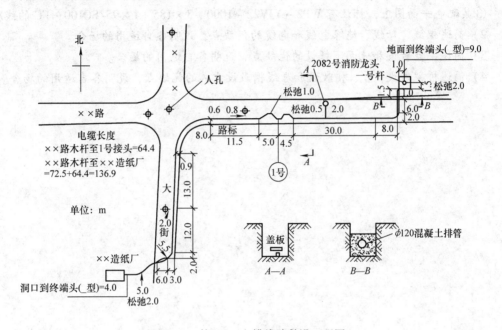

图 4-14 某 10kV 电缆线路敷设工程图

电缆采用直埋敷设，全长 136.9m，其中包含了在电缆两端和电缆中间接头处必须预留的松弛长度。电缆从右上角的 1 号电杆引下，穿过道路沿路南侧敷设，到十字路口转向南，沿××大街东侧敷设，终点为××造纸厂，在造纸厂处穿过道路，按规范要求在穿过道路的位置要装混凝土管保护。

图右下角为电缆敷设的断面图。剖面 A—A 为整条电缆采用铺沙子盖保护板的敷设方法，剖切位置在图中 1 号圈位置右侧。剖面 B—B 为电缆穿过道路时加保护管的情况，剖切位置在电缆刚引下 1 号杆向南穿过路面处。这里电缆横穿道路时使用的是直径为 120mm 的混凝土保护管，每段管长为 6m，在图右上角电缆起点处和左下角电缆终点处各有一根保护管。

图中部 1 号圈位置为电缆中间接头，1 号圈向右直线长度为 4.5m 内做了一段弧线，松弛量为 0.5m，为将来此处电缆头损坏修复时所需要的长度。向右直线段 30 + 8 = 38m；转向穿过公路，路宽 2 + 6 = 8m，电杆距边 1.5 + 1.5 = 3m，这里有两段松弛量共 2m（两段弧线）。电缆终端头距地面为 9m。电缆敷设时距路边 0.6m，这段电缆总长度为 64.4m。

从 1 号圈位置向左 5m 内做一段弧线，松弛量为 1m。再向左经 11.5m 直线段进入转弯向下，弯长为 8m。向下直线段为 13 + 12 + 2 = 27m，穿过大街，街宽 9m。造纸厂距路边 5m，留有 2m 的松弛量，进厂后到终端头长度为 4m，这一段电缆总长为 72.5m，电缆敷设距路边 0.9m，与穿过道路的斜向增加长度相抵消不再计算。

实训 **"工业或公用工程配电网"现场参观、讲课及讨论**

练习

1）请回答下列线路标注所代表的意思。

①某配电系统图中，标注有 TMY-3(40×4) 的设备。

②某配电平面图上，标注有 WL1-BV-450-(3×4+1×2.5)/KBG32，CC 的线路。

③某配电平面图上，标注有 WP2-YJV22-1000-3×185+1×95/SC100，FC 的线路。

2）简述裸线、母线、绝缘电线和电缆的优缺点，说明各自适用的场合。

3）简述架空敷设和地面下敷设的优缺点，说明各自适用的场合。

4）简述桥架敷设，管、槽敷设和母线槽敷设方式的优缺点，说明各自适用的场合。

实务课题5 系统测量、控制及保护的实现

5.1 二次设备

二次设备即控制电器，为二次电路图中的主要组成，又称为二次电器。

5.1.1 控制开关

1. 按钮

（1）概述

按钮是通过人力按压操作，并具有储能（弹簧）复位的开关电器，结构虽然简单，却应用极广。它由按钮帽、复位弹簧和触头3部分组成，在低压控制电路中，用于给出控制信号或用于电气联锁线路。根据不同的控制需要，按钮可装配成一常开、一常闭到六常开、六常闭等多种组合形式，接线时也可只接常开或常闭触头。有的按钮为防误动作做成钥匙式，将钥匙插入按钮方可操作；或按钮帽做成旋转式，用手把操作旋钮，并具有不复位记忆作用；有的按钮和信号灯装在一起，按钮帽用透明塑料兼作信号灯罩，缩小控制箱体积；而紧急式按钮有直径较大的红色蘑菇钮头突出于外，作紧急切断电源用。

（2）文字符号

其文字符号一般用 SB 表示，按钮常用功能的文字符号见表5-1；按钮颜色的文字符号及其含义见表5-2。

表5-1 按钮常用功能的文字符号

序 号	功能	文字符号	缩 写	序 号	功 能	文字符号	缩 写
1	接通	ON	ON	14	复位	RESET	R
2	断开	OFF	OFF	15	上升	UP	U
3	起动	START	ST	16	下降	DOWN	DO
4	停止	STOP	STP	17	开	OPEN	OPEN
5	点动	INCH	INCH	18	关	CLOSE	CL
6	运转	RUN	RUN	19	左	LEFT	L
7	正转（向前）	FORWARD	FW	20	右	RIGHT	R
8	反转（向后）	REVERSE	R	21	高	HIGH	H
9	高速	FAST	F	22	低	LOW	L
10	中速	SECOND	SE	23	试验	TEST	TE
11	低速	SLOW	SL	24	微动	JOG	J
12	手动	MANUAL	M、MAN	25	紧急停止	EMERG STOP	EM
13	自动	AUTO	A				

表 5-2　按钮颜色的文字符号及其含义

序　号	着　色	文字符号	含　义
1	红	RD	停止，断开，紧急停止
2	绿或黑	GN，BK	起动，工作，点动
3	黄	YE	返回的起动，移动出界，正常工作循环，抑制危险情况
4	白或蓝	WH，BL	以上着色未包括的特殊功能

（3）图形符号

按钮的图形符号见表 5-3。

表 5-3　按钮的图形符号

序　号	名　称	图形符号	说　明
1	手动开关	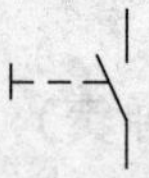	手动开关通用符号
2	按钮	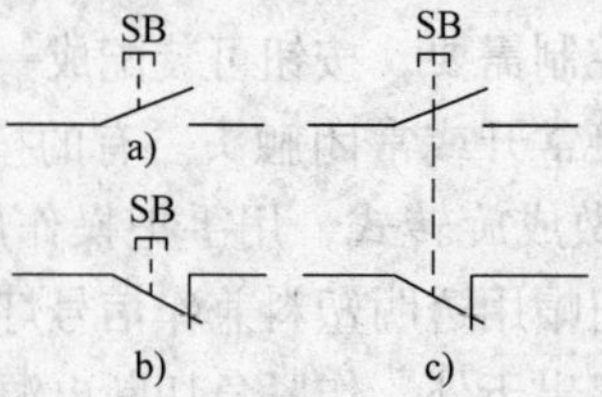 SB　　　SB a) SB b)　　　c)	a）一切按钮 b）常闭按钮 c）复合按钮
3	拉拔开关	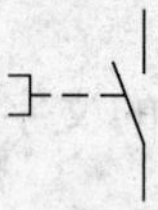	常开或常闭
4	自动复位开关	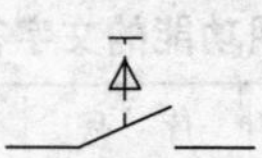	三角为自动复位符号，方向指向返回方向。"推"或"拉"操作的按钮一般具有弹性返回，可不标示出复位符号

2. 行程开关

（1）概述

行程开关的工作原理类似于按钮，它依靠机械的行程和位移碰撞使其接点动作，将机械信号（如行程、位移）转换为电气开关信号。按照其安装位置和作用的不同，分为限位开关、终点开关和方向开关。行程开关一般有一对常开触头和一对常闭触头，文字符号一般用 ST 或 SL，行程开关的图形符号如图 5-1 所示。

（2）分类

行程开关分为如下两类。

1）单向动作能自动复位的行程开关。此行程开关只能单方向动作，且当机械外力碰撞感受元件时，在外力作用下动触头动作；外力消失时，在复位弹簧作用下又恢复原来状态。

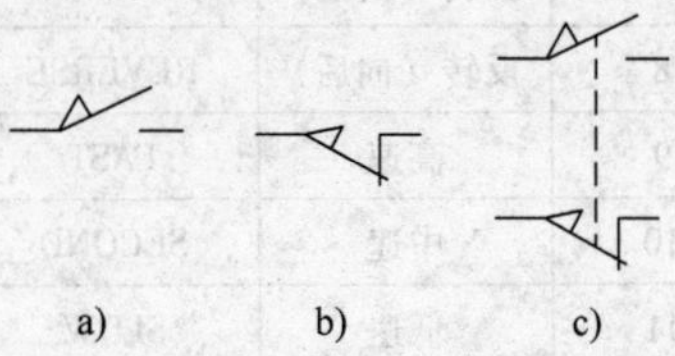

图 5-1　行程开关的图形符号

a）常开触点　b）常闭触点　c）联动触点

2）双向动作不能复位的行程开关。此行程开关能正、逆两个方向动作，且当外力消失时行程开关不能自动复位。

3. 电磁开关

（1）概述

电磁开关由线圈和铁心组成电磁铁，利用线圈通电铁心磁化产生电磁力吸引衔铁，来操动和牵引机械装置完成某一特定的动作，是电气控制中常用的元件。

（2）分类

1）制动电磁铁。它是操动机械制动器快速机械制动用的电磁铁，又称为电磁制动器，文字符号为 YA。常用 M2 系列，图 5-2 为其原理图。通常机械制动轮与电动机同轴安装，当电动机通电时，电磁铁YA 线圈得电，将衔铁吸上，联动机构将制动器提起。当电动机切断电源后，YA 线圈断电，弹簧复位，制动器紧压制动轮，电动机便迅速停转。

2）阀用电磁铁。阀体与电磁铁连接成一体，主要用于远距离控制液压和气压阀门的开闭，又称为电磁阀，标注的文字符号为 YV。

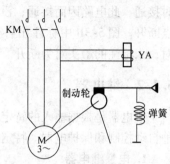

图 5-2 制动电磁铁的动作
原理及表示方法

3）电磁离合器。电磁线圈通入电流后，主动轴与从动轴一起转动；切断电流，从动轴与主动轴脱离。电磁离合器也可用于制动。离合器的文字符号为 YC。

4. 转换开关

（1）概述

转换开关用于各种高、低压开关（如手、自动切换；工作、备用设备切换）以及小容量电动机的起动、换向、变速等，是交、直流电路中的主要低压开关电器，又称为控制开关。常用的有 HZ、LW2、LW5 系列，其文字符号为 SA。

转换开关由手柄、触头、转轴、定位器、自复机构、限位机构和面板组成，用螺杆连成一体。操作时，沿顺时针或逆时针方向旋转手柄来任意接通某组或某几组触头。自复机构使手柄自动从操作位置回复到原来的固定位置；定位器使手柄固定位置；限位机构限制手柄的转动，根据需要可选不同数量的触头和不同角度的转动方式。

（2）表示方法

二次回路接线图中，转换开关通常有如下两种表示方法。

1）接点图表示。转换开关在不同的位置上对应于不同的触头接通，以接点图表示，一般附在图样某一位置。接点图见表 5-4：表中接点栏"×"表示接通，空格表示断开。

表 5-4　转换开关的接点图表法

图形 LW5 – □		45	0	45
⌐⌐⌐⌐	1 – 2		×	
⌐⌐⌐⌐	3 – 4	×		
⌐⌐⌐⌐	5 – 6			×

2）图形符号法。如图 5-3a、b 所示，每对触头与相关电路相连，图中标注手柄的转动角度（如0°表示手柄的中间位置），或标注手柄的各位置控制操作状态的文字符号（如"自动"、"手动"、"＃1"设备、"＃2"设备、"起动"、"停止"等）。

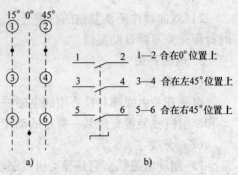

图 5-3a 中，虚线表示手柄操作时接点开闭的位置线，虚线上的实心圆点"·"表示手柄在此位置时接通，此电路因而接通；没有实心圆点的位置接点断开。图 5-3b 中标注出各位置接通的手柄触头对，未标注的触头对为断开。

图 5-3　转换开关的图形符号表示法

a）圆点表示法　b）标注表示法

5.1.2 继电器

继电器是根据输入的特定信号达到其预定值时而自动动作、接通或断开所控制电路的一种自动控制和保护电器。特定的信号可以是电流、电压、温度、压力和时间等。

1. 电量继电器

（1）保护用继电器

1）概述。变配电系统的继电保护有过电流保护、单相接地保护、低电压保护、气体保护、差动保护、过负荷保护等多种保护；按被保护对象的不同，又可分为高压一次侧线路的继电保护和变压器的继电保护；按结构则可分为电磁式继电器和感应式继电器。保护继电器种类很多，常用继电器型号含义如下：

型号中字母的含义见表 5-5。

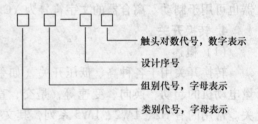

表 5-5　常用保护继电器型号中字母的含义

序　号	分　类	名　称	代　号
1	类别代号	电磁式	D
		感应式	G
		整流式	L
		半导体（晶体管）式	B
2	组别代号	电流继电器	L
		电压继电器	Y
		功率继电器	G
		中间继电器	Z
		时间继电器	S
		信号继电器	X
3	触头对数代号	一对常开触头	10
		一对常闭触头	01
		一对常开、一对常闭触头	11

2）组成及其表示。继电器的主要组成部分为线圈和触头（也称为触点），其图形符号分别见表5-6、表5-7。

表5-6　继电器线圈的图形符号

序　号	名　　称	符　号	说　　明
1	一般符号	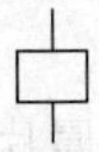	继电器线圈的一般符号，在不致引起混淆的情况下，也可表示度量继电器的线圈
2	缓放线圈		所对应的常开触头延时断开，常闭触头延时闭合
3	缓吸线圈	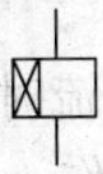	所对应的常开触头延时闭合，常闭触头延时断开
4	度量继电器或线圈		用于有关限定符号

表5-7　继电器常见触头图形符号

序　号	名　　称	符　号	说　　明
1	常开（动合）触头		正常情况（例如未通电）下断开触点
2	常闭（动断）触头	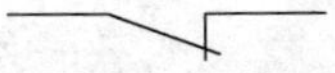	正常情况（例如未通电）下闭合触点
3	转换触头	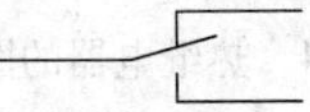	先断后合
4	双向触头	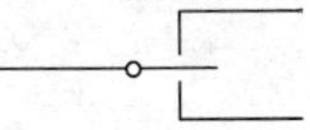	中间位置断开
5	延时常开触头	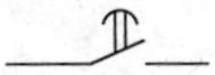 a) 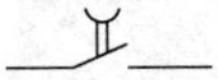　　b)	a）延时闭合　b）延时断开

（2）控制继电器

1）概述。在电气控制系统中，控制继电器用来控制电路，或转换信号。常用的有电流继电器、电压继电器、时间继电器、中间继电器等。

2）型号和文字标注。常用继电器的基本型号和文字标注见表5-8。

表5-8　常用继电器的基本型号和文字标注

名　　称	电磁保护继电器型号	控制继电器型号	标注符号
电流继电器	DL	JL	KA
电压继电器	DY	JY	KV
时间继电器	DS	JS	KT
中间继电器	DZ	JZ	KM

2. 热继电器

（1）概述

热继电器以电气量中电流的热效应，即热量这一非电气量来动作，将电量和非电量间联系起来。主要用于连续或断续工作的交流电动机的过载保护、断相保护，主要部件是一个发热元件和一对常闭触头，热继电器的热元件有两相式和三相式，但触头一般只有一对或两对。它的基本型号为 JR。

发热元件由阻值不大的电阻丝绕在双金属片上做成。使用时电阻丝串联在电动机电枢绕组电路中，双金属片随两块膨胀金属的膨胀程度不同而弯曲，通过附属装置使常闭触头断开而切断电动机电路。一般先切断继电器自身励磁线圈电路，再使主触点分离，使主电路断电，也有控制交流接触器切断主电路的。

当热继电器通过电流小于或等于整定电流时，热继电器长期不动作；当通过电流为整定电流的120%时，热继电器将在20min后动作；当通过电流为整定电流的600%时，热继电器在5s内动作，保证了实现过载保护的基本要求。

（2）表示方法

通常标注的文字符号为 FR，图形符号如图5-4a、b所示。

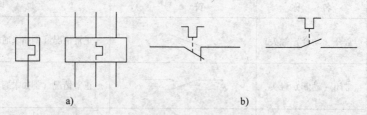

图5-4　热继电器的图形符号

a）热元件符号　b）热效应控制的触头（常闭/常开）

3. 非电量控制继电器

（1）概述

这类继电器常用的有温度继电器、压力继电器、流量继电器、速度继电器、位移继电器和光照继电器，感受元件反应的不是电气量，而是温度、压力、流量、速度、位移和光照等物理量。如温度继电器安装在某设备的某位置上，当温度升至规定值时，其触头动作；速度继电器的转子与电动机同轴安装，当电动机速度升至一定值时，其触头动作。非电量继电器没有线圈符号，只有触头符号。

（2）表示方法

几种常用非电量控制继电器的图形符号如图5-5所示。

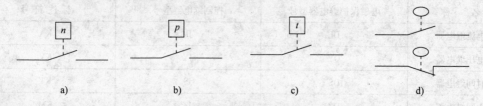

图5-5　非电量控制继电器的图形符号

a）速度式　b）压力式　c）温度式　d）液位式

5.1.3　接触器

接触器是用以频繁地接通或分断交、直流主电路，具有失电压保护功能，可远距离控制的电气元件。

1. 概述

（1）原理

接触器主要由主触头、辅助触头及吸引线圈组成，有的接触器还带有灭弧装置、锁扣机构等。主触头用在主电路中，通过较大工作电流。辅助触头和线圈连接在二次控制电路中，起控制和保护作用。当电磁机构通电吸合时，常开主触头和常开辅助触头接通，常闭主触头和常闭辅助触头分断；当电磁机构释放时，则相反。

（2）表示方法

接触器在接线图中标注的基本文字符号为 KM。线圈、主触头、辅助触头都是采用同一文字符号，如图 5-6 所示。

2. 使用

（1）接线

图 5-7 表示交流接触器主触头、线圈、辅助触头在控制电路中的基本接线。图中主触头串接在 380V 主电路中，用以接通或分断用电设备；线圈接在 220V 控制电路中；辅助触头可接在 6.3V 信号灯电路中。可见主触头、线圈、辅助触头可分别接在不同电压等级的不同控制电路中。

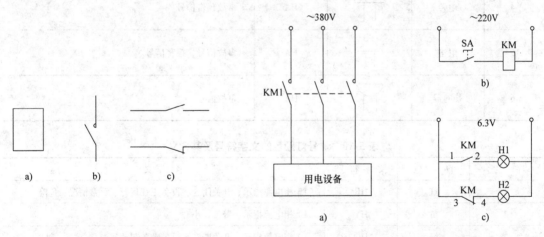

图 5-6　接触器的图形符号　　　　　图 5-7　交流接触器接线示意图

a）线圈　b）主触头　c）辅助触头　　　　a）主电路　b）线圈电路　c）辅助触头电路

（2）动作过程

当合上开关 SA 时，交流接触器线圈 KM 与 220V 电源接通，其电磁铁动作，带动主触头 KM1 闭合，使用电设备与 380V 电源接通工作。同时，辅助常开触头 KM1 - 2 闭合，H1 信号灯得到 6.3V 电源，灯亮表示用电设备正在工作。当断开开关 SA 时，接触器线圈断电释放，电磁铁复位，主触头 KM1 断开，用电设备停止工作。这时辅助常开触头 KM1 - 2 断开，常闭触头 KM3 - 4 闭合，H1 信号灯灭，H2 信号灯亮，表示用电设备停止工作。

5.1.4 信号设备及测量仪表

1. 信号设备

（1）信号设备的表示

常用信号设备的图形符号和文字符号见表 5-9，信号灯颜色的文字符号及其含义见表 5-10。

表5-9 常用信号设备的图形符号和文字符号

序 号	名 称	图形符号	文字符号	说 明
1	信号灯		H HL	一般符号 如要指示颜色，则在靠近符号处标出下列字母： RD－红，YE－黄，GN－绿，BL－蓝，WH－白 如要指示灯类型，则在近符号处标出下列字母： Ne－氖，IN－白炽，FL－荧光，LED－发光二极管
2	闪光信号灯		HL	事故指示引起注意
3	电喇叭		HA	事故信号
4	电铃		HA	事故预告信号
5	电笛		HA	事故信号，报警信号
6	蜂鸣器		HA	事故信号

表5-10 信号灯颜色的文字符号及其含义

序 号	颜 色	文字符号	含 义
1	红	HR	L3 相电源指示、开关闭合、设备正在运行、反常情况、危险
2	黄	HY	L1 相电源指示、警告、小心
3	绿	HG	L2 相电源指示、开关断开、设备准备起动
4	白	HW	工作正常、电路已通电、主开关处于工作位置、设备正在运行
5	蓝	HB	必须遵守的指令信号

（2）信号设备的分类

1）正常运行显示设备。它一般为不同颜色的信号灯、光字牌，常用于电源指示（有、无及相别）、开关通断位置指示、设备运行与停止显示等。

2）事故信号显示设备。它包括如下两类。

① 事故预告信号：当电气设备或系统出现事故预兆或不正常情况（如绝缘不良、中性

点不接地、三相系统中一相接地、轻度过负荷、设备温升偏高等），但尚未达到设备或系统即刻就不能运行的严重程度时所发出的信号。

② 事故信号：当电气设备或系统故障已经发生、断路器已跳闸时所发出的信号。由于这一信号多发自中央控制值班室，所以又称为中央信号。事故信号由如下两部分组成。

a. 音响信号，唤起值班人员和操作人员的注意。为区分事故信号和事故预告信号，可采用不同的音响信号设备，如事故预告信号采用电铃；事故信号则采用蜂鸣器、电笛、电喇叭等。

b. 灯光信号，提示事故类别、性质、事故发生地点等。

3）指挥信号显示设备。主要用于不同地点（如控制室和操作间）之间的信号联络与信号指挥，多采用光字牌、音响等。

2. 电气测量仪表

（1）概述

电气工程中需要测量电流、电压、频率、功率因数及电能，从而安装使用的电流表、电压表、频率表、功率因数表和电能表等各种电气测量仪表，用来监测电路的运行情况和计量用电。电气测量仪表按结构和作用原理的不同，分为磁电系、电磁系、电动系、静电系、感应系等。配电柜上的仪表一般装在面板上，这类仪表也叫做开关板表。

（2）电气测量仪表的表示

常用电气测量仪表的图形符号见表 5-11，图形符号内标注的文字符号见表 5-12，常用电工仪表的文字符号见表 5-13。

表 5-11　常用电气测量仪表的图形符号

序　号	名　　称	符　　号		说　　明
1	指示仪表及示例 （电压表）	＊	V	图中的"＊"可由被测对象计量单位的文字符号、化学分子式、图形符号之一代替
2	记录仪表及示例 （记录式功率表）	＊	W	
3	积算仪表及示例 （电能表）	＊	Wh	

表 5-12　图形符号内标注的文字符号

序　号	类　别	名　称	符　号	序　号	类　别	名　称	符　号
1	被测量对象	电压表 电流表 功率表 无功功率表 电能表 无功电能表 频率表 欧姆表	V, kV, mV, μV A, kA, mA, μA W, kW, MW var, kvar kWh kvarh Hz, kHz, MHz Ω, kΩ, MΩ	2	被测量对象	功率因数表 相位表 无功电流表 最大功率指示器 差动电压表 极性表	$\cos\varphi$ φ $I\sin\varphi$ P_{max} U_d $\pm$

表 5-13　常用电工仪表的文字符号

序　号	名　称	文字符号	说　明	序　号	名　称	文字符号	说　明
1	测量仪表	P	电工仪表及各种测量设备、试验设备通用符号	6	频率表	PF, Hz	
2	电流表	PA, A		7	操作时间表	PT, T	
3	电压表	PV, V		8	记录器	PS, S	
4	功率表	PW, W		9	计数器	PC, C	
5	电能表	PJ, KWH					

5.2　二次回路图

5.2.1　表达方式

1. 集中式

（1）概述

把二次回路中的设备或装置的各组成部分的图形符号，按其相互关系、动作原理集中绘制在一起的电路图，也就是按集中式表示法绘制的电路图，称为集中式二次回路电路图，又称为整体式原理电路图。图 5-8 所示为 10kV 线路过电流保护系统的集中式表达示例，原理如下。

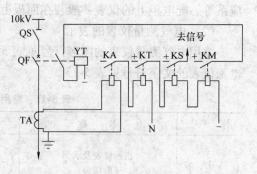

图 5-8　二次回路电路集中式表达示例

如 10kV 系统过电流——电流互感器 TA 二次侧电流超限——过电流继电器 KA 动作——KA 常开触头闭合——时间继电器 KT 得电 经过延时 KT 延时触头闭合

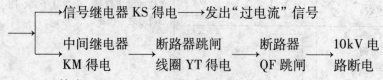

——信号继电器 KS 得电——发出"过电流"信号

——中间继电器 KM 得电——断路器跳闸线圈 YT 得电——断路器 QF 跳闸——10kV 电路断电

（2）特点

1）以设备、元件为中心。各种设备元件均以集中的形式表示，继电器线圈与触头、断路器的主触头、辅助触头、跳闸线圈等，都集中绘制在一起。清楚地显示设备元件之间的连接关系，形象直观。可获得对二次系统一个明确整体的概念。

2）一次系统一并绘制在一侧。往往有关的一次系统及主要的一次设备，如图中的断路器 QF 与电流互感器 TA，简要地绘制在二次系统图的一旁，以表明二次系统对一次系统的监视、测量、保护等功能。通常一次系统用粗线条绘制。这样二次设备元件的工作原理，如动作原因、动作过程、动作结果、监视、测量、保护等的对象，表示得更加清晰、具体。

3）突出表示二次系统的整体工作原理。图中各种二次设备元件的内部结构、连接线、接线端子一般不予画出，各设备元件合理排列，以及使各种电气连接线横平、竖直、不互相交叉。

4）简化使得难于识读和接线。为了突出表示二次系统整体工作原理，许多内容已尽量简化，如各设备元件的接线端子、电气连接线没有标记；电源、信号的引向、控制方式等也未表示，不具备完整的使用功能。设备元件及连接线很多的复杂二次系统，接线、查线、绘制和阅读将比较困难。

2. 分开式

（1）概述

为弥补上述第4）条的不足，将二次系统中的设备元件各组成部分，按不同电源、功能，分别按回路展开绘制。这种分开式的表示，主要用于说明二次系统工作原理，称为分开式二次回路电路图。图5-9即为图5-8同一电路的分开式表示方法的示例。组成在右侧框中已用文字说明，共5部分。

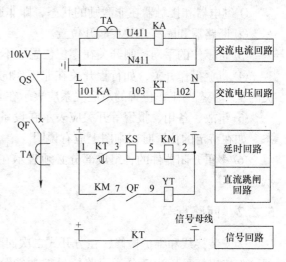

图5-9 二次回路电路分开式表达示例

1）交流电流回路。电源是电流互感器二次绕组，负载是过电流继电器KA的线圈。

2）交流电压回路。电源是交流电压（L、N），负载是时间继电器KT的线圈。

3）延时回路/直流跳闸回路。电源是直流电压（+、−），负载分别是中间继电器KM、信号继电器KS的线圈以及断路器QF的跳闸线圈Y。由于共用直流电压分别作电源，往往又合称为直流电压回路。

4）信号回路。电源图中是直流电压（+、−），可以是与延时/跳闸回路不同的直流电源，也可以是断/通交替的闪光电源。负载是通过中间继电器常开触头控制的，图中未绘出的信号电器，如光字牌、信号灯及声响器件。

（2）特点

1）以回路为中心。各个设备元件的不同组成部分分别在不同电源的回路中。如图中电流继电器KA的线圈在交流电流回路中，而触头在交流电压回路中；时间继电器KT的线圈在交流电压回路中，而触头在直流电压回路中。

2）同一个设备元件的不同组成部分标注同一个文字符号。如分属不同回路中的电流继电器均标注KA。对于同一设备元件的类似组件，如接触器的多个触头，最好以数字区分，如KM1的不同触头可分别标注KM1-1、KM1-2等。

3）通常从上到下按系统动作顺序排列成平行的行。如图中电流继电器KA动作后，时间继电器KT动作，所以KT回路在KA回路之下。对于多相电路常按从上到下或从左到右排列，其顺序为L1、L2、L3、N。每一行元件的排列一般也按动作顺序从左到右排列，但对于主要降压元件，如图中的KA、KT、KM、YT等线圈常上下对齐。

4）每一回路的一侧一般都有用以说明此回路名称、功能的简单文字说明，如图5-9中标注的"交流电流回路"、"交流电压回路"、"延时回路"、"直流跳闸回路"、"信号回路"。

文字说明是图的重要组成部分，便于读图。

5）各回路的供电电源，除电流互感器外，一般都是通过各种电源小母线引入。图中各种小母线按照电源类别和功能的不同，分别采用不同的名称符号。

介于集中式和分开式这两种二次回路电路图之间，还有一种半集中式二次回路电路图，这种图只不过是表现形式上灵活一些，其特点已概括在集中式与分开式之中，通常不单列一种图。

3. 设备元件的工作状态

二次回路电路图（含集中式和分开式）中，一般表示在不带电或非激励、不工作状态的具体状态如下。

①继电器和接触器在非激励的状态，即非通电状态。

②断路器和隔离开关在断开位置。

③带零位的手动控制开关在零位位置、不带零位的手动控制开关在图中规定的位置。

④机械操作开关，如行程开关在非工作的状态或位置，即搁置时的情况。机械操作开关的工作状态与工作位置的对应关系应表示在其触头符号的附近。

⑤事故、备用、报警等开关应表示在设备正常使用的位置，即未报警、未出现事故状态。如在特定的位置时，则图上应有说明。

⑥多重开闭器件的各组成部分必须表示在相互一致的位置上，而不管电路的实际工作状态。

5.2.2　回路标号

为安装接线和维护检修，在分开式二次回路电路图中，对每一个回路及其元件间的连接线一般应以标号标注区分。回路标号按功能分为交流回路、直流回路、各种直流小母线3部分。

1. 标注规则

二次回路标注按以下规则。

1）按功能分组。每组给予一定的数字范围。

2）标号数字一般由 3 或 3 位以下的数字组成。当需标明回路的相别和其他特征时，可在数字前增注必要的文字符号。

3）回路标号按等电位原则进行。即在电气回路中连于一点的所有导线，不论其根数多少均标注同一个数字。

4）开/关元件前后给予不同标号。当回路经过开关或继电器触头时，虽然在接通时为等电位，但断开时，开关或触头两侧不等电位，所以应给予不同的标号。

5）直流电源回路标号从电源正极开始，以奇数顺序号 1、3、5……直至最后一个主要电压降元件；从电源负极开始，以偶数顺序号 2、4、6……直到与奇数顺序号相遇。

6）交流电源回路也按上述原则标号，其 L1/L2/L3 相及 N 分别相当于直流正、负极。图 5-10 所示即回路标注示例。

① 图 5-10a 为直流回路。与电源正极相接为 101，经过触头 K1，标号变为 103，经过触头 K2，标号变为 105，再经电压降元件 Q1；与电源负极相接为 102，依次通过 104、106 到电压降元件 Q1。

② 图 5-10b 为交流回路。与 L 相接依次为 1、3、5 至主要电压降元件 K，与 N 相相接依次为 2、4、6。

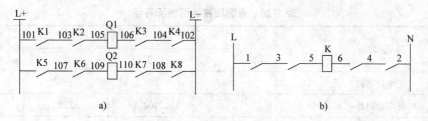

图 5-10　二次回路标注示例
a）直流回路　b）交流回路

2. 交、直流回路的回路标号组

（1）交流回路的回路标号组

交流回路的回路标号组见表 5-14。

表 5-14　交流回路的回路标号组

回路名称	互感器的文字符号及电压等级	回路标号组				
		A 相（L1 相）	B 相（L2 相）	C 相（L3 相）	中性线 N	零　序
保护装置及测量表计的电流回路	TA	A401～A409	B401～B409	C401～C409	N401～N409	L401～L409
	1TA	A411～A419	B411～B419	C411～C419	N411～N419	L411～L419
	2TA	A421～A429	B421～B429	C421～C429	N421～N429	L421～L429
	9TA	A491～A499	B491～B499	C491～C499	N491～N499	L491～L499
	10TA	A501～A509	B501～B509	C501～C509	N501～N509	L501～L509
	19TA	A591～A599	B591～B599	C591～C599	N591～N599	L591～L599
保护装置及测量表计的电压回路	TV	A601～A609	B601～B609	C601～C609	N601～N609	L601～L609
	1TV	A611～A619	B611～B619	C611～C619	N611～N619	L611～L619
	2TV	A621～A629	B621～B629	C621～C629	N621～N629	L621～L629
在隔离开关辅助触头和隔离开关位置继电器触头后的电压回路	110kV	A（B、C、N、L、X）710～719				
	220kV	A（B、C、N、L、X）720～729				
	35kV	A（B、C、N、L）730～739				
	6～10kV	A（B、C）760～769				
绝缘监察电压表的公用回路		A700	B700	C700	N700	
母线差动保护公用的电流回路	110kV	A310		C310	N310	
	220kV	A320	B310	C320	N320	
	35kV	A330	B320	C330	N330	
	6～10kV	A360		C360	N360	
控制、保护、信号回路		A1～A399	B1～B399	C1～C399	N1～N399	

注：A 相、B 相、C 相也可用 L1 相、L2 相、L3 相代替。TA/TV 也可用 LH/YH 表示。

(2) 直流回路的回路标号组

直流回路的回路标号组见表 5-15。

表 5-15　直流回路的回路标号组

回　路　名　称	标号数字序列			
	Ⅰ	Ⅱ	Ⅲ	Ⅳ
正电源回路	1	101	201	301
负电源回路	2	102	202	302
合闸回路	3～31	103～131	203～231	303～331
绿灯或合闸回路监视继电器的回路	5	105	205	305
跳闸回路	33～49	133～149	233～249	333～349
红灯或跳闸回路监视继电器的回路	35	135	235	335
备用电源自动合闸回路	50～69	150～169	250～269	350～369
开关器具的信号 回路	70～89	170～189	270～289	370～389
事故跳闸音响信号回路	90～99	190～199	290～299	390～399
保护及自动重合闸回路	01～099（或 J1～J99、K1～K99）			
机组自动控制回路	401～599			
励磁控制回路	601～649			
发电机励磁回路	651～699			
信号及其他回路	701～999			

注：1. 对接于断路器控制回路内的红灯和绿灯回路，如直接由控制回路电源引接时，该回路可标注与控制回路电源相同标号。

　　2. 在没有备用电源自动投入安装单位的接线图中，标号 50～69 可作为其他回路的标号，但当回路标号不够时，可向后递增。

(3) 小母线的文字标号组和数字标号组

1) 小母线的文字标号组见表 5-16。

表 5-16　小母线的文字标号组

小母线名称		文　字　符　号	
直流控制和信号回路的电源及辅助小母线			
控制回路电源小母线		＋KM	－KM
信号回路电源小母线		＋XM	－XM
事故声响信号小母线		SYM	
		1SYM	
		2SYM	
		3SYM	
事故预告信号小母线		YBM	
		1YBM	2YBM
		3YBM	4YBM
		5YBM	6YBM

小母线名称	文 字 符 号		
控制回路断线预告信号小母线	KDM	KDM	KDM
灯光信号小母线	– XM		
配电装置内的信号小母线	XPM		
闪光信号小母线	+ SM		
合闸小母线	+ HM	– HM	
"掉牌未复归"光字牌小母线	FM	PM	
指挥装置的音响小母线	ZYM		
自动调整频率的脉冲小母线	1TZM	2TZM	
同期装置超前时间的整定小母线	1TQM	2TQM	
同期装置发出合闸脉冲的小母线	1THM	2THM	3THM
隔离开关操作闭锁小母线	GBM		
旁路闭锁小母线	1PBM	2PBM	
厂用电辅助信号小母线	+ CFM	– CFM	
母线设备辅助信号小母线	+ MFM	– MFM	

交流电压、同期和电源小母线				
同期小母线	待并系统		TQMa′	TQMc′
	运行系统		TQMa′	TQMc′

公用的 B 相电压小母线				YMb		
第一组母线系统或奇数母线段的电压小母线	1YMa	1YMc	1YMN	1YML	1YMX	
第二组母线系统或偶数母线段的电压小母线	2YMa	2YMc	2YMN	2YML	2YMX	
转角变压器的辅助小母线	ZMa	ZMc				
电源小母线	DYMa	DYMc				
发电机电压备用母线的电压小母线	9YMa	9YMc				
低电压保护小母线	1DBM	2DBM	3DBM			
母线切换小母线（用于旁路母线电压切换）	YQM					

注：表中文字符号是以汉语拼音字母来表示的，取其中小母线名称中的中心词汉语拼音的第一个字母。

2）小母线的数字标号组。在控制和信号回路中的一些辅助小母线和交流电压小母线，除文字符号外，还给予固定的数字标号，常见小母线的固定标号见表5-17。

表5-17 常见小母线的固定标号

直流电源辅助小母线		交流电压及同期小母线	
小母线符号	数字标号	小母线符号	数字标号
+ SM	100	1YMa	A630
SYM	708	1YMc	C630
1SYM	708	1YMN	N630
2SYM	707	1YML	L630
3SYM	808	2YMa	A640
1YBM	709	2YMc	C640
2YBM	710	2YMN	N640
3YBM	711	2YML	L640
4YBM	712	YMb	B600
FM	703	TQMa	A610
PM	716	TQMc	C610

直流电源辅助小母线		交流电压及同期小母线	
小母线符号	数字标号	小母线符号	数字标号
GBM	880	TQMa'	A620
1PBM	881	TQMc'	C620
2PBM	900	ZMa	A790
1THM	721	ZMc	C790
2THM	722		
3THM	723		

注：常用的小母线新旧文字对照如下。

小母线文字符号	新	旧	小母线文字符号	新	旧
控制小母线	WC	KM	事故信号小母线	WFS	SYM
信号小母线	WS	XM	预告信号小母线	WPS	YBM
合闸小母线	WCL	HM	闪光信号小母线	+ WF	+ SM

5.2.3 图样设计及绘制

1. 设计

（1）设计方法

1）分析设计法。根据设备的要求，选择适当的基本控制环节（单元电路）或将比较成熟的电路按其联锁条件组合起来，并经补充和修改，将其综合成满足控制要求的完整电路。当没有现成的典型环节时，可根据控制要求边分析边设计。这种设计方法比较简单，但要求设计人员熟悉大量的控制电路，具有丰富的设计经验，因此又称为经验设计法。

分析设计法的优点是设计方法简单，无固定的设计程序，它是在熟练掌握各种电气控制电路的基本环节和具备一定的阅读分析电气控制电路能力的基础上进行的，易于掌握。对于具备一定工作经验的电气技术人员来说，能较快地设计，被普遍采用。缺点是设计出的方案不一定最佳，当经验不足或考虑不周时会影响电路工作的可靠性。为此，应反复审核动作准确无误，满足要求为止。

2）逻辑设计法。从设备的拖动要求和工艺要求出发，将控制电路中的接触器、继电器线圈的通电与断电、触头的闭合与断开，主令电器的接通与断开均看成逻辑变量，根据控制要求将它们之间的关系用逻辑关系式表达，然后化简，利用逻辑代数来分析、设计出相应的电路图。

逻辑设计方法的优点是能获得理想、经济的方案，但这种方法设计难度较大，整个设计过程较复杂，还要涉及一些新概念，特别适合完成较复杂的运行设备所要求的控制电路，一般常规设计很少单独采用。

（2）基本步骤

① 根据确定的拖动方案和控制方式设计系统的原理构成框架。

② 设计出原理框架中各个部分的具体电路。设计时按主电路、控制电路、辅助电路、联锁与保护、总体检查、反复修改与完善的先后顺序进行。

③ 绘制出电路图。

④ 恰当选用元器件，并制定元器件明细表。

设计过程中，可根据控制电路的简易程度适当地选用上述步骤。

（3）设计原则

1）应最大限度地实现设备自身及整个系统对电器控制电路的要求。设计之前，首先要调查清楚设备自身及整个系统的要求。一般由其他专业设计人员提供，但有时所提供的仅是一般性原则意见，电气设计人员尚需对同类或接近产品进行调查、分析、综合，然后提出具体、详细的要求，征求其他专业设计人员意见后，作为设计电器控制电路的依据。

2）设计方案要合理。

① 在满足控制要求的前提下，设计方案应力求简单、经济、便于操作和维修，不要盲目追求高指标和自动化。

② 合理设置控制电路的电源种类与电压数值。

a. 对于元器件不多、较简单的控制电路，多直接采用交流 380V 或 220V 电源，不用控制电源变压器。

b. 比较复杂的控制电路，应采用控制电源变压器，将控制电压降到 110V 或 48V、24V。这种方案对维修、操作以及元器件的工作可靠、有利。

c. 操作比较频繁的直流电力传动的控制电路，常用 220V 或 110V 直流电源供电。直流电磁铁及电磁离合器的控制电路，常采用 24V 直流电源供电。

d. 控制电压应选标准值，交流控制的电压必须是下列规定电压（50Hz）的一种或几种：6V、24V、48V、80V、110V（优选值）；直流控制电路的电压必须是下列规定电压的一种或几种：6V、12V、24V、48V、110V、220V。常用控制电压等级见表 5-18。

表 5-18　常用控制电压等级

控制电路类型		常用电压值/V	电 源 设 备
较简单交流电力传动的控制电路	交流	380 220	电网
较复杂交流电力传动的控制电路		110（220） 48	控制电源变压器
照明及信号指示电路		48 24 6	控制电源变压器
直流电力传动的控制电路	直流	220 110	整流器或直流发电机
直流电磁铁及电磁离合器的控制电路		48 24 12	整流器

③ 电气设计与机械设计应相互配合。许多设备运行采用机电结合的方法来实现控制要求，因此要从工艺要求、制造成本、结构复杂性、使用维护方便等方面协调处理好电气与机械的关系。

3）确保电路工作的可靠和安全。为保证电气控制电路可靠、安全地工作，应考虑以下几个方面。

① 元器件的工作要稳定可靠。

复杂控制电路中，在某一控制信号作用下，电路从一种稳定状态转换到另一种稳定状态，常有几个元器件的状态同时变化，元器件间存在一定的动作提前或延后的时间误差，对时序电路来说，可能会得到除预期以外的多种非预期、甚至几个不同的非预期输出并存的状态，这一异常现象称为电路的"竞争"。

由于元器件的释放延时作用，开关电路会出现开关元件不按要求的逻辑功能输出的可能性，这种抢先输出的非预期输出状态称为"冒险"。

通常所分析的控制电路电器的动作和触头的接通与断开均为静态分析，未考虑电气元件动作时间。而实际运行中，这些电气元件的动作时间是电气元件的固有不可控制时间，不能人为设置延时、调节。当电气元件的这一实际动作时间可能影响到控制电路的动作时，则需要用能精确反映元件动作时间及其互相配合的方法（如时间图法）来准确分析动作时间，从而保证电路正常工作。克服"竞争"与"冒险"现象会造成控制电路不能按照要求动作，从而引起控制失灵。

② 正确连接电器线圈。

交流电压线圈通常不能串联使用，即使是两个同型号电压线圈也不能串联在两倍线圈额定电压的交流电源上，以免电压分配不均引起工作不可靠。

在直流控制电路中，对于电感较大的电器线圈，如电磁阀、电磁铁或直流电动机励磁线圈等，不宜与同电压等级的接触器或中间继电器直接并联使用。必须并联使用时，中间须设置一个放电电阻，以克服线圈断电产生的感应电动势而引起的误动作。

③ 合理安排电气元件和触头的位置。对于串联电路，元器件或触头位置互换时，虽不影响其工作原理，但在实际运行中，则会影响电路安全并关系到导线长短、数量。

④ 防止出现寄生电路。寄生电路是指在控制电路的动作过程中，由于错误操作而产生的意外接通的电路。

⑤ 控制电路中，应尽量减少通电电器的数量和许多电器依次动作才接通另一电器的控制电路，以降低故障的可能性，并节约电能。

⑥ 起动方式合理。根据电网容量的大小、电压、频率的波动范围以及允许的冲击电流数值等，决定电动机直接还是间接起动，使设计的电路应能适应所在电网的情况。

⑦ 连接导线数量尽量少，长度尽量短。在电路中采用小容量的继电器触头来断开或接通大容量接触器线圈时，要分析触头容量大小，若不够时，必须加大继电器容量或中间继电器，否则工作不可靠。

⑧ 联锁可靠。在频繁操作的可逆电路中，正、反向接触器之间不仅要有电气联锁，而且还要有机械联锁。

⑨ 设置必要的保护环节。控制电路在事故情况下，应能保证操作人员、电气设备、生产机械的安全，并能有效地制止事故的扩大。为此，在控制电路中应采取一定的措施，常用的有剩余电流保护、过载、短路、过电流、过电压、联锁与行程保护等措施。必要时还可设置相应的指示信号。

4）控制电路力求简单、经济，方便操作、维修。在满足工艺要求的前提下，控制电路应力求简单、经济，尽量选用标准电气控制环节和电路，缩减电器的数量，采用标准件和尽可能选用相同型号的电器。而且控制电路应从操作与维修人员的工作出发，力求操作简单、维修方便。

2. 绘制

（1）绘制原则

① 电气元件图形符号应符合 GB/T 4728—2005～2008 的规定，绘制时要合理安排版面。电气元件的线圈和触头的连接应符合国家有关标准规定，主电路用粗线，辅助电路用细线。

② 控制电路应平行或垂直排列，主电路一般安排在左侧或上面；控制电路或辅助电路排在右侧或下面；元器件目录安排在标题上方。为读图方便，有时以动作状态表或工艺过程图的形式将主令开关的通断、电磁阀动作要求、控制流程等表示在图面上，也可以在控制电路的每一支路边上标出控制目的。

③ 电路或元件应按功能布置，并尽可能按其工作顺序排列。对因果次序清楚的简图，尤其是电路图或逻辑图，其布局顺序应从左到右和从上到下。控制电路应尽量避免交叉，连接点按规定表示，统一、一致。

④ 图中每个电气元件和部件图形符号旁应标注文字符号或参照代号，说明元件所在的层次、位置和种类。同一电路的不同部分（如线圈、触头）分散在图中，为便于识别，规定使用同一文字符号标明，对于几个同类电气元件，则用不同数字同一文字符号表示。

⑤ 图中所有电气触头是以没有通电或没有外力作用下的状态画出（如前所述）。

（2）元器件的选择

1）接触器。

① 一般原则：

a. 根据控制负载的工作任务来选择所使用的接触器类别的触头数量和种类。

b. 根据控制对象的工作参数（如工作电压、工作电流、控制功率、操作频率、工作制等）确定接触器的等级。

c. 根据控制电路电压决定接触器线圈电压。

d. 对于特殊环境条件下工作的接触器，应选用特定的产品。

② 交流接触器：

a. 电动机负载。

ⅰ 一般任务：主要运用于间歇性使用类别，其操作频率不高，用来控制笼型异步电动机或绕线转子电动机，在达到一定转速时断开，并有少量的点动。这种任务在使用中所占的比例很大，并常与热继电器组成电磁起动器来满足控制与保护的要求。选配接触器时，只要选接触器的额定电压和额定电流等于或稍大于电动机的额定电压和额定电流即可。

ⅱ 重任务：主要运用于包括间歇性和正常运行的混合类别，平均操作频率可达 100 次/h 或以上，用以起动笼型或绕线转子电动机，可常有点动、反接制动、反向和低速时断开。电动机功率一般在 20kW 以下，因此选用重任务交流接触器。为保证电寿命能满足要求，可降容以提高寿命。

ⅲ 特重任务：主要运用于几乎长期运行的类别，操作频率可达 600～1200 次/h，个别的甚至达 3000 次/h，用于笼型或绕线转子电动机的频繁点动、反接制动和可逆运行。选用接触器时一定要使其电寿命满足使用要求。粗略按电动机的起动电流作为接触器的额定电流选用接触器，可得较高的电寿命。为减少维护时间和频繁操作带来的噪声，可考虑选用晶闸管交流接触器。

b. 非电动机负载。非电动机负载有电阻炉、电容器、变压器、照明装置等，除考虑接通容量外，还要考虑使用中可能出现的过电流。

c. 交流接触器的主要参数：主触头额定电流、额定电压及线圈控制电压。一般接触器吸引线圈的电压值应取控制电路的电压等级；接触器主触头的额定电压大于或等于负载电路的额定电压；主触头的额定电流应等于或稍大于实际负载额定电流。对于电动机负载，可使用下面的经验公式：

$$I_N = \frac{P_N \times 10^3}{kU_N} \tag{5-1}$$

式中，P_N 为受控电动机的额定功率（kW）；U_N 为受控电动机的额定（线）电压（V）；k 为经验系数，多取 $1 \sim 1.4$。

另外，查阅每种系列接触器与可控制电动机容量的对应表，也是选择交流接触器额定电流的有效方法。

③ 直流接触器：主要用于控制直流电动机和电磁铁。选用时，首先要全面了解使用场合和控制对象的工作参数，然后再从适合其用途的各种系列接触器中选接触器的型号和规格。

控制直流电动机：首先弄清电动机实际运行的主要技术参数，接触器的额定电压、额定电流（或额定控制功率）均不得低于电动机的相应值。当用于反复短时工作制或短时工作时，接触器发热电流应不低于电动机实际运行的等效有效电流，接触器的额定操作频率也不应低于电动机实际运行的操作频率。然后根据电动机的使用类别，查阅相关资料选择相应使用类别的接触器系列。

控制直流电磁铁：应根据额定电压、额定电流、通电持续率和时间常数等主要技术参数，选用合适的直流接触器。

2）电磁式控制继电器。它是组成各种控制系统的基础元件，应综合考虑继电器的适用性、功能特点、使用环境、工作制、额定工作电压及额定工作电流等因素选用。做到选用适当，使用合理，保证系统正常、可靠工作。

① 类型：首先按被控制或被保护对象的工作要求来选择继电器的种类，然后根据灵敏度或精度要求来选择适当的系列，如时间继电器有直流电磁式、交流电磁式（气囊结构）、电动式、晶体管式等，可根据系统对延时精度、延时范围、操作电源要求等综合考虑选用。电磁式控制继电器的类型及用途见表 5-19。

表 5-19 电磁式控制继电器的类型及用途

名 称	动作特点	主要用途
电压继电器	电路的电压跌到规定值时动作	电动机失电压或欠电压保护、制动和反转控制等
电流继电器	电路中通过的电流达到规定值时动作	电动机过载与短路保护、直流电动机磁场控制及失磁保护
中间继电器	电路的电压达到规定值时动作	触头数量较多、容量较大，通过它增加控制电路或起信号放大作用
时间继电器	自得到时间信号起至触头动作有一定的延时	用于交流电动机，作为以时间为函数起动时切换电阻的加速继电器，用于笼型电动机的 Y-△ 起动、能耗制动及控制各种生产工艺程序等

②使用环境：应考虑继电器的安装地点的周围环境温度、海拔、相对湿度、污染等级及冲击、振动等条件，确定结构特征和防护类别。如用于多尘埃场所，应选用带罩壳的全闭式继电器；用于湿热地区，应用湿热带型（TH），以保证正常而可靠的工作。

③使用类别：继电器的关键部件是线圈，故继电器线圈的额定工作电压、额定工作电流应按使用类别选用。

④额定工作电压、额定工作电流：在相应使用类别下触头的额定工作电压表征继电器触头所能切换电路的能力。选用时，继电器的最高工作电压可为该继电器的额定绝缘电压；继电器的最高工作电流一般应小于该继电器的额定发热电流。通常一个系列的继电器规定了几个额定工作电压，同时列出相应的额定工作电流（或控制功率），而选用电压线圈的电流种类和额定电压值时应注意与系统要求一致。

⑤工作制：一般适用于八小时工作制（间断长期工作制）、反复短时工作制和短时工作制。工作制不同对继电器的过载能力要求也不同。当交流电压（或中间）继电器用于反复短时工作制时，由于吸合时有较大的起动电流，其负担比长期工作制时重，故选用额定频率应高于实际操作频率。

3）热继电器。它主要用于电动机的过载保护。因此选用热继电器时，须了解电动机的工作环境、起动情况、负载性质、工作制及允许的过载能力，使其安秒特性位于电动机的过载特性之下，并尽可能接近，以便充分发挥电动机的过载能力，同时对电动机的短时过载与起动瞬间不受影响。

①原则上按被保护电动机的额定电流选用。根据电动机实际负载选用热继电器的整定电流为电动机额定电流的 0.95~1.05 倍。对于过载能力较差的电动机，选用热继电器的额定电流为电动机额定电流的 60%~80%。

②对于长期工作或间断长期工作制的电动机。须保证热继电器在电动机起动过程中不致误动作，通常在 6 倍额定电流下，起动时间不超过 6s 的电动机所需的热继电器可按电动机的额定电流来选取。

③用热继电器作断相保护。

a. 星形联结的电动机——只要选用正确、调整合理，使用一般不带断相保护的三相热继电器也能反映一相断线后的过载情况，对断相运行能起保护作用。

b. 三角形联结的电动机——一相断电后，流过热继电器的电流与流过电动机绕组的电流其增强比例不同，其最严重相比其余串联的两相绕组内的电流要大一倍，增加的比例最大，这时应选用带有断电保护装置的热继电器。

④三相与两相热继电器：在一般故障情况下，两相热继电器比三相热继电器具有相同的保护效果。但在电动机定子绕组一相断电、电源电压显著不平衡等情况下，不宜选用两相热继电器。

4）熔断器。

①熔断器的类型与额定电压：根据负载保护特性和短路电流大小、各类熔断器的适用范围，选用熔断器的类型；根据被保护电路的电压来选择额定电压。

②熔体与熔断器额定电流：熔体额定电流大小与负载大小、负载性质密切相关。对于负载平稳、无冲击电流的电路（如照明电路、电热电路），可按负载电流大小来确定熔体的额定电流。对于笼型异步电动机，其熔断器熔体额定电流如前所述，即

单台电动机

$$I_{fu} = (1.5 \sim 2.5)I_N \tag{5-2}$$

多台电动机共用一个熔断器保护

$$I_{fu} = (1.5 \sim 2.5)I_N + \sum I_N \tag{5-3}$$

当轻载起动及起动时间较短时，式中系数取 1.5；当重载起动及起动时间较长时，式中系数取 2.5。

熔断器的额定电流按大于或等于熔体额定电流选择。

③ 保护特性：上述选定熔断器类型及熔体额定电流后，还须校核熔断器的保护特性曲线是否与保护对象的过载特性配合，在整个范围内须有可靠的保护。同时，熔断器的极限分断能力应大于或等于所保护电路可能出现的短路电流值，短路保护才可靠。

④ 熔断器的上、下级配合：选择性保护要求熔断器上下级之间配合，要求上一级熔断器的熔断时间至少是下一级的三倍，不然将会发生越级动作，扩大停电范围。为此，当上、下级采用同一型号的熔断器时，其电流等级相差两级为宜，若上下级所用的熔断器的型号不同，则根据保护特性上给出的熔断时间选取。

5）控制按钮。

① 根据使用场合选择种类：有开启式、保护式、防水式、防腐式等。

② 根据用途选用合适的形式：有手把旋钮式、钥匙式、紧急式、带灯式等。

③ 按控制电路的需要确定不同的按钮数：有单钮、双钮、三钮、多钮等。

④ 按工作情况的要求选择按钮的颜色：根据 GB/T 5226.1—1996 的规定，按钮的颜色含义与典型用途见表 5-20。

表 5-20 按钮的颜色含义及其典型用途

颜 色	颜 色 含 义	典 型 应 用
	紧急出现时动作	急停
红	停止或断开	(1) 总停 (2) 停止一台或几台电动机 (3) 停止设备的一部分 (4) 停止循环 (5) 断开开关装置 (6) 兼有停止作用的复位
黄	干预	排除反常情况或避免不希望的变化
绿	起动或接通	(1) 总起动 (2) 开动一台或几台电动机 (3) 开动设备的一部分 (4) 开动辅助功能 (5) 闭合开关装置 (6) 接通控制电路
蓝	红、黄、绿未包含 的任何特定含义	(1) 红、黄、绿色未包含的特殊情况 (2) 复位
黑、灰、白		除专用"停止"功能按钮外，可用于任何功能

6）行程开关。

① 根据应用场合及控制对象选择，有一般用途行程开关和起重设备用行程开关。

② 根据安装环境选择，有防护式和保护式。

③ 根据控制电路的电压和电流选择行程开关系列。

④ 根据机械与行程开关的压力与位移关系选择合适的头部形式。

7）断路器。

① 根据要求确定断路器的类型，有框架式、塑料外壳式、限流式等。

② 根据保护特性要求确定几段保护。

③ 根据电路中可能出现的最大短路电流来选择断路器的极限分断能力。

④ 根据电网额定电压、额定电流确定开关的容量等级。

⑤ 初步确定断路器的类型和等级后，协调配合上、下级开关保护特性，从而总体上满足保护的要求。

5.3 二次回路的工艺文件

工艺文件指设备生产制造，以及安装施工、调试、维护、排除故障所用的接线图及布置图。

5.3.1 接线图

接线图是根据电气原理图及元器件布置图，表示所有的电气装置、元件、仪表及设备的实际连接关系的图，是进行安装、配线、现场调试、查找故障等工作必不可少的图。所以，接线图必须准确清晰，以免给安装、配线、调试工作带来混乱。根据表达对象和使用场合不同，接线图分为单元接线图、互连接线图、端子接线图等。

1. 绘制原则

1）接线图的绘制应符合 GB/T 6988.1—2008《电气技术用文件的编制 第1部分：规则》的规定。

2）在接线图中，各元器件的外形和相对位置与实际安置的相对位置一致。

3）元器件及其接线座的标注与电气原理图中的标注应一致，采用同样的文字、符号和线号。参照代号、端子号及导线号的编制分别应符合相应标准的规定。

4）接线图应将同一器件的各带电部分（如线圈、触头等）画在一起，并用细实线框上。

5）接线图采用细线条绘制，应清楚地表示出各元器件的接线关系和接线去向。

6）接线图中要标注出各种导线的型号、规格、截面积和颜色。

7）接线端子板上各接线点按线号顺序排列，并将动力线、交流控制线、直流控制线分类排开。元件的进出线除大截面积导线外，都应经过接线端子排，不得直接进出。

2. 表示方法

（1）项目的表示法

元件、器件、部件和设备等项目，一般采用简化外形符号（如矩形、正方形、圆）表示。为便于识图，一些简单的元件，如电阻、电容、信号电器等，可采用一般符号。单元接线图中，某些器件，如继电器，也可简单地画出其内部结构示意图。

（2）端子的表示法

一般用图形符号表示。端子符号旁应标注端子代号，如 1、2、3……，A、B、C……。对于用图形符号表示的项目，其上的端子可不画符号，而只标注端子代号。

图 5-11 是项目及端子的几种常用的表示方法。图 5-11a 的项目 K 采用简化外形符号（矩形），其端子用符号"O"表示，并标注端子号（1~4）；图 5-11b 的项目 Q 的端子排 X 采用一般符号，端子仅标注了端子号（1~4）；图 5-11c 的项目 C，采用一般符号，仅标注了端子号（1~2）；图 5-11d 的项目 K 在框形符号内画出了内部结构，标注了端子符号及端子号（1~4）。

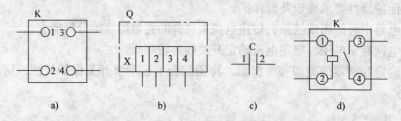

图 5-11 项目及端子的常用表示方法示例

a）端子简化外形 b）端子排 c）不标注端子仅标注端子号 d）表示出端子连接的元件

（3）导线的表示方法

1）直接接线法：直接画出元器件之间的接线，即用连续的实线来表示端子间连线。这种方法适用于电气系统简单、元器件少、接线关系简单的场合。图 5-12a 的项目 A、B 间两根连接导线 11、12 即为连续线。

2）符号标注接线法：用中断的实线来表示端子之间实际存在的导线，但同时在中断处标明去向，即在元器件的接线端处标注符号来表明相互连接关系。这种方法适用于电气系统复杂、元器件多、接线关系较为复杂的场合。图 5-12b 的 21、22 号线，分别在两端标记了去向：21 号线一端接 A 设备的 1 号端子，另一端接 B 设备的 b 号端子。采用远端标记，两端分别标记为 B：b 和 A：1。

3）实线加粗法：导线组、电缆、缆形线束用单线表示，多用加粗的实线表示，不致引起混淆时可部分加粗。当有多束线组时，应用符号区分。图 5-12c 的两组导线部分加粗，并用 301、302 区分。

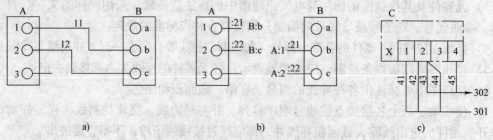

图 5-12 导线及线束的表示方法示例

a）连续线 b）中断处标注 c）部分加粗线束表示

（4）导线的标记

接线图中的导线（或线束）两端一般都应作标记，用以识别导线两端的连接去向。常用的标记方法有两种。

182

1）独立标记法：在连接线两端标注同一个数字、字母或其他标记，即属于同一根连接线的标记相同。标记的字符一般无严格的规定。通常，应与电路图上的回路标号一致，因此，标注的数字可按表5-14～表5-16选取，字母可按字母顺序标注。在有些接线图中，采用颜色字母作为标记，表示颜色的标准字母见表5-21。图5-13a采用颜色字母，图5-13b～e采用数字作为标记。

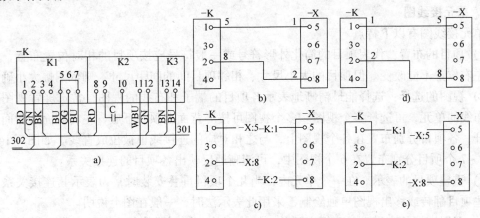

图5-13　导线的标记方法示例

a）用颜色字母表示的独立标记　b）用连续线表示从属远端的相对标记
c）用中断线表示从属远端的相对标记　d）用连续线表示从属本端的相对标记
e）用中断线表示从属本端的相对标记

2）相对标记法：即导线或线束相互对应的标记法，又称为呼应法。其中最常用的是：

① 从属远端标记法——导线终端的标记与远端所连接的端子标记相同的标记方法。

② 从属本端标记法——导线终端的标记与其所连接的本地端子标记相同的标记方法。

图5-13b、c是采用从属远端标记法示例。图中的项目K的端子1、2与项目X的端子5、8相连。其中图5-13b用连续线表示，在项目K的端子1、2上标出项目X的端子"5"、"8"。图5-13c用中断线表示，在项目K的端子1、2上标出对端项目X的端子号"－X：5"和"－X：8"，在项目X的端子5、8上标"－K：1"和"－K：2"。图5-13d、图5-13e是从属本端相对标记法示例。图中，项目K的端子1、2上标记"1"、"2"，项目X的端子5、8上标记"5"、"8"。在图5-13e中，相应地分别标记为"－K：1"、"－K：2"及"－X：5"、"－X：8"。

可见从属远端标记便于查找导线的连接去向，从属本端标记则便于查找本端接线位置。在电气工程图中，从属远端标记法应用较广一些。

表5-21　常用颜色的标准字母

序　号	颜色名称	字母标记	序　号	颜色名称	字母标记
1	黑色	BK	9	灰色	GY
2	棕色	BN	10	白色	WH
3	红色	RD	11	粉红色	PK
4	橙色	OG	12	金黄色	GD
5	黄色	YE	13	青绿色	TQ
6	绿色	GN	14	银白色	SR
7	蓝色	BU	15	绿－黄相间	GNYE
8	紫色	VT			

5.3.2 单元接线图、表

单元接线图和接线表是表示一个单元（如控制屏、配电屏）内部各项目（如元器件、组件等）的屏背面内部接线连接情况的图和表。接线图和接线表是二次接线图和接线表的最主要组成部分。

1. 单元接线图

单元接线图有以下特点。

1）项目的布置：代表项目的简化外形符号或一般符号应按项目的相对位置布置，即上下、左右位置不能改变。但项目的大小尺寸、相邻项目间的间距尺寸，则依图幅大小确定。

2）视图的选择：选择能最清晰地表示各项目的端子和布线的视图，常选屏背视图。对多面布线的单元，可选择多个视图。多个视图可按屏背面上顶、下底、左右侧面、后面、前后展开，各项目分别布置在各个视图上，与之相对应的连接线也被拉成直线。如图5-14a所示，1~7个项目分别布置在6个视图中，可清晰地反映出各项目的连接关系。

3）重叠项目的表示。在一个单元内，当几个项目重叠安装时，为表示其连接关系，常把这些项目翻转或移出视图单独绘制，采用此表示法时，一般在图上说明。

4）多层端子的表示。对于组合开关、转换开关、控制器等复合开关，往往具有多层接线端子，且上层端子遮盖了下层端子。为表示各层端子的接线关系，常把被遮盖的端子延长。图5-14b所示组合开关共两层16个（2×8）接线端子，其中第Ⅰ层的8个端子被第Ⅱ层的8个端子遮盖，故将第Ⅰ层端子延长，以清楚表示其连接关系：第Ⅰ层端子上接有11、12（与第Ⅱ层端子相连）、13、14、75（与第Ⅱ层端子相连）、71、31、33导线，第Ⅱ层端子上接有73、34、32导线。

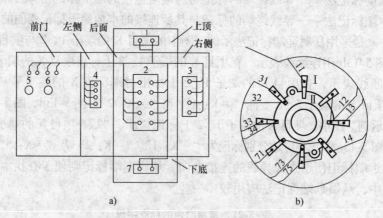

图5-14 单元接线图表示方法示例

a）视图选择 b）多层接线端子的表示

5）线路表示。一般主电路采用单线路表示，辅助电路采用连续线表示，这样可避免接线图线条过多，也可使主电路与辅助电路相区别。

2. 单元接线表

（1）概述

单元接线表包括线缆号、线缆型号及规格、项目代号、两端连接端子号和其他说明等内容。它实际上是该单元各种连接线的明细表，或称为"连接线清单"，具有简明扼要、综合性强等优点。它是单元接线图的重要补充，但不是重复，因为有些内容（如导线的型号及规格等）在图中不易表示，用接线表表示则更方便。因此，一般情况下单元接线表与接线图同时给出。在一些项目较少、接线简单的单元也可只给出单元接线表。

（2）单元接线表表头的项目含义

1）线缆号——表示连接导线所属的电缆、线束编号，如为单根导线，不分线束，则不表示。

2）线号——导线标号，即导线的独立标记号，也可用文字、字母表示。

3）线缆型号及规格——电缆或导线的型号、截面积大小等。

4）连接点Ⅰ、Ⅱ——连接线两端与设备、元器件连接点，包括参照代号、接线端子号及有关的其他连接线的说明（列入"参考"栏）。

5）备注——与连接线有关的其他说明。

5.3.3 端子接线图、表

1. 概述

端子接线图/表主要提供单元或设备经过端子、外部导线与外部设备的连接关系。由于端子板属于单元或设备本身的组成部件之一，并不表示与内部其他部件的连接关系，仅给出相关文件图号供查阅。但沿用已久的习惯，有时也表示与内部其他部件的连接关系。

（1）端子

用以连接器件和外部导线的导电件。端子按用途可以分为以下几种。

① 普通端子——用来连接屏内外导线。

② 连接端子——用于端子之间的连接，从一根导线引入，很多根导线引出。

③ 实验端子——在系统不断电条件下，可通过此端子对屏上仪表和继电器进行测试。

④ 特殊端子——用于需要很方便断开的电路中。

⑤ 终端端子——用于端子排两端。

（2）端子排

装有多个互相绝缘并通常与地绝缘的端子的板、块或条，称为端子排，又称为端子板。端子排是屏内外各安装设备间连接的转换回路，如屏内二次设备经电源的引接，电流回路定期试验，都需要端子排来实现。表示端子排内各端子与内外设备之间导线连接的图称为端子排接线图，简称为端子排图。此图应与接线正面视图一致，即应从布线面对端子板的那个方向绘制。

在工程设计施工中，为减少绘图工作量，便于安装接线，有时绘制端子接线图以代替互连接线图，端子接线图中端子位置一般与实际位置相对应，且各单元端子排多按纵向绘制，方便阅读。

一般将为某一主设备服务的所有二次设备称为一个安装单位，它是二次接线图上的专用名词，如"××变压器"、"××线路"等。对于公用装置设备，如信号装置与测量装置，可单独用一个安装单位来表示。在二次接线图中，安装单位都采用一个代号表示，一般用罗马数字编号，即Ⅰ、Ⅱ、Ⅲ等。此编号是这一安装单位用的端子排编号，也是这一单位中各种二次设备总的代号。如第Ⅱ安装单元中的8号设备，可以表示为Ⅱ8。

2. 端子排的排列规则

1）屏内、外二次回路的连接、同屏各安装单位间的连接以及转接回路等，均应经过端子排。其中交流电回路经过实验端子，音响信号回路为便于断开实验，应经过特殊端子或实验端子。

2）屏内设备与直接接在小母线上的设备（熔断器、电阻、隔离开关等）的连接一般经过端子排。

3）各安装单位主要保护的正电源或交流电的相线，一般经过端子排；其负电源或中性线应在屏内设备之间接成环形，环的两端分别接到端子排，其他回路一般均在屏内连接。

4）电流回路应经过试验端子。预告及事故信号和其他需要断开的回路（试验时断开的仪表、至闪光小母线的端子等），一般经过特殊端子或试验端子。

5）端子排配置应满足运行、检修、调试的要求，尽可能适当地与屏上设备的位置相对应。各安装单位应有其独立的端子排。同一屏上有几个安装单位时，各安装单位端子排的排列应与屏面布置相配合。

6）同一屏上各安装单位之间的连接应经过端子排。每个安装单位的端子排，一般按下列回路分组，并由上而下（或由左到右）按下列顺序排列。

① 交流电流回路（自动调整励磁回路除外）——按每组电流互感器分组，同一保护方式的电流回路一般排在一起。

② 交流电压回路（自动调整励磁回路除外）——按每组电压互感器分组。

③ 信号回路——按预告、位置、事故及指挥信号分组。

④ 控制回路——按熔断器位置原则分组。

⑤ 其他回路——按励磁保护、自动调整励磁装置的电流和电压回路，远方调整及联锁电路分组。

⑥ 转接端子排顺序——本安装单位端子、其他安装单位转接端子、最后排小母线兜接用的转接端子。

7）当一个安装单位的端子过多或一个屏上仅一个安装单位时，可将端子排成组布置在屏两侧。

8）每一安装单位的端子排应编序号，并应尽量在最后留 2~5 个端子作为备用。当条件允许时，各组端子排之间也宜留有 1~2 个备用端子。在端子排两端应有终端端子。正负电源之间的端子排，以及经常带电的正电源与合闸或跳闸回路之间的端子排，一般以一个空端子隔开。

9）一个端子的每端一般接一根导线，导线截面积一般不超过 6mm²。

10）屋内、外端子箱的端子排列，应按交流电流回路、交流电压回路和支流回路等成组排列。

11）每组电流互感器的二次侧一般在配电装置端子箱内经端子连接成星形或三角形等。

3. 端子板的编号方法及排列式样

端子上的编号方法：端子的左侧一般为与屏内设备相连接设备的编号或符号；中左侧为端子顺序编号；中右侧为控制电路相应线号；右侧一般为与屏外设备或小母线连接的设备编号或符号；正负电源之间一般编写一个空端子号，以免造成短路；最后部预留 2~5 个备用端子号；向外引出电缆线按其去向分别编号，并用一根线条集中表示。端子板的排列示例如图 5-15 所示。

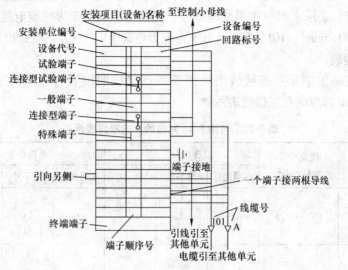

图 5-15　端子板的排列示例

5.3.4　互连接线图、表

对于一个电气控制系统或电气装置的运行，往往需要若干个电气单元（控制柜）或电气设备，它们之间用导线进行连接。一般采用互连接线图、表来表示各设备之间的连接关系。互连接线图、表仅表示两个或两个以上单元间的线缆连接，通常不表示单元内部的连接，而外部线缆与单元内的端子接线板的连接则应表示。

1. 互连接线图

（1）表示方法

互连接线图中，各电气单元或电气设备用点画线框表示。为表示各电源线缆的互连关系，各电源不管其实际位置如何，都画在同一个平面，但其相对位置应按实际情况表示。各单元间的连线一般采用接线端子，并提供端子所连导线的方向。而各单元内部导线连接关系则不绘制，必要时可绘出相关电气单元接线图的图号。互连接线图不但要提供连接信息，还要用文字提供电气单元项目代号、电缆编号和导线型号。

（2）实例

互连接线图的表示方法与单元接线图相同，也有多线连接法、单线连接法和中断线表示法，如图 5-16 所示。

1）图 5-16a 是多线表示的互连接线图，图中有分别用位置代号 A1、A2、A3、A4 表示的配电屏，Y-△起动柜，操作台及机房控制柜 4 个配电及控制单元，另一个 M 表示的用电单元（电动机）、又称为负载单元。配电及控制单元内均装一个代号为 -X 的端子板，其间互连均从端子板出线，而 M 则不经端子板直接引线。+A1 与 +A2 间为 101，+A2 与 +A3 间为 102，+A3 与 +A4 间为 103、+A2 引向 M 及从 M 引回分别为 104、105。在各端子板近旁标注了各线缆中线芯的线号。

2）图 5-16b 是单线及中断线表示的互连接线图，是上述同样系统的综合表示法。其中 101、104 及 105 为单线表示法，102 及 103 为中断表示。图中线缆部分加粗。

3）图 5-16c 也同样是此五个单元间端子间按实际并列布置时的互连接线。各线均用单线法（部分加粗）表示。图中注明线缆型号，规格 102 及 103 为控制电缆 KVV、五芯及三芯、线截面积为 1.5mm^2；101、104 及 105 为电力电缆 VV、三芯、截面积为 25mm^2。

2. 互连接线表

互连接线表是比单元互连接线图更扼要的连接线明细表，和单元连接表极为相似。表 5-22 为图 5-16 对应的互连接线表示例。

表 5-22　与图 5-16 对应的互连接线表示例

线缆号	线号	线缆型号规格/mm^2	连接点 I			连接点 II			备注
			参照代号	端子号	参考	项目代号	端子号	参考	
101	1 2 3	VV—3×25	+A1—X	3 2 1		+A2—X	12 13 14		
102	1 2 3 4 5	KVV—5×1.5	+A2—X	1 2 3 4 5		+A3—X	1 2 3 4 5		
103	1 2 3	KVV—3×1.5	+A3—X	6 7 8		+A4—X	3 2 1		
104	1 2 3	VV—3×25	+A4—X	6 7 8		M	U1 V1 W1		
105	1 2 3	VV—3×25	M	U2 V2 W2		+A2—X	11 10 9		

5.3.5　电缆配置图、表

电缆配置图或电缆配置表主要表示单元之间外部电缆的配置情况，一般只显示出电缆的种类，也可表示出电缆的路径、敷设方式等，故又称为电缆路由图，是设计敷设电缆工程的基本依据。各单元用实线框表示，仅表示各单元间电缆的配置，并未标示出电缆和各单元连接的详细情况。有时，这种电缆配置图还可以采用更简单的单线法绘制，只在线缆符号上标注线缆号。因此，电缆配置图比互连接线图更简单。或者说，电缆配置图与端子接线图两者的综合就是互连接线图。

1. 电缆配置图

图 5-17 为对应图 5-16 系统的电缆配置图示例。

2. 二次线缆敷设图

在复杂系统二次接线图中，有许多二次设备分布在不同的地方，如控制屏和开关柜中，因控制和保护的需要，它们之间往往需用导线互连。对于复杂的系统，需画出二次电缆敷设图，表示实际安装敷设的方式。它是上述电缆配置图的一个分支。

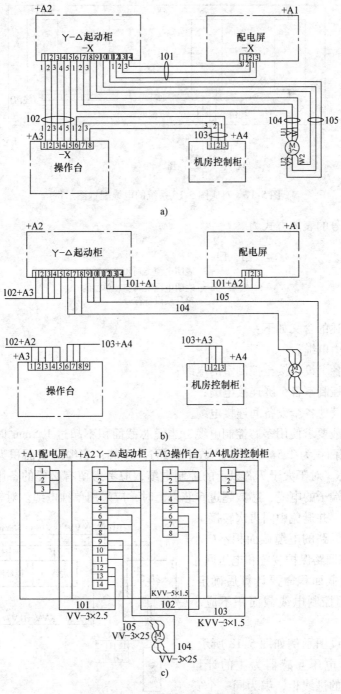

图 5-16　互连接线图表示方法示例

a）多线表示　b）中断线及单线表示　c）单元间端子的接线图

二次电缆敷设图指在一次设备布置图上绘制出电缆沟、预埋管线、电缆线槽、直接埋地的实际走向，以及在二次电缆沟内电缆支架上排列的图。在二次电缆敷设图中，需要标出电缆编号和电缆型号。有时在图中列出表格，详细标出每根电缆的起始点、终止点、电缆型号、长度以及敷设方式等。

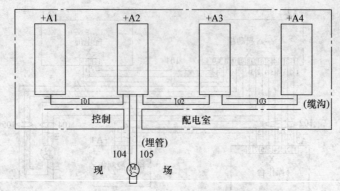

图 5-17 对应图 5-16 系统的电缆配置图示例

二次电缆标号的表述方式为

——表明电缆类别和去向数字

——表明电缆所属安装单位的
符号或设备符号

数字部分表述的含义如下：

01 ~ 99，电力电缆；

100 ~ 129，各个设备接至控制室的电缆；

130 ~ 149，控制室各个屏连接电缆；

150 ~ 199，其他各个设备间连接电缆。

二次电缆一般要求使用多芯控制电缆，当缆芯截面积不超过 $1.5mm^2$ 时，芯数不宜超过 30 芯；当缆芯截面积为 $2.5mm^2$ 时，芯数不宜超过 24 芯；当缆芯截面积为 $4 \sim 6mm^2$ 时，芯数不宜超过 10 芯。对于大于 7 芯以上的控制电缆，应考虑留有必要的备用芯。对于接入同一安装屏内两侧端子的电缆，芯数超过 6 芯以上时，应采用单独电缆。对较长的电缆，应尽量减少电缆根数，并避免中间再次转接。

一般计量表回路的电缆截面积不应小于 $2.5mm^2$；电流回路保护装置和电压回路保护装置的电缆截面积需要计算后确定；控制信号回路用控制电缆截面积不应小于 $1.5mm^2$。

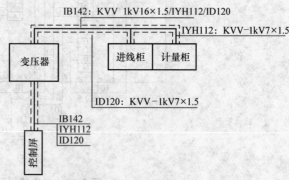

二次电缆敷设图示例如图 5-18 所示。图中以变压器、电压互感器为主的计量柜、断路器为主的进线柜，编为同一个安装单元 "I"，按照上述电缆编号的原则，

图 5-18 二次电缆敷设图示例

各两次电缆分别为 IB142、IYH112、ID120。虚线表示敷设用电缆沟。

5.3.6 屏面布置图

1. 二次设备屏

常见的二次设备屏主要有如下两种类型。

1）纯二次设备屏：专门放置二次设备的屏，如各种控制屏、信号屏、继电保护屏等。这种屏主要用于电站、变电所、大型电气装置的控制室中。人们通常所说的 PTK 控制屏（台）、PK 直立屏等即是纯二次设备屏。

2）一次、二次设备混合安装的屏：一般是屏内下部装一次设备，上部设专装二次设备的小室，室侧设二次端子排。屏面装操作手柄、电工仪表、按钮、信号灯、光字牌、控制开关及继电器等。常见的高、低压配电屏就属于这种类型。

这两种屏的二次设备布置原则一致，其屏面布置图的样式也相同。

2. 屏面布置图概述

屏面布置图是主要表达二次设备在屏面具体位置及详细安装尺寸的设备位置简图。由于屏正面一般没有引线（电源、母线不在屏面），因而主要采用方框符号来表示屏面设备布置。由于单元接线图（俗称盘后接线图）是从屏后看各种二次设备的布置及其接线的屏背面视图，而屏面布置图则为正面视图，所以二者左右相反对应。屏面布置图是制造厂用来加工制作电气屏、柜的依据，也可供安装接线、查线、维护管理过程中核对屏内设备的名称、位置、用途及拆装、维修等用。尤其是它与单元接线图的对应关系，是阅读和使用单元接线图必不可少的重要参考。

屏面布置图一般都按一定比例画出，并标出与原理图一致的文字符号和数字符号。屏布置一般是屏顶安装控制信号电源及母线，屏后两侧安装端子排和熔断器，屏面上方安装少量电阻、信号灯、光字牌、按钮、控制开关和有关模拟电路。在需要特别指明的信号灯、掉牌信号继电器、操作按钮、转换开关下方设有标签框，以向操作、维修人员提示，避免误操作。图 5-19 所示变压器保护屏的屏面布置为纯二次设备屏屏面布置的示例。

3. 屏面布置图的特点

① 屏面布置的项目通常用实线绘制的正方形、矩形、圆形等框形符号或简化外形符号表示，为便于识别，个别项目可采用一般符号。

② 符号的大小及其间距尽可能按比例绘制，但某些较小的符号允许适当放大。

③ 符号内或符号旁可以标注与电路图中相对应的文字代号，如仪表符号内标注"A"、"V"等代号，继电器符号内标注"KA"、"KV"等。

④ 屏面上的各种二次设备，通常是从上至下依次布置指示仪表、继电器、信号灯、光字牌、按钮、控制开关和必要的模拟线路。

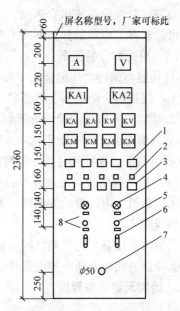

图 5-19　变压器保护屏屏面布置图示例
1—信号继电器　2、8—标签框　3—光字牌
4—信号灯　5—按钮　6—连接片（调试用）
7—穿线孔（调试穿线用）

5.3.7　工艺设计

电气设备的工艺设计是在电气控制系统完成原理设计和电气元件选择之后进行，主要包括电器控制设备总体布置、总接线图设计、各部分的电气装配图与接线图绘制、各部分的元

器件目录、进出线号、主要材料清单及使用说明书。

1. 总体布置设计

（1）任务

根据电气控制原理图，将控制系统按照一定要求划分为若干个部件，再根据电气设备的复杂程度，将每一部件划分成若干单元，并根据接线关系整理出各部分的进/出线号，调整它们之间的连接方式。

（2）内容

以电气系统的总装配图与总接线图形式表达。图中以示意形式反映出各部分主要器件的位置及各部分接线关系、走线方式、使用管线要求等。总装配图和总接线图是各部件设计和协调各部件关系的依据。

总体设计应集中、紧凑，同时在空间允许的条件下，对发热厉害、噪声振动大的电气部件等尽量安装在距离操作者较远的地方或将其隔离。对于大型设备，应考虑多地操作。总电源急停控制应安装在方便而明显的位置。总体配置设计合理与否将影响到电气控制系统工作的可靠性，并关系到电气系统的制造、装配质量、调试、操作及维护是否方便。

按有关标准尽可能地把电气设备组装在一起，使其成为一台或几台控制装置。只有必须装在特定位置上的器件（如按钮、手动开关、各种检测元件、电磁离合器、电动机等），才分散安装在电气设备的相应部位。由于元器件安装位置不同，构成一个完整的电气控制系统时，可根据有关原则划分为不同的单元，使设计条理化。

（3）单元划分的原则

① 功能类似的元件组合在一起（如按钮、控制开关、指示灯、指示仪表），可集中在操作台上；接触器、继电器、熔断器、控制变压器等控制电器可安装在控制柜中。

② 接线关系密切的控制电器划为同一单元，以减少不同单元间的连线。

③ 强弱电分开，以防干扰。

④ 将调节、维护和易损元器件组合在一起，便于检查与调试。

（4）单元间的接线方式

①控制板、电气板的进出线一般采用接线端子，可根据电流大小和进出线数选择不同规格的接线端子。

②被控制设备与电气箱之间采用多孔接插件，便于拆装、搬运。

③印制电路板及弱电控制组件之间的连接采用各种类型的标准接插件。

2. 绘制元器件布置图

（1）任务

依据原理图详细描绘电气设备中各电器的相对位置。

（2）布置原则

① 一般监视器件布置在仪表板上。

② 体积大和较重的元器件安装在电气板下方，发热元件安装在电气板上方。

③ 强电弱电应分开，弱电部分应加装屏蔽和隔离设施，以防强电和外界的干扰。

④ 需要经常维护、检修、调整的元器件的安装位置不宜过高或过低。

⑤ 电器布置应考虑整齐、美观、对称，尽量使外形与结构尺寸类似的电器装在一起，便于加工、安装和配线。

⑥ 布置元器件时，应预留布线、接线和调整操作的空间。

（3）注意事项

① 布置图根据元器件的实际排列和外形而绘制，每个元器件的安装尺寸及其公差范围，要严格按产品手册标准标注，从而保证各元器件的顺利安装。

② 元器件布置图设计中，还要选择进出线的方式，并按一定顺序标注进出线的线号。

3. 柜体和非标准零件的设计

当系统比较简单时，控制电器可以安装在内部；当系统比较复杂或操作需要时，要有单独的电气控制柜。

（1）柜体设计原则

① 根据控制面板和控制柜内各元器件的数量确定电控柜总体尺寸。

② 电控柜结构要紧凑，便于安装、调整及维修，外形美观，并与生产机械相匹配。

③ 在柜体的适当部位设计通风孔或通风槽，便于柜内散热。

④ 应设计起吊钩或柜体底部带活动轮，便于电控柜的移动。

（2）柜体类型

① 小型控制设备原则上设计成台式或悬挂式。

② 中、大型电控柜结构常设计成立式或工作台式。

③ 非标准的电器安装零件（如开关支架、电气安装底板、控制柜的有机玻璃面、扶手等），应根据机械零件设计要求，绘制其零件图。

4. 清单汇总

在电气控制系统原理设计及工艺设计结束后，应根据各种图样，对本设备需要的各种零件及材料进行综合统计，列出元件清单、标准件清单、材料消耗定额表，以便生产管理部门做好生产设备工作。

5. 编写设计说明书和使用说明书

设计说明书和使用说明书是设计审定、调试、使用、维护过程中必不可少的技术资料。

实训　"电气工程二次图"读识、剖析及讨论

练习

1）从随书附带DVD光盘中的"1. 供配电器件、设备图片"和"2. 供配电工程现场教学"中找出接触过的控制开关、继电器、接触器、信号设备、测量仪表及其他二次设备。

2）以读识的"电气工程二次图"为例，试叙述它的表达方式、回路标号、图样设计及绘制的特点。

3）以上述工程为例，试从"电气制造厂二次设计人员"角度，画出承接选定的"电气工程二次设备"制造中所需的接线图、单元接线图/表、端子接线图/表、互连接线图/表、电缆配置图/表、屏面布置图，并叙述工艺设计的大体过程。

实务课题6 系统的运行与运用

6.1 防触电的措施

电气安全是系统运行、人员工作的前提，是一切工作之首，必须高度重视。

6.1.1 触电的急救

在触电现场，抢救触电者最为关键。若处理及时和正确，触电假死者有可能获救。其中两项最为关键。

1. 脱离电源

触电急救，首先要使触电者尽早脱离电源。在脱离电源时，救护人员既要救人，又要注意保护自己，防止触电。触电者未脱离电源前，救护人员不得直接触及触电者。

① 如果触电者触及低压带电设备，救护人员应拉开电源开关或拔下电源插头，或者使用绝缘工具、不导电物体等方法迅速解脱触电者。为使触电者与带电体解脱，最好用单手进行救护。

② 如果触电者触及高压带电设备，救护人员应迅速切断电源，或用适合该电压等级的绝缘工具（戴绝缘手套、穿绝缘靴并用绝缘棒）解脱触电者。救护人员在抢救过程中，应注意保持自身与周围带电部分必要的安全距离。

③ 如果触电者处于高处，要防止解脱电源后触电者从高处坠落。

2. 急救处理

① 当触电者脱离电源后，立即根据具体情况对症救治，同时在医生前来抢救前，如果触电者神志尚清醒，使之就地躺平，严密观察，暂时不要让他站立或走动。

② 如果触电者已神志不清，使之就地躺平，且确保气道畅通，并用5s时间，呼叫伤员或轻拍其肩部，以判断其是否意识丧失，禁止摇动伤员头部。

③ 如果触电者失去知觉，停止呼吸，但心脏有跳动（可用两指去试伤员喉结旁凹陷处的颈动脉有无搏动），应在通畅气道后，立即施行口对口或口对鼻的人工呼吸。

④ 如果触电者伤害相当严重，心脏和呼吸均已停止，完全失去知觉，则在通畅气道后，立即同时进行口对口（鼻）的人工呼吸和胸外按压心脏的人工循环。如果现场仅有一人抢救，则可交替进行人工呼吸和人工循环，先胸外按压心脏4~8次，然后口对口（鼻）吹气2~3次，再按压心脏4~8次，又口对口（鼻）吹气2~3次，如此循环反复进行。

⑤ 急救过程中，人工呼吸和人工循环的措施必须坚持进行。在医务人员未来接替救治前，不应放弃现场抢救，更不能只根据没有呼吸和脉搏就擅自判断伤员死亡，放弃抢救。只有医生有权做出伤员死亡的诊断。

6.1.2 绝缘电阻的测量

检查和测量电气设备及供电线路、电缆的绝缘电阻用绝缘电阻表（俗称兆欧表），由于它测量的是高值电阻，以兆欧（$1M\Omega = 10^6 \Omega$）为单位而得名。这种表在使用时，要以120r/min的速度摇动表内的手摇发电机，当输出电压达到额定值时才可以读数，所以又称为摇表。

1. 选用

我国绝缘电阻表按准确度等级分为 5 级：1.0，2.0，5.0，10.0，20.0；按额定电压分为 9 种：50V，100V，250V，500V，1000V，2000V，2500V，5000V，10000V。主要是根据被测对象的使用状况：所接触电压的大小或电网额定电压的大小来选择其电压等级及测量范围。电气设备在额定电压较高的条件下运行时，其绝缘电阻要大，应选额定电压高和测量范围大的绝缘电阻表。设备使用或处于额定电压较低的条件下运行，其内部绝缘电阻所能承受的电压不高，为测量绝缘电阻时的安全，不能用额定电压太高的绝缘电阻表。一般来说，额定电压在 500V 以下的设备，选用 500V 或 1000V 的绝缘电阻表，以避免损坏设备的绝缘；额定电压在 500V 以上的设备，则用 1000V 或 2500V 的绝缘电阻表，以便在尽可能高的电压条件下发现设备绝缘的缺陷。

2. 测试步骤

绝缘电阻表有 3 个接线柱："L"（线路）、"E"（地）和"G"（屏蔽）。测量时将被测绝缘电阻接在"L"与"E"之间。若被测绝缘电阻表面不清洁或受潮时，当电压加到绝缘电阻上，会出现两部分电流，其中一部分并未穿过绝缘物，沿绝缘物表面泄漏，影响测量结果。为避免其影响，须将绝缘物的表面与"G"柱连接，对表面泄漏进行屏蔽，以免沿表面的漏电对测量结果的影响。

（1）测前准备

① 将"E"、"L"的引出线短接，轻轻转动绝缘电阻表的手柄，看表针是否指"0"位，然后将两根线的短接线分开，再摇几转，看表针是否指到"∞"，在校对好后方可进行测量。

② 将被测设备或线路与电源断开，对于具有大电容的设备或线路（如电缆），断开电源后还要将电容残存的静电荷对地放电，以防静电伤人，然后将被测物表面擦拭干净。

（2）测量

① 接好测试线路，均匀转动发电机手柄，使转速升到 120r/min 左右。在发电机转动后，不得触及表的接线柱及其引出线的裸体部分，以免触电，也不允许接线柱之间发生短接。

② 测量时如发现被测物的绝缘电阻等于零，应立即停止转动手柄，以免通过绝缘物的泄漏电流过大而损坏摇表。

③ 测毕应将被测物接地，把残留的静电荷放掉。

3. 注意事项

① 测量时的环境温度、湿度及是否有外磁场干扰。

② 测量接线不能相绞，否则引入测量线间绝缘电阻。

③ 测设备对地绝缘时应用"E"接外壳，"L"接被测设备，否则将引入大地杂流影响。

④ 测绝缘电阻时，摇表转速为 120r/min，勿时快时慢。

⑤ 绝缘电阻值以1min读数为准，测电容大的设备，须等指针稳定后再读。

⑥ 测量中勿触及被测对象，大容量设备须将测量线断开后才能停止摇手柄，防止放电电流打表，且测完后应充分放电。

6.1.3 接地电阻的测量

直接测量各种接地装置的接地电阻，以及土壤电阻率主要用摇表，它也称为接地电阻测定仪、接地电阻表。常用的国产接地电阻表有 ZC-8 型和 ZC-29 型两种。ZC-8 型接地电阻表的量程有两种：$0 \sim 1 \sim 10 \sim 100\Omega$；$0 \sim 1 \sim 10 \sim 100 \sim 1000\Omega$。根据被测电阻的估计值来选用。接地电阻表的接线如图6-1所示，做法如下。

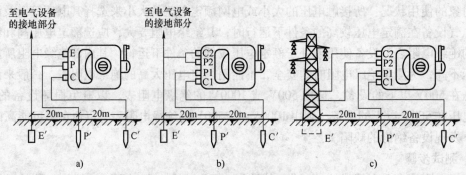

图6-1 接地电阻表的接线

a) 三端钮式仪表的接线 b) 四端钮式仪表的接线 c) 测量小电阻时的接线

① 测量前将仪表放平，然后调零，使指针指在红线上。

② 三端钮式仪表的接线如图6-1a所示，即将被测接地体 E′和端钮 E 连接，电位探针 P′和电流探针 C′分别与端钮 P、C 连接后，沿直线相距20m插入土中。四端钮式仪表的接线如图6-1b、c所示。

③ 将倍率开关放在最大倍数上，缓慢摇动接地电阻表的摇柄，同时转动测量标度盘以调节电位器，直至指针停在红线处。当检流计接近平衡时，即加快接地电阻表的转速至其额定转速（120r/min），调节测量标度盘，使指针稳定地指在红线位置，然后即可读数为：接地电阻＝倍率×测量标度盘读数。

④ 如果测量标度盘的读数小于1，应将倍率开关放在较小的一挡，然后重新进行测量。为防止其他接地装置影响测量结果，测量时应将接地板与其他接地临时断开，事后恢复。

⑤ 被测接地电阻小于1Ω时，为了消除接线电阻和接触电阻的影响，宜采用四端钮的接线。测量时将端钮 P2 和 C2 的短接片打开，分别用导线接到接地体上，并使端钮 P1 接在靠近接地体的一侧，如图6-1c所示。

接地电阻测量应选冬季（一年中最干燥的季节）。

6.2 系统的运行和维护

6.2.1 变配电所的运行和维护

为确保变配电所能够安全正常地运行，应建立必要的规章制度，主要包括电气安全工作规程（包括安全用具管理）、电气运行值班制、电气运行操作规程（包括停、限电操作程序）、电气事故处理规程、电气设备维护检修制度、岗位责任制度、电气设备巡视检查制度、电气设备缺陷制度、运行交接班制度、安全保卫及消防制度。下面仅就最重要的3个制度做介绍。

1. 变配电所值班制

变配电所值班制分轮班、在家值班和无人值班3种制度。如果变配电所的自动化程度高、信号检测系统完善，可采用在家值班或无人值班制。目前一般变配电所仍以三班轮换的值班制为主，这种值班制对于变配电所的安全运行有很大好处，但人力耗用较多。一些小型的变配电所大多采用无人值班制，由维修电工或高压变配电所值班人员每天定期巡视检查。有高压设备的变配电所，为确保安全，一般不少于两人值班。变配电所值班人员职责如下。

① 遵守变配电所值班制度，坚守工作岗位，做好安全保卫工作，确保变配电所的安全运行。

② 掌握变配电所有关的运行知识与操作技能，熟悉变配电所的各项规程与制度，熟知常用操作术语，掌握本变电所内各种运行方式的操作要求与步骤，懂得本变配电所内主要设备的基本构造与原理，掌握本变配电所各种继电保护装置的整定值与保护范围，能独立进行有关操作，并能分析处理设备的异常情况与事故情况，能正确执行安全技术措施和安全组织措施。

③ 认真监视所内各种设备的运行情况，定期巡视检查，按照规定抄报各种运行数据，及时正确地填写运行日志。发现设备缺陷和运行不正常时要及时处理，并做好有关记录，以备查考。

④ 按上级部门的调度命令进行操作，发生事故时进行紧急处理，并及时向有关方面汇报联系。

⑤ 保管好各种安全用具、仪表工具、资料，搞好设备清洁与环境卫生。

⑥ 认真执行交接班制度。值班员未办好交接手续时，不得擅离岗位。交接班时间如遇事故，接班人员可在当班人员的要求和主持下，协助处理事故。如事故一时难以处理结束，在征得接班人员同意或上级同意后，可进行交接班。

2. 变配电所的倒闸操作

对现场各种开关（断路器及隔离开关），根据预定的运行方式，进行合闸或分闸（对应送电和停电）的操作称为倒闸操作。这是变配电所值班人员的一项经常性的重要工作，必须认真仔细，稍有疏忽或差错，将造成严重事故，带来难以挽回的损失。

（1）操作的一般要求

为确保运行安全，防止误操作，按《电业安全工作规程》的规定，在1kV以上的设备上进行倒闸操作时，必须根据值班调度员或值班负责人的命令，受令人复诵无误后执行。操作人员应按规定格式填写操作票。单人值班操作票由发令人通过电话传达给值班员，值班员应根据指令填写操作票，复诵无误，并在"监护人"签名处填入发令人姓名。

倒闸操作应注意如下事项。

① 倒闸操作前，应先在模拟图板上进行核对性模拟预演，无误后再实地进行设备操作。

② 操作中应认真执行监护复诵制，发布操作命令和复诵操作命令都应该严肃认真，声音洪亮清晰。

③ 按操作票填写的顺序操作：每完成一项，检查无误后在操作票该项前打"√"，全部完成后还应复查。

④ 倒闸操作一般由两人进行，其中一个对设备较为熟悉者进行监护，操作中发现疑问时，应立即停止操作，并向命令人报告，弄清问题后再进行操作，不得擅自更改操作票。

⑤ 操作中应使用合格的安全用具（如绝缘棒、验电笔、绝缘手套、绝缘靴等），雷电时禁止进行户外电气设备的倒闸操作，高峰负荷时要避免倒闸操作。

⑥ 发生人身触电事故时，可不经许可立即断开有关设备的电源，但事后必须立即报告上级。其他事故处理（如拉合断路器的单一操作及拉开接地刀开关等），可不用操作票，但应记入操作记录本内。

（2）送电操作

变配电所送电时，应从电源侧的开关起，依次合到负荷的各开关。按这种顺序操作，可使开关的合闸电流减至最小，比较安全，且万一某部分存在故障，该部分一合闸就会出现异常，故障易被发现。送电时的操作顺序为：

合母线侧隔离开关或刀开关→合线路侧隔离开关或刀开关→合高、低压断路器

如变配电所是在事故停电以后恢复送电，则操作步骤与高压侧所安装的开关形式有关。

① 开关为高压断路器：高压母线发生短路故障时，高压断路器自动跳闸，故障消除后可直接合上高压断路器，恢复送电。

② 开关为负荷开关：消除故障、更换熔断器熔断管后，合上负荷开关，恢复送电。

③ 开关为高压隔离开关加熔断器或跌落式熔断器（非负荷型）：消除故障、更换熔断管后，按下列顺序操作：

先断变电所低压主开关或所有出线开关 →合高压隔离开关或跌落式熔断器→再合低压主开关或所有出线开关（恢复送电）

变配电所运行过程中电源进线突然停电，不必拉开总开关，但出线开关应全部拉开，以免突然来电时各用电设备同时起动，各设备强大的起动电流汇聚，影响供电系统正常运行。当电网恢复供电后，应依次合上各路出线开关恢复送电。

变配电所所内出线发生故障使开关跳闸时，若开关的断流容量允许，则可试合一次，争取尽快恢复供电。多数情况下故障为暂时性，可试合成功。如果试合失败即开关再次跳闸，则应对故障线路进行隔离检修。

（3）停电操作

变配电所停电时，一般应从负荷侧的开关拉起，依次拉到电源侧开关。按此顺序操作，可使开关分断电流减至最小，比较安全。若高压主开关是高压断路器或负荷开关，紧急情况下也可直接拉高压断路器或负荷开关以实现快速切断电源。停电操作顺序为：

先断开高、低压断路器→再断开线路侧隔离开关或刀开关→最后断开母线侧隔离开关或刀开关

线路或设备停电后，为了检修人员安全，应在主开关的操作手柄上挂"有人工作，禁止合闸！"标示牌，并在电源侧（如可能两侧来电时，应在两侧）安装临时接地线。安装接地线时，应先接接地端，后接线路端；而拆除接地线时，顺序恰好相反。

3. 变配电设备的巡视

（1）巡视期限

① 有人值班的变配电所。每日巡视一次，每周夜巡一次，35kV 及以上的变配电所，则每班（三班制）巡视一次。

② 无人值班的变配电室（其容量较小）。每周高峰负荷时巡视一次，夜巡一次。

③ 在打雷、刮风、雨雪、浓雾等恶劣天气。应对室外装置进行白天或夜间的特殊巡视。

④ 新投运或出现异常的变配电设备。要加强巡视检查，密切监视其变化。

（2）电力变压器的巡视检查

电力变压器是变电所的核心设备，值班人员应定时进行巡视检查，以便了解和掌握变压器的运行情况，及时发现其存在的缺陷或出现的异常情况，从而采取相应的措施，防止事故的发生或扩大，以保证供电的安全可靠。巡视检查的内容如下。

① 检查变压器储油柜内和充油套管内油面的高度，封闭处有无渗、漏油现象。

② 检查变压器的上层油温。

③ 检查变压器响声是否正常。

④ 检查绝缘套管是否清洁，有无破损、裂纹及放电烧伤痕迹；高低压接头的螺栓是否紧固，有无接触不良和发热现象。

⑤ 检查通风、冷却装置是否正常。

⑥ 检查防爆管上的隔膜应完整无裂纹、无存油。

⑦ 检查吸湿器应畅通，硅胶吸潮不应达到饱和（变色硅胶观察颜色是否由蓝变红）。

⑧ 气体继电器有无动作。

⑨ 检查外壳接地应良好。

⑩ 检查变压器周围有无影响其安全运行的异物（如易燃、易爆品）和异常情况。

（3）配电设备的巡视检查

配电设备也应定期巡视检查，以便发现运行中出现的设备缺陷和故障，及时采取措施予以消除。

① 检查母线及导体连接部分的发热温度是否超过允许值。

② 绝缘瓷质部分是否有油污、破损或闪络放电痕迹；油断路器内绝缘油的颜色、油位是否正常，有无漏油现象。

③ 电缆及其接头有无漏油及其他异常情况。

④ 熔断器的熔体是否熔断，熔断器有无破损或放电现象；二次回路中的设备，如仪表、继电器等，工作是否正常。

⑤ 接地装置与 PE 线、PEN 线的连接处有无松脱、断线的情况。

⑥ 各配电设备的状态是否符合当时的运行要求，停电检修部分是否已断开，所有可能来电的电源侧的开关是否悬挂了警示牌，临时接地线是否已按规定拆装。

⑦ 配电室通风、照明设备是否正常，安全防火装置是否可靠。

⑧ 配电设备本身和周围有无影响安全运行的异物（如易燃、易爆品）和异常情况。

变压器和电力设备巡视检查中发现的异常情况，应记入专用记录本内，重要情况应及时上报，做出相应处理。

6.2.2　电力线路的运行和维护

1. 架空线路

架空线路所经路线长，环境复杂，设备不仅自身会自然老化，还要受空气腐蚀和各种气候及其他外界因素的影响。因此应加强运行维护，发现缺陷及时处理。

（1）巡视期限

对厂区架空线路，一般要求每月进行一次巡视检查。如遇大风、大雪、大雨、浓雾或发生故障等特殊情况时，需临时增加巡视次数。

（2）巡视项目

① 电杆、横担有无倾斜、变形、腐朽、损坏及下陷等现象，拉线和板桩是否完好，绑扎线是否紧固可靠。

② 导线接头是否接触良好，有无过热发红、严重氧化、腐蚀或断落现象，绝缘子有无破损和放电现象。

③ 避雷装置及其接地是否完好，接地线有无锈断情况，在雷电季节来临之前应重点检查，确保防雷安全。

④ 线路上有无树枝、风筝等杂物。

⑤ 沿线地面是否堆放易燃、易爆和强腐蚀性物品。

⑥ 沿线的周围有无危险建筑物，以至在雷雨、大风季节里会对线路造成损坏。

⑦ 检查导线弧垂、架空线冬季是否过紧而可能引起断线，夏季是否过松而对地距离不足。

⑧ 其他危及线路安全运行的异常情况。

2. 电缆线路

电缆线路大多埋地敷设，为保证电缆线路的安全、可靠运行，就必须全面了解电缆的敷设方式、走线方向、结构布置及电缆中间接头的位置等。

（1）巡视期限

电缆线路一般要求每季进行一次巡视检查。对户外终端头，应每月检查一次。如遇大雨、洪水及地震等特殊情况或发生故障时，还需临时增加巡视次数。

（2）巡视项目

① 电缆头及瓷套管是否清洁，有无破损和放电痕迹。对填充有电缆胶（油）的电缆头，还应检查有无漏油溢胶现象。

② 对于暗敷及埋地电缆，应检查沿线的盖板和其他保护物是否完好，走线标志是否完整无缺，有无挖掘痕迹。

③ 电缆沟内有无积水、渗水现象，是否堆有杂物或易燃、易爆危险品。

④ 对于明敷电缆，应检查电缆外皮有无机械损伤，金属护套是否腐蚀穿孔或胀裂，沿线支架、挂钩是否牢固，线路附近有无易燃、易爆危险品或腐蚀性物质。

⑤ 线路上的各种接地是否良好，有无松脱、断股和腐蚀性物质。

⑥ 其他危及电缆安全运行的异常情况。

同变配电设备巡视一样，巡视中发现的异常情况，应记入专用记录本内。能排除的故障及隐患尽量及时排除。重要情况应及时上报，请示处理。

6.3 系统供用电的管理

6.3.1 计划用电

1. 意义

电力的生产、供应和使用过程皆同时进行，只能用多少发多少，不像其他商品可大量储存，发电、供电和用电每时每刻都必须保持高度平衡。如用电负荷突然增加，则电力系统的频率和电压就要下降，将造成严重后果，故必须计划用电。

计划用电也能解决电力的供需矛盾。即使电力供需矛盾缓和，计划用电还可以改善电力系统的运行状态，更好地保证电能的质量。

计划用电还是节约电能的重要保证，包括利用合理的电价政策这一经济杠杆来调整负荷，使电力系统"削峰填谷"，降低系统的电能损耗，提高发、供电设备的利用率。

2. 措施

（1）建立健全计划用电的各级能源管理机构和制度

用户应组建能源办公室或"三电"（安全用电、节约用电、计划用电）办公室，负责具体工作，做好用电负荷的预测、调度和管理。

（2）《供用电合同》

《供用电合同》为计划用电提供基本依据，供电企业与用户应当在供电前根据用户的需要和供电企业的供电能力签订，应当具备以下条款。

① 供电方式、供电质量和供电时间。

② 用电容量和用电地址、用电性质。

③ 计量方式和电价、电费结算方式。

④ 供用电设施维护责任的划分。

⑤ 合同的有效期限。

⑥ 违约责任。

⑦ 双方共同认为应当约定的其他条款。

（3）实行分类电价

按用户用电性质不同，各类电价也不同。通常居民生活电价和农业电价较低，以示优惠，分类电价有：

① 居民生活电价。

② 非居民照明电价。

③ 商业电价。

④ 普通工业电价。

⑤ 大工业电价。

⑥ 非工业电价。

⑦ 农业电价。

（4）实行分时电价

分时电价包括峰谷（用电）分时电价和丰枯季节（水电）电价。峰谷分时电价就是峰高、谷低的电价。谷低电价可比平时段电价低 30% ~50% 或更低，峰高电价可比平时段电价高 30% ~50% 或更高，以鼓励用户避峰用电。丰枯季节电价是水电占比重较大地区的电网所实行的一种电价。丰水季节电价可比平时段电价低 30% ~50%，以鼓励用户在丰水季节多用电，充分发挥水电的潜力。

（5）按用户的最大需量或最大装设容量收取基本电费

收取基本电费能促使用户尽可能压低高峰负荷，提高低谷负荷，以减少基本电费开支。按原国家经济贸易委员会、原国家发展计划委员会 2000 年底联合发布的《节约用电管理办法》规定："要扩大两部制电价的使用范围，逐步提高基本电价，降低电度电价；加速推广峰谷分时电价和丰枯电价，逐步拉大峰谷、丰枯电价差距；研究拟制并推行可停电负荷电价。"利用电价政策这一经济杠杆进行用电管理的措施今后将更加加强。

（6）装设电力负荷管理装置

电力负荷管理装置是指能够监视、控制用户电力负荷的各种仪器装置，包括音频、载波、无线电等集中型电力负荷管理装置和电力定量器、电流定量器、电力时控开关、电力监控仪、多费率电能表等分散型电力负荷管理装置。装设电力负荷管理装置的目的，是贯彻落实国家有关计划用电的政策，实现管理到户的技术手段。通过推广应用电力负荷管理技术来加强计划用电和节约用电管理，保证重点用户供电，优先居民生活用电，有计划地均衡用电负荷，保证电网的安全经济运行，提高电力资源的社会效益。

6.3.2　用电管理

1. 主要法规

1）《中华人民共和国电力法》。此法规为保障和促进我国电力事业发展，维护电力投资者、经营者和使用者的合法权益，保障电力安全运行而制定。

2）《电力供应与使用条例》。此条例为加强电力供应与使用的管理，保障供用电双方的合法权益，维护供用电秩序，安全、经济、合理地供电和用电，根据《中华人民共和国电力法》的有关规定制定。

3）《供用电监督管理办法》。此办法为加强供用电的监督管理，根据《电力供应与使用条例》有关条款规定而制定。

4）《用电检查管理办法》。此办法为规范供电企业的用电检查行为，保障正常供用电秩序和公共安全，根据《中华人民共和国电力法》、《电力供应与使用条例》和国家有关规定而制定。

5）《供电营业规则》。此规则为加强供电营业管理，建立正常的供电营业秩序，保障供用电双方的合法权益，根据《电力供应与使用条例》和国家有关规定而制定。

6）《节约用电管理办法》。此办法为加强节能管理，提高效率，促进电能的合理利用，改善能源结构，保障经济持续发展，根据《中华人民共和国能源法》、《中华人民共和国电力法》制定。

2. 规定

1）国家对电力供应与使用，实行安全用电、节约用电、计划用电的管理原则。

2）供用电双方应当根据平等自愿、协商一致的原则，按照《电力供应与使用条例》的规定签订《供用电合同》，确定双方的权利和义务。

3）供电企业应当保证供给用户的供电质量符合国家标准。用户对供电质量有特殊要求的，供电企业应当根据其必要性和电网的可能，提供相应的电力。

4）供电企业在发电、供电系统正常的情况下，应当连续向用户供电，不得中断。因供电设备检修、依法限电或者用户违法用电等原因，需要中断供电时，供电企业应当按国家有关规定事先通知用户。

5）用户应当安装用电计量装置。用户受电装置的设计、施工安装和运行管理，应当符合国家标准或者电力行业标准。

6）用户用电不得危害供电、用电安全和扰乱供电、用电秩序。对危害供电、用电安全和扰乱供电、用电秩序的，供电企业有权制止。

7）供电企业应当按照国家标准的电价和用电计量装置的记录，向用户计收电费。

8）电价实行统一政策、统一定价。电价的规定，应当合理补偿成本、合理确定收益、依法计入税金、坚持公平负担，促进电力建设。实行分类电价和分时电价。对同一电网内同一电压等级、同一类别的用户，执行相同的电价标准。禁止任何单位和个人在电费中加收其他费用，法律、行政法规另有规定的，按照规定执行。

9）任何单位或个人需新装用电或增加用电容量、变更用电，都必须按《供电营业规则》规定事先到供电企业用电营业场所提出申请，办理手续。供电企业应在用电营业所公告办理各项用电业务的程序、制度和收费标准。

10）供电企业应按《用电检查管理办法》规定对本供电营业区内的用户进行用电检查，用户应接受检查并为供电企业的用电检查提供方便。用电检查的内容有：

① 用户执行国家有关电力供应与使用的法规、方针、政策、标准、规章制度情况。

② 用户受（送）电装置工程施工质量检验。

③ 用户受（送）电装置中电气设备运行安全状况。

④ 用户保安电源和非电性质的保安措施。

⑤ 用户反事故措施。

⑥ 用户进网作业电工的资格、进网作业安全状况及作业安全保障措施。

⑦ 用户执行计划用电、节约用电情况。

⑧ 用电计量装置、电力负荷控制装置、继电保护和自动装置、调度通信等安全运行状况。

⑨ 《供用电合同》及有关协议履行的情况。

⑩ 受电端电能质量状况；违章用电和窃电行为；并网电源、自备电源并网安全状况。

6.3.3 用电的计量

1. 电能表

（1）概述

用电计量专门用电能表，它将电功率和时间的乘积累计起来，反映电能的数量，又称为电度表。计量电能的常用单位是千瓦小时，简称为"度"（1度（电）＝1千瓦×1小时），它是供配电工程中不可缺少的一种仪表。

（2）分类

电能表分为单相电能表和三相电能表两种。根据用途的不同，三相电能表又分为三相有功电能表和三相无功电能表。三相有功电能表中又分为三相三线有功电能表和三相四线有功电能表。

（3）结构

交流电能表一般都是感应系电能表，即采用电磁感应原理制成。各型电能表基本结构相似，单相电能表的主要组成如图6-2所示。

1）驱动元件。电压线圈绕在一个"日"字形的铁心上，导线较细，匝数较多，成为电压电磁铁1。电流线圈绕在一个"Π"形的铁心上，导线较粗，匝数较少，成为电流电磁铁

2。驱动元件的作用是：当电压线圈和电流线圈接到交流电路时，产生交变磁通，从而产生转动力矩使电能表的铝盘 3 转动。

2）转动元件。由铝制圆盘 3 和转轴组成，轴上装有传递转速的蜗杆 6，转轴安装在上下轴承里，可以自由转动。

3）制动元件。制动元件由永久磁铁 4 和铝盘 3 组成。作用是铝盘转动时产生制动力矩，使铝盘转速与负载的功率大小成正比，从而使电能表能反映出负载所消耗的电能。

4）积算机构。为了能指示出不断增长的被测电能，实现电能的测量和积算，当铝盘转动时，通过蜗杆 6、蜗轮 7 及齿轮等传动机构，最后使计度器 5 转动，由计度器显示出被测电能的度数。

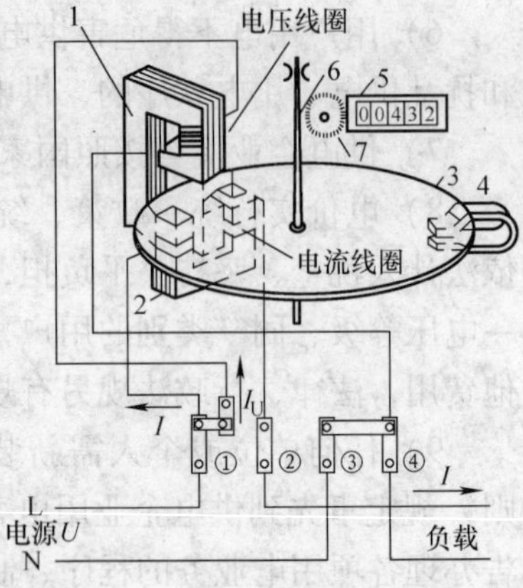

图 6-2　单相电能表的结构

1—电压电磁铁　2—电流电磁铁
3—铝盘　4—永久磁铁　5—计度器
6—蜗杆　7—蜗轮

（4）原理

交流电流通过感应系电能表的电流线圈和电压线圈，在铝盘上感应出涡流，这些涡流与交变磁通相互作用产生电磁力，进而形成转动力矩，使铝盘转动。同时，永久磁铁与转动的铝盘也相互作用，产生制动力矩。当转动力矩与制动力矩达到平衡时，铝盘以稳定的速度转动。铝盘的转数与被测电能（W·h）的大小成正比，即

$$P = C\omega \tag{6-1}$$

式中，P 为负载的功率（W）；C 为比例常数；ω 为铝盘的转速。

若测量时间为 t，且保持该段时间的功率不变，则有

$$PT = C\omega t \tag{6-2}$$

式（6-2）左端表示在时间 t 内负载消耗的电能 W，右端表示铝盘在时间 t 内的转数 n。因此，上式可改写为

$$W = Cn \tag{6-3}$$

即电能表铝盘的转数 n 正比于被测电能 W，单位为 kW·h。

通常，电能表铭牌上给出的是电能表常数 N（r/kW·h），表示每千瓦小时对应的铝盘转数，即

$$N = n/W \tag{6-4}$$

2. 接线

（1）接线原则

电能表的接线原则与瓦特表的接线方法相同，即电流线圈与负载串联，电压线圈与负载并联，如图 6-3 所示。且遵循电流端钮的接线规则：电流线圈的电源端钮必须与电源连接，另一端钮与负载连接；电压线圈的电源端钮可与电流线圈的任一端钮连接，另一端钮则跨接到被测电路的另一端。图中标有"＊"号的一个端钮则为电源端钮。电能表惯用"左进右出"的接线方式。

（2）接线方法

1）单相电能表的接线。用于 380V 或 220V、电流 10A 以下的单相交流电路中的电能表可直接接在电路上。如果负载电流超过电

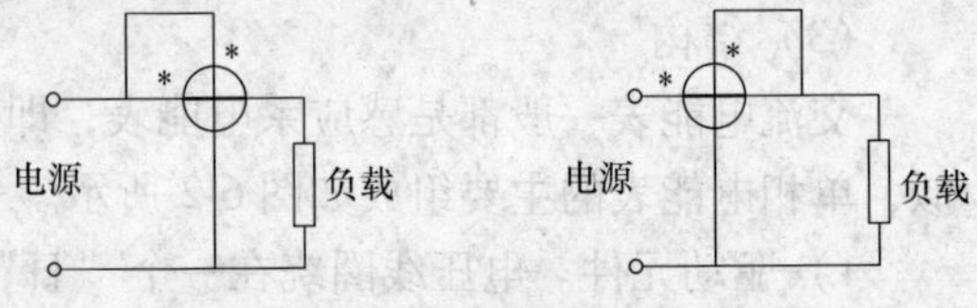

图 6-3　电能表的接线原则

能表电流线圈的额定值,则需要经过电流互感器接入电路,分别如图6-4a、b所示。

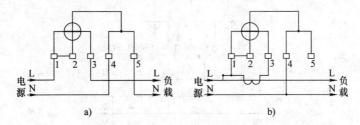

图6-4 单相电能表的接线
a)直接接入电路 b)经电流互感器接入电路

2)三相两元件电能表的接线。三相三线制电路可用两只单相电能表测量,三相总电能是两表读数之和,测量原理和接线方法与两表法测三相三线制电路的功率类似。但多数采用三相两元件电能表,它有两组电磁元件分别作用在固定于同一转轴的铝盘上,从计数器上可以直接读出三相负载所消耗的总电能。这种接线方法也有直接接入法和经过电流互感器接入法两种,分别如图6-5a、b所示。

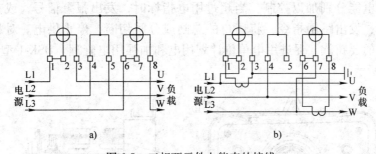

图6-5 三相两元件电能表的接线
a)直接接入电路 b)经电流互感器接入电路

3)三相三元件电能表的接线。负载平衡的三相四线制电路,可用一只单相电能表来测量任意一相负载所消耗的电能,将其读数乘以3,即得三相电路消耗的总电能。如果负载不平衡,则用三只电能表分别测量每相负载所消耗的电能。它内部有三组完全相同的电磁元件,分别作用于装在同一个转轴的铝盘上。这样电能表体积缩小,重量减轻,而且可以直接读出三相负载所消耗的总电能。三相三元件电能表的接线方法有直接接入法、经两只电流互感器接入法以及经三只电流互感器接入法,分别如图6-6a、b、c所示。

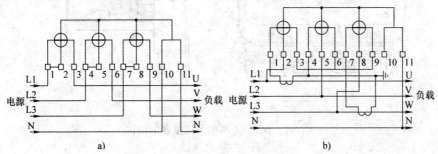

图6-6 三相三元件电能表的接线
a)直接接入电路 b)经两只电流互感器接入电路

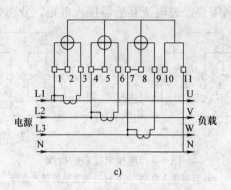

c)

图 6-6　三相三元件电能表的接线（续）

c）经三只电流互感器接入电路

6.3.4　供电的定量

供电部门为了对用电单位的功率与电能进行监督、控制，现一般都采用电力定量器，它可对功率和电能分别加以控制，当超过用电指标时，发出报警信号，或在超过用电指标一段时间后，发出跳闸指令，将用户的总闸或分闸切断，停止供电。对超负荷或不按规定时间用电的要罚款，促进用电单位计划用电和加强用电管理。DSK-1 型电力定量器的结构如图 6-7 所示。

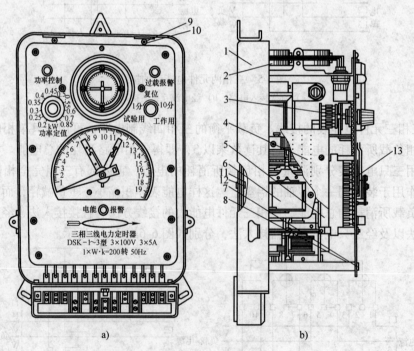

图 6-7　DSK－1 型电力定量器的结构

a）正面　b）侧面

1—底壳　2—底板　3—铭牌　4—电力板　5—电源板　6—电能表

7、9—垫圈　8、10、12—螺钉　11—底壳压板　13—计数器组合

6.4 系统智能化的构架实例

供配电系统的智能化以计算机处理与控制为核心，是供配电系统供用电管理的必然发展方向。由某系列智能化仪表（见随书附带 DVD 光盘中"1. 供配电器件、设备图片"中的"12. 智能化电器"）构架的系统示例简单介绍如下。

6.4.1 变配电所的智能化

1. 110/10kV 系统

110/10kV 系统智能化构架示意图如图 6-8 所示。

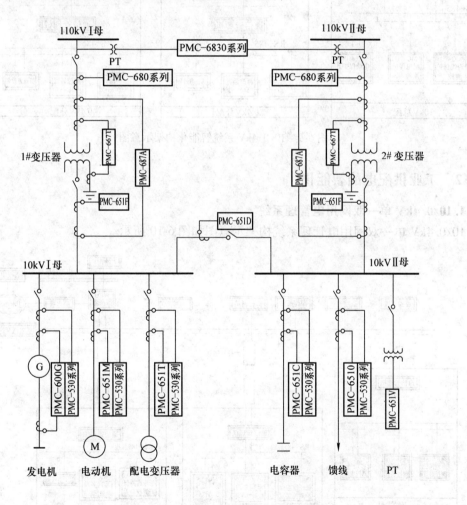

图 6-8　110/10kV 系统智能化构架示意图

2. 10/0.4kV 系统

10/0.4kV 系统智能化构架示意图如图 6-9 所示。

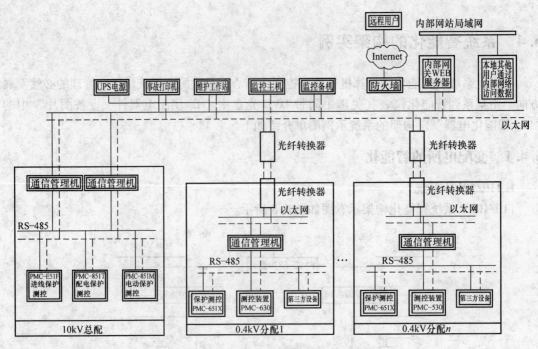

图 6-9　10/0.4kV 系统智能化构架示意图

6.4.2　工业供配电的智能化

1. 10/0.4kV 单—双网用电管理系统

10/0.4kV 单—双网用电管理系统构架示意图如图 6-10 所示。

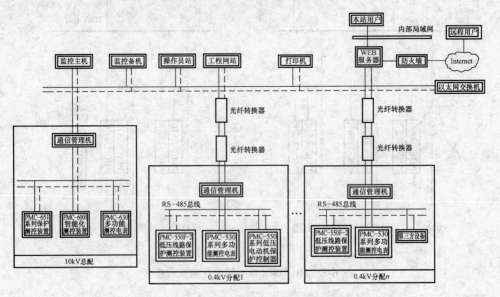

图 6-10　10/0.4kV 单—双网用电管理系统构架示意图

2. 10/0.4kV 光纤自愈环网用电管理系统

10/0.4kV 光纤自愈环网用电管理系统构架示意图如图 6-11 所示。

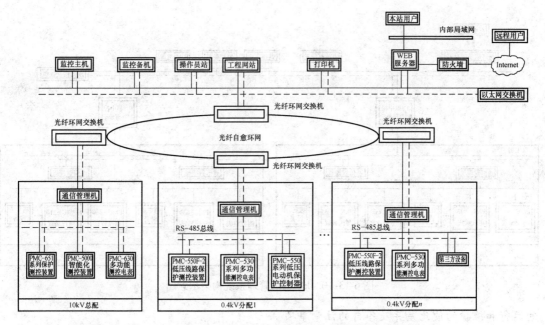

图 6-11　10/0.4kV 光纤自愈环网用电管理系统构架示意图

6.4.3　建筑供配电的智能化

1. 10/0.4kV 用电管理系统

10/0.4kV 用电管理系统构架示意图如图 6-12 所示。

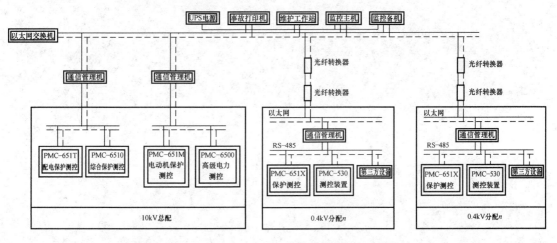

图 6-12　10/0.4kV 用电管理系统构架示意图

2. 0.4kV 用电管理系统

0.4kV 用电管理系统构架示意图如图 6-13 所示。

实训　"变配电所、站"现场参观、讲课及讨论

练习

1）结合实际谈谈你对防触电措施的认识和体会。

2）结合随书附带 DVD 光盘中"2. 供配电工程现场教学"，试论述变配电所及电力线路

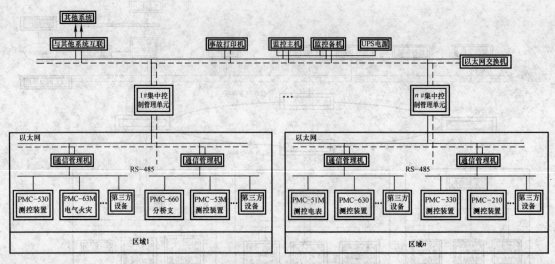

图 6-13 0.4kV 用电管理系统构架示意图

的运行和维护的彼此差异及各自的注意事项。

3）从"计划用电"、"节约用电"角度，阐述供配电用电的管理的重点作法。

4）结合随书附带 DVD 光盘中"1. 供配电器件、设备图片"和"2. 供配电工程现场教学"及自己所见所闻，讲述当地当前供配电系统的智能化的构架现状。

实务课题 7 综合实训——课程设计

7.1 概述

7.1.1 选题原则

1. 来自实际

选题来自实际，但必须对条件、数据做简化处理，以求突出重点，也便于学生理解、掌握，能开展课程设计。

2. 同步教学

大多集中安排一周左右，多至两周，在相应理论讲述完成后进行，以达到学生能充分"理论联系实际"的教学目的。

3. 基本要求

专业培养方案及本门课程教学大纲、课程标准的要求，具体体现在如下几个方面：

（1）基本内容

1）负荷计算、无功功率补偿和总进线及支干线计算电流的确定。

2）变压器台数、容量及类型的确定。

3）变电所位置、形式、进线、出线及布局。

4）变/配电所主接线方案的设计（含高、低压配电屏及核心一次设备的选用）。

5）变/配电所进出线缆的截面积及敷设方式的选择。

（2）扩展内容

1）短路相关参数的计算。

2）二次回路方案的确定。

3）继保方案及整定参数的确定。

4）防雷、接地及安全措施的落实。

4. 重点

重在综合应用能力的培养。建议全班给出数道不同类型工程题目，将学生按学号分组或自由组合，每组一题，按相似/不同的条件，类似的步骤进行。每组题目内的子任务由学生自选分配，数人一个子任务，可讨论完成，但报告每人一份。

5. 教学方式

事前指导，进行中答疑、辅导及事后总结，可以以答辩的方式开展。宜采用启发、诱导式，而不宜灌输、强压式。

7.1.2 题目的布置

课程设计的题目应包括以下内容。

1. 设计题目

1）总平面条件图。

2）负荷情况。

3）电源情况。

4）地理气象条件。

2. 设计要求

3. 设计依据

4. 任务内容

1）相关章节的复习及相应参考资料的查阅（内容填入报告书内）。

2）整体方案的分析、对比及确定。

3）相应计算（列出算式、标出单位、写出过程）。

4）徒手或以计算机方式在条件图上作出总体布置图、一次主接线系统概略图及变电所平面布置图。

5）写出一千字左右的"课程设计报告"。

7.2 题目及条件

下面给出 4 类课程设计题目的框架，可根据具体培养要求将选中的题目做增、减、补充、调整使用。

7.2.1 工业工程

某化工厂总体布局如图 7-1 所示，各部分用电均为三级负荷，见表 7-1。当地能就近提供 35kV 交流架空电源，请按成都附近的气候地理条件做供配电总体设计。

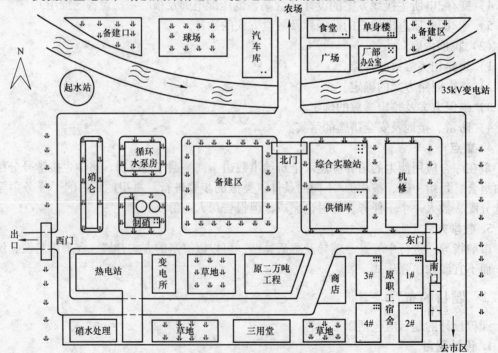

图 7-1 某化工厂总体布局

表 7-1　某化工厂各负荷用电条件

车间/工段	设备编号	用电设备	电机型号	容量/kW	备　注
	1	一效循环泵	Y315M1-6	90.0	
	2	二效循环泵	Y315M1-6	90.0	
	3	三效循环泵	Y315M1-6	90.0	
	4	四效循环泵	Y315M1-6	90.0	
	5	五效循环泵	Y315M1-6	90.0	
	6	水喷上水泵	Y180M-2	15.0	
	7	五效→四效转料泵	Y180M-4	18.5	
	8	四效→三效转料泵	Y180M-4	18.5	
	9	三效→二效转料泵	Y160L-4	11.0	
	10	二效→一效转料泵	Y160L-4	11.0	
	11	硝浆搅拌器	Y160L-2	5.5	
	12a	硝浆泵	Y160M-4	11.0	
	12b	硝浆泵	Y160M-4	11.0	同时使用
	12c	硝浆泵	Y160M-4	11.0	
	13	一效冷凝水泵	Y132S2-2	7.5	
	14	二效冷凝水泵	Y180M-2	22.0	
蒸发及干燥	15a1	离心机主电动机	Y180M-4	18.5	
	15a2	离心机油泵电动机	Y160M-4	7.5	
	15b1	离心机主电动机	Y180M-4	18.5	两用一备
	15b2	离心机油泵电动机	Y160M-4	7.5	
	15c1	离心机主电动机	Y180M-4	18.5	
	15c2	离心机油泵电动机	Y160M-4	7.5	
	16	湿硝带式输送机	四极	4.0	
	17	鼓风机	Y315S-4	160.0	
	18	湿硝斗振动电磁铁	LZF-5	0.25	单相
	19	圆盘拾料机	Y100L-5	4.0	
	20	螺旋运输机	Y100L-5	11.0	
	21	干硝斗振动电磁铁	LZF-5	0.25	单相
	22	包装机	四极	0.75	
	23	缝袋输送机	J02-000S6a	1.87	
	24	塑料薄膜连续封口机	W–500	0.99	
	25	袋装带式输送机	四极	7.5	
	26	维修动力用电	（折合三相）	5.0	
	27	仪表用电	（折合三相）	10.0	
	28	车间照明面积	3696m²		

车间/工段	设备编号	用电设备	电机型号	容量/kW	备　注
	29a	原硝水泵	Y200L2-2	37.0	一用一备
	29b	原硝水泵	Y200L2-2	37.0	
	30	化碱搅拌机	四极	4.0	
	31	碱液泵	Y100L-2	3.0	
	32	碱渣泵	Y100L-4	11.0	
	33	硝水处理搅拌机	四极	4.0	
原料处理	34a	冲水泵	四极	1.5	
	34b	冲水泵	四极	1.5	
	35	维修动力	折合三相	5.0	
	36	车间照明面积			
	37	仪表用电		2.5	
	38	工段备用		37.0	
	39	照明用电	室内外共用	2.5	
	40a	热水泵	Y280S-4	75.0	两用一备
	40b	热水泵	Y280S-4	75.0	
	40c	热水泵	Y280S-4	75.0	
	41	热水泵	Y200L2-2	37.0	
	42a	冷水泵	Y280M-4	90	
	42b	冷水泵	Y280M-4	90	
	43	冷水泵	Y200L2-2	75.0	
	44	冷水泵	Y200L2-2	37.0	
循环水	45a	风机	Y225M-6-B3	30.0	
	45b	风机	Y225M-6-B3	30.0	
	46a	真空泵	SZZ-2	1.5	
	46b	真空泵	SZZ-2	1.5	
	47a	废水泵	Y160M1-2	11.0	
	47b	废水泵	Y160M1-2	11.0	
	48	维修动力	（折合三相）	10.0	
	49	仪表用电	（折合三相）	2.5	
	50	照明用电	室内外	1.5	
	51a	起水泵	Y225M-2	45.0	
	51b	起水泵	Y225M-2	45.0	
起水	52	加压泵	BJGB52-2	13.0	
	53	照明用电	（折合三相）	0.5	

车间/工段	设备编号	用电设备	电机型号	容量/kW	备注
硝仓	54	行车	（纵、横行走及提升）	共5.1	$\varepsilon=15\%$
	55	通风机	3台	共5.0	
	56	照明面积	1386m²		
机电修配车间	57	冷加工机床共20台	共50kW		7.5kW，1台 4.0kW，3台 2.2kW，7台
	58	热加工机床共2台	共3.0kW	各1.5	
	59	点焊机	接0.38kV	14.0×2 20.0×1 30.0×1	$\varepsilon=100\%$ $\varepsilon=100\%$ $\varepsilon=60\%$
	60	照明面积	1000m²		
综合实验楼	61	电热干燥箱共4台	接0.22kV	30.0×1 20.0×1 10.0×1	
	62	仪表用电	（折合三相）	15.0	
	63	照明面积	3000 m²		
附属建筑	64	办公楼照明	2000 m²		
	65	厂区路灯（含门卫）	用电		
	66	物资库房	6600 m²		
	67	餐厅（含厨房）	1200 m²（300 m²）		
	68	车队（含修车动力）	1500 m²		
	69	礼堂（三用堂）	1000 m²		
	70	单身宿舍	4500 m²		
	71	职工宿舍1~4#	1500×4		
	72	热电站用电		50kW	
	73	商业服务	2000m²		

7.2.2 公用工程

某市涉及海外客商参展的展览城工程各部分负荷见表7-2，总体规划图如图7-2所示，当地可提供来自不同变电站的两回10kV电源，请按福建泉州地区一级负荷做供电设计。

表7-2 某市展览城工程各部分负荷

	展城主体	商贸街I（主体右）	商贸街II（主体左）	区政府（主体后）	游乐园（主体再后）	展城广场-汽车市场（主体前）	展城中心花园-汽配市场（主体后）
供电断路器额定电流/A	125	100	200	200	250	400	200
供电断路器分断电流/分断极限电流/kA	50/100	19/35	50/100	19/25	23/30	25/42	19/25
建筑面积/m²/层数	27200/4	10000/4	90000/4	6350/4	5178/2（占地230亩①）	20000	10000
供电VV主电缆截面积/mm²	25	16	120	95	120	185	95

① 1 亩 =666.67m²。

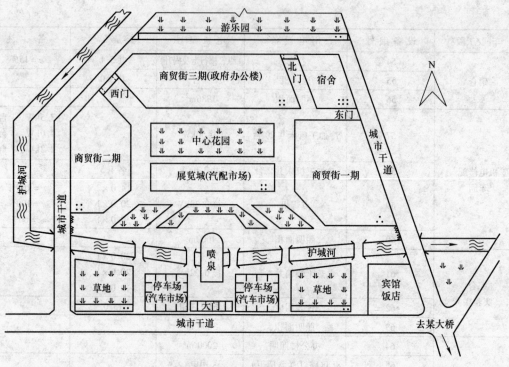

图 7-2　某展览城总体规划图

7.2.3　文教工程

某市重点中学用电负荷情况见表 7-3，总体布局如图 7-3 所示，当地市网以 0.38/0.22kV 供电。请按北京地区条件，三类负荷设计。

表 7-3　某中学用电情况

编　　号	用电建筑	供电条件	备　　注
1	西教学楼	5 层共 3000m² /24 间教室	
2	东教学楼	5 层共 2000m² /20 间教室	
3	科技综合楼	6 层 4200m²	含计算网络中心
4	行政办公楼	5 层 2000m²	含通信、广播室
5	餐厅厨房	800m²	含厨房动力
6	礼堂（风雨操场）	1200m²	含附属设施
7	教工宿舍	(90m² ×24 套) ×2 幢	
8	单身宿舍	4 层 1200m²	8 套×4 层 =32 套
9	学生宿舍	2500m²	
10	校区照明	20kW	含路灯、门卫、露天体育馆及商店

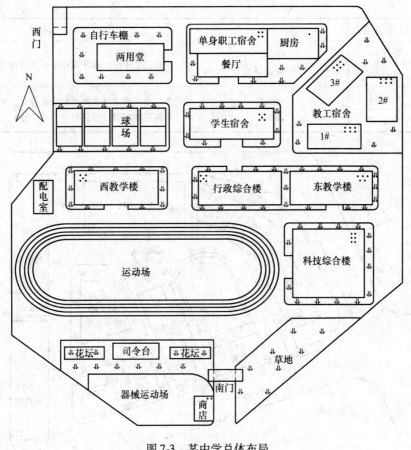

图 7-3　某中学总体布局

7.2.4　住宅工程

某商住小区工程各用电负荷见表7-4，总体布局如图7-4所示，供电部分以市网10kV电缆引入供电。以沈阳地区条件按包含消防、安防等弱电特殊用电负荷（提示：应急电源）在内普通三类用电负荷做供配电设计。

表 7-4　某商住小区工程用电负荷条件

编　　号	用电建筑	供 电 条 件	备　　　注
1	单元 A1	店面 2697m² /42 户	底层出租小型店面，此外为中水平用电住户
2	单元 A2	住户 5393m² /48 户	
3	单元 B1	店面 1335m² /18 户	底层出租小型店面，此外为高水平用电住户
4	单元 B2	住户 2671m² /18 户	
5	单元 C1	共店面 3778m² /20 户	中型批发商区（带空调）
6	单元 C2		
7	单元 D1	店面 2727m² /60 户	住户为普通水平用电住户、普通商店
8	单元 D2	住户 5453m² /60 户	

编　号	用电建筑	供电条件	备　注
9	单元 E1	1260m²	小区办公中心，社区商业中心（含运动场）
10	单元 E2	3150m²	
11	单元 F1	100kW	小区公共动力（含给水排水、绿化、弱电用电）
12	单元 F2	10kW	小区公共照明（含路灯、美食广场）

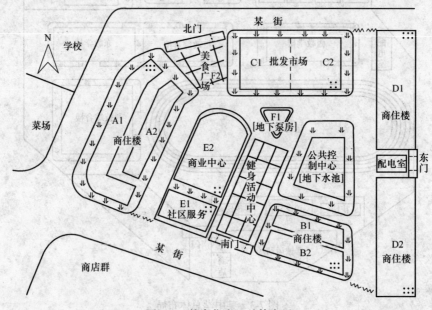

图 7-4　某商住小区总体布局

7.3　具体要求

7.3.1　整体要求

1）必须在相关章节已讲授，学生复习，并完成相关各章节作业后，才能进行。

2）课程设计应同时参考本书所用参考资料中的部分参考资料，从中合理选取相关参数及数据，方可完成。

7.3.2　各题侧重

1）工业工程。重点在于负荷计算、暂载率的转换、单相等效三相、用电设备取舍、参数选用、全厂总变电所及主车间变电所的构思及主接线。

2）公用工程。重点在于 10kV 变配电体系的构成、变电所构架、低压侧无功功率补偿及一级用电负荷的双电源供电。

3）文教工程。重点在于配电室布局、0.38/0.22kV 级别的输入/输出线缆选择及保护电器参数的确定。

4）住宅工程。重点在于 10kV 变电所的接线及布局，以及三类用电中含特殊负荷的供电处理及走线整体布局。

参 考 文 献

[1] 中国航空工业规划设计研究院．工业与民用配电设计手册［M］．3 版．北京：中国电力出版社，2005.

[2] 戴绍基．建筑供配电与照明［M］．北京：中国电力出版社，2007.

[3] 马誌溪．供配电工程［M］．北京：清华大学出版社，2009.

[4] 刘介才．供配电技术［M］．3 版．北京：机械工业出版社，2012.

[5] 余建明，等．供电技术［M］．4 版．北京：机械工业出版社，2008.

[6] 马誌溪，等．电气工程设计［M］．2 版．北京：机械工业出版社，2012.

[7] 蒋庆斌，等．供配电技术［M］．北京：机械工业出版社，2011.

[8] 方建华．工厂供配电技术［M］．北京：人民邮电出版社，2010.

[9] 王邦林．电力电气一次部分［M］．北京：北京师范大学出版社，2010.

[10] 江文，等．供配电技术［M］．北京：机械工业出版社，2009.

[11] 马誌溪．建筑电气工程［M］．2 版．北京：化学工业出版社，2011.

[12] 胡景生．配电变压器能效标准实施指南［M］．北京：中国标准出版社，2007.

[13] 田淑珍．工厂供配电技术及技能训练［M］．北京：机械工业出版社，2009.

[14] 刘燕．供配电技术［M］．西安：西安电子科技大学出版社，2012.

[15] 徐滤非．供用电系统［M］．北京：机械工业出版社，2007.

[16] 关光福．建筑电气［M］．重庆：重庆大学出版社，2007.

[17] 杨洋．供配电技术［M］．西安：西安电子科技大学出版社，2007.

[18] 马誌溪．电气工程设计与绘图［M］．北京：中国电力出版社，2007.

[19] 孟祥忠．现代供电技术［M］．北京：清华大学出版社，2006.

[20] 刘相元，刘卫国．现代供电技术［M］．北京：机械工业出版社，2006.

[21] 居荣，等．供配电技术［M］．北京：化学工业出版社，2005.

[22] 唐志平，等．供配电技术［M］．北京：电子工业出版社，2005.

[23] 王晓文．供用电系统［M］．北京：中国电力出版社，2005.

[24] 张艳霞，等．电力系统保护与控制［M］．北京：清华大学出版社，2005.

[25] 孙成宝，金哲．现代节电技术与节电工程［M］．北京：中国水利水电出版社，2005.

[26] 王晓丽．供用电系统［M］．北京：机械工业出版社，2004.

[27] 李宏毅，金磊．建筑工程电气节能［M］．北京：中国电力出版社，2004.

[28] 翁双安．供电工程［M］．北京：机械工业出版社，2004.

[29] 高满茹．建筑供配电与设计［M］．北京：中国电力出版社，2003.

[30] 雍静．供配电系统［M］．北京：机械工业出版社，2003.

[31] 黄绍平，等．成套电器技术［M］．北京：机械工业出版社，2000.

[32] 罗钦煌．工业配电［M］．4 版．台北：全华图书股份有限公司，1999.

[33] 谭旦旭，等．工业配电［M］．4 版．台北：高立图书股份有限公司，1997.

[34] 黄国轩，等．电工法规［M］．3 版．台北：全华图书股份有限公司，2008.

[35] 黄文良，等．电工法规［M］．7 版．台北：全华图书股份有限公司，1999.

[36] 手册编委会．建筑电气工程师手册［M］．北京：中国电力出版社，2010.

[37] 李友文，等．工厂供电技术［M］．3 版．北京：化学工业出版社，2012.